従来からの慣用で
1A, 2Aのかわりに I a, II a
3A, 3Bのかわりに III a, III bも使われている。
特に、化合物半導体の分野では「III b－V b化合物」のような表記が広く使われている。
本文中はそれに従った。

周期表

現代人の物理
7

発光の物理

小林洋志

著

朝倉書店

はしがき

　地球上のあらゆる生命活動の源は「光である」といっても過言ではない．地球上のすべての動植物の生命誕生や維持活動が太陽光の恩恵にあずかっていることはいうまでもないし，また，われわれ人類も例外ではない．光は人類との長いかかわりと歴史を経て，現在の社会では，照明から情報のあらゆる分野にわたって光エレクトロニクスとして不可欠のものとなっている．世界各国を結ぶ情報通信網は，いまや光ファイバで構築された光通信網が基幹をなしている．コンピュータの情報処理や記憶媒体，データ通信，また身近なものとしてはコンパクトディスク(CD)やディジタルビデオディスク(DVD)などの音や映像の世界など，ほとんどすべてのものが光とかかわりをもっている．また，照明やテレビジョンで，光が直接用いられていることはいうまでもない．

　光や発光現象，さらにそれらを利用した光デバイスを理解するためにはどのような知識が必要であろうか．光は波動的な性質をもつと同時に粒子的な性質をあわせもっている．また，光は電磁波でもある．光を発生させるには種々の方法があり，その物理も多様である．この光や発光現象，光デバイスを理解しようとすると多くの学問分野の基礎知識が要求される．なかでも，光学，電気磁気学，量子力学，固体物理学などが不可欠であるが，これらの学問分野は必ずしも理解しやすいとはいえない．

　本書では，まず基礎的な問題として，発光現象，高温物体からの発光，電子と光の相互作用(光学遷移)，誘導放出とレーザなどについて説明した．次に，広く利用されている発光デバイスの材料である，蛍光体材料や半導体発光材料の発光の物理を取り扱った．また，半導体中の電子の量子効果についても説明した．最後に，発光デバイスの例として，照明デバイス，ディスプレイデバイス，発光ダイオードや半導体レーザダイオードなどを取り上げ，発光現象や発光材料がどのように利用されているかを述べた．

　本書を執筆するにあたり多くの書籍やハンドブックを参考にした．また一部の

図はこれらの本の図をわかりやすく書き改めて使用した．各図にはできるかぎり出典を示した．使用した書籍やハンドブックのほとんどは巻末に参考図書としてまとめて示してある．ご容赦頂ければ幸いである．

本書は向学心に燃える学生，修士・博士課程の大学院学生，また，社会に出て光関連の分野で働こうとする技術者や研究者を対象とした．したがって，理工系の学部を卒業された方には十分なご理解を頂けるものと考えている．内容が難しい箇所もいくつかあるが，なるべく理解しやすいように心がけた．本書が光エレクトロニクスの分野を理解するうえで，少しでもお役に立てば幸いである．

本書を執筆するについては，数多くの方々にお世話になった．特に，執筆の機会を与えて下さり，本書の内容について貴重なご意見を賜わった，学習院大学の小川智哉先生，東京農工大学の佐藤勝昭先生に心から感謝申し上げる．内容の吟味や訂正に多くの時間を割いて下さった，鳥取大学の田中省作，北川雅彦，大観光徳，市野邦男の諸先生，卒業生の見田充郎氏(現在は沖電気)に感謝する．最後に朝倉書店編集部の方々に感謝する．

 2000 年 5 月

著　　者

目　　　次

1. **序章 —— 暮らしの中の光** …………………………………… 1
   1.1 光と生活 ……………………………………………………… 1
   1.2 光とエレクトロニクス ……………………………………… 3
   1.3 本書の内容 …………………………………………………… 5

2. **発光現象の物理** ………………………………………………… 9
   2.1 さまざまな発光現象 ………………………………………… 9
   　2.1.1 励起方法による発光の分類 …………………………… 10
   　2.1.2 発光のいくつかの例 …………………………………… 11
   　2.1.3 発光の種類とその原理 ………………………………… 13
   2.2 高温物体からの発光 ………………………………………… 16
   　2.2.1 太陽からの発光 ………………………………………… 16
   　2.2.2 熱放射 …………………………………………………… 18
   　2.2.3 その他の熱放射 ………………………………………… 21
   2.3 電子と光の相互作用（光学遷移） ………………………… 23
   　2.3.1 電子が光から受ける力 ………………………………… 23
   　2.3.2 電子遷移 ………………………………………………… 24
   　2.3.3 電子遷移の摂動論 ……………………………………… 26
   　2.3.4 発光（吸収）強度と発光寿命 ………………………… 27
   　2.3.5 振動子強度 ……………………………………………… 28
   　2.3.6 許容遷移と禁制遷移 …………………………………… 28
   　2.3.7 選択則 …………………………………………………… 30
   2.4 誘導放出とレーザ …………………………………………… 33
   　2.4.1 光の自然放出，誘導吸収，誘導放出 ………………… 33
   　2.4.2 誘導放出による光の増幅とレーザ発振 ……………… 36

3. 発光材料の物理 ……………………………………………… 38
3.1 さまざまな発光材料 ……………………………………… 38
3.1.1 発光の物理に基づく発光材料の分類 …………………… 38
3.1.2 形状や応用分野による発光材料の分類 ………………… 43
3.2 蛍光体材料の物理 ……………………………………… 46
3.2.1 母体中に添加された原子やイオンの発光を利用した蛍光体 ……… 46
3.2.2 半導体中の電子と正孔の再結合による発光を利用した蛍光体 …… 67
3.3 半導体発光材料の物理 ……………………………………… 69
3.3.1 半導体中の電子の運動とエネルギーバンド ……………… 70
3.3.2 エネルギー保存則と運動量保存則 ……………………… 78
3.3.3 直接遷移と間接遷移 ……………………………………… 80
3.3.4 半導体からの発光 ……………………………………… 83
3.3.5 混晶半導体 …………………………………………… 105
3.3.6 電子密度, 正孔密度と発光 …………………………… 110
3.4 量子効果を用いた半導体材料の物理 ………………………… 116
3.4.1 量子薄膜 (量子井戸), 量子細線, 量子箱 (量子ドット) ……… 117
3.4.2 量子薄膜, 量子細線, 量子箱とレーザ利得 ……………… 128
3.4.3 歪量子井戸レーザ ……………………………………… 130

4. 発光デバイスの物理 …………………………………………… 134
4.1 さまざまな発光デバイス ……………………………………… 134
4.2 照明デバイスとディスプレイデバイス ……………………… 134
4.2.1 蛍 光 灯 ……………………………………………… 134
4.2.2 陰 極 線 管 …………………………………………… 138
4.2.3 プラズマディスプレイパネル ………………………… 143
4.2.4 エレクトロルミネッセンスディスプレイ ……………… 147
4.3 発光ダイオードと半導体レーザダイオード ………………… 156
4.3.1 発光ダイオード ……………………………………… 157
4.3.2 半導体レーザダイオード ……………………………… 168

あとがき ── さらなる発展をめざして ……………………………… 190

付　録1　本書でよく用いる略記号とその意味 ……………………… 194
付　録2　本書でよく取り扱う化合物の化学式と名称および特徴 …… 196
参考図書 ……………………………………………………………………… 199
索　　引 ……………………………………………………………………… 203

1. 序章——暮らしの中の光

1.1 光 と 生 活

　光はわれわれにとっては最も身近なもので，かつ最もたいせつなものである．光といえば誰もが太陽を思い浮かべるであろう．太陽は人類にとってはある意味ですべてのものかもしれない．地球上の植物また動物もこの太陽から命を受けているし，またわれわれ人類も同じである．太陽からの光（可視光）や熱（赤外光）また紫外線は，すべて電磁波と呼ばれる光波である．

　われわれ人類と光や発光とのかかわりは太陽をはじめとする自然現象から始まったといえる．夜空の月も星も発光や光と関係している．動物のなかにも発光するものがある．ホタルや夜光虫はその代表的なものである．また植物でも光るきのこなどがある．このように人類は初めは発光や光を単なる自然現象としてとらえていた．その後，木や石をこすって火をおこす方法を生み出し，火を通してその発光や光を人間自らの手で操作できるようになっていった．われわれの祖先は火を燈とした．また戦いのときなどにはのろしを上げて信号を伝えた．これは現代でいえばエレクトロニクスとしての照明であり，通信としての光通信の初めでもあると考えられる．また人は火を使い，暖をとる．これは赤外線ストーブである．これらの時代は旧石器時代や新石器時代，青銅器時代や鉄器時代，または紀元後の間もない時代の古い話である．

　光と熱は互いに関係があり独立ではない．ある意味でこれらは同じであるともいえる．人類が光が何であるかを理解するには長い年月を要した．17世紀になると，力学などの他の物理学の進歩とともに光に対する理解も急速に進んだ．光の屈折（1620）（Snell，1519-1626，フランス），光の回折（1655）（Grimald，1618-1663，イギリス），光の分散（1666）（Newton，1642-1727，イギリス），光速

度測定 (1676)(Römer, 1644-1710, ドイツ), 光の波動説 (1678)(Huygens, 1629-1695, オランダ), 光の粒子説 (1704)(Newton) などがそれらである. 18世紀後半には産業革命が起き, 近代工業社会が始まった. その最も重要なものが, 蒸気機関 (1769)(Watt, 1736-1819, イギリス) である. 蒸気機関は, まず石炭を焚き, 水を蒸気にし, それを動力に変える. すなわち, そのもとは石炭であり, それが燃えるときに発熱し発光する. この発熱は熱発光と呼ばれている. また, 産業革命後の社会では, 鉄がそれまでにも増して人類にとって大きな意味をもつようになった. 良質の鉄を多量に生産するには精錬技術がたいせつである. この鉄を精錬するためには数千度の高い温度が必要である. この際に鉄は赤く発光する. この発光色と温度の関係を知るために熱発光の理解が求められた. そして, これはその後の統計熱力学や量子力学へと関連し発展していった. 19世紀の終わりから20世紀の初めにかけて, 発光や光についての理解が化学と物理の両面から深く進んだ. これらのうちで代表的なものは, 量子論 (1900)(Plank, 1858-1947, ドイツ), 原子模型 (1913)(Bohr, 1885-1962, デンマーク), 波動力学の基礎 (1923)(de Broglie, 1892-1987, フランス), 量子力学 (1925)(Bohr, 1885-1962, デンマーク; Heisenberg, 1901-1976, ドイツ; Dirac, 1902-1984, イギリス), 波動力学, (1926)(Schrödinger, 1887-1961, オーストリア) などである.

　次に発光や光をエレクトロニクスの立場から考えてみると, その始まりはエジソンのタングステンランプ (白熱電球) の発明 (1879)(Edison, 1847-1931, アメリカ) に始まる. これは照明であり, 水銀灯やガス灯とともに利用された. その後, 蛍光ランプ (1938, GE社, アメリカ) が発明され, 一般家庭の照明にも広く利用されている. われわれの社会はこの照明なしではありえない. 蛍光ランプの内面には蛍光体と呼ばれる発光物質が使われているが, この蛍光物質は発光を考えるときには最も重要なものである. また, 今日テレビジョンはわれわれの日常生活にとって欠かせないものである. このテレビジョンのディスプレイデバイスにはブラウン管が用いられている. ブラウン管 (1897)(Brown, 1850-1918, ドイツ) にも蛍光体が用いられており, この蛍光体が発光して美しいカラー映像を写し出す. テレビ放送がイギリスで始まり (1937), 日本でも白黒テレビ放送 (1952) からカラーテレビ放送 (1960) となっていった. その際に, 最も重要なも

のは，われわれの目に直接訴える電子ディスプレイとしてのブラウン管の性能の向上であった．今日では，このブラウン管に代わるものとして，各種の平面型の電子ディスプレイデバイスが開発されつつある．それらには，液晶ディスプレイ (LCD)，プラズマディスプレイパネル (PDP)，フィールドエミッションディスプレイ (FED)，エレクトロルミネッセンスディスプレイ (ELD) などがある．これらのディスプレイデバイスでも問題となるのは蛍光体である．

一方，エレクトロニクスを考えるときに最もたいせつなものは半導体である．ダイオードやトランジスタ (1947) (Shockley, 1910-1989，アメリカ) の発明がそのもとを築いた．光を発するダイオード，いわゆる発光ダイオードは，赤，緑，青の可視光の発光が可能であるばかりでなく，赤外光の発光も可能である．今日では，オーディオ機器やビデオ機器，また道路表示などに広く用いられている．この発光ダイオードは，さらに半導体レーザダイオードへと発展した．そして，レーザディスクなどのホームエレクトロニクスなどに用いられている．さらに，半導体レーザダイオードは，半導体光検知器や光ファイバー技術とも相まって光通信を可能とした．光通信技術は，われわれの社会に定着し，情報交換の手段としてますますその重要性が高まると考えられる．その代表的なものがインターネットであり，大容量の情報伝送を支えているのは光通信システムである．

このように，初めは単なる自然現象であった発光や光は，今日では照明や光情報通信としてわれわれの生活と暮らしの中に深く入り込んでいる．

1.2 光とエレクトロニクス

発光現象を最もはっきりした形で利用したものは照明である．室内の照明には蛍光灯が最も一般的に用いられているが，タングステンランプ（白熱電球）も必要に応じて用いられている．このほかにも多くの美しい照明器具，室外の夜間照明，一般道路や高速道路の街灯やトンネル灯がある．またスポーツ施設である野球場やテニスコートにも強力な照明灯が用いられる．都会の夜を賑わすネオンサインは，いわゆる照明や明かりではないが，現代社会の象徴ともいえる．このほかにも多くの照明がショーウィンドウの飾りとして，また広告灯として用いられている．

現代は高速交通網の社会でもあるが，車や電車そしてまた航空機や船舶などに

も多くの発光デバイスが照明や表示機器として使用されている．たとえば，車のヘッドライトはタングステンランプである．ブレーキランプは赤色のケース内にタングステンランプが入っているし，ウインカー用のライトも同じである．最近では，ブレーキランプに高輝度の発光ダイオードが使用され始めた．車の運転席ではスピードメーターをはじめとするいくつかのメーターがある．これらのメーターは，機械的なメーターをタングステンランプで照明したものが多い．しかし，最近では，発光ダイオードを利用したものもみられる．また，液晶ディスプレイのものもある．液晶は自らは発光しない．この意味では発光を利用したエレクトロニクスデバイスではない．しかし，液晶ディスプレイにはその後ろから光を当てる必要がある．これはバックライトと呼ばれているが，これは冷陰極管などの発光デバイスが使用されている．航空機のコックピットの表示も，従来のメーターなどの機械的なものから，発光ダイオードやブラウン管などの発光デバイスに置き換わりつつある．交通信号の青，黄，赤は，色ガラスとタングステンランプの組合せである．最近では，これらを高輝度の発光ダイオードで置き換える試みも進みつつある．駅や空港にも多くの照明や案内表示板がある．これらの表示板は大型で遠くからでも見える必要がある．最近では，高輝度発光ダイオードや投射型液晶を用いた表示板などが多く見られるようになった．

　ホームエレクトロニクスはわれわれにとって最も身近なものである．照明としての蛍光灯はいうまでもない．テレビジョンもその代表的なものである．ブラウン管の内面には蛍光体と呼ばれる赤，緑，青に発光する発光材料が塗布されている．そして，ブラウン管内の電子銃から放出された電子がこの蛍光体に当たり発光する．ラジオやオーディオ機器には赤色や緑色の多くの点滅表示やグラフがある．これらには，発光ダイオードが用いられている．これらはいずれも可視光で発光するダイオードである．われわれの直接目にふれないところでもコンパクトディスク (compact disc: CD) やレーザディスク (laser disc: LD)，またレーザプリンタなどにも，発光ダイオードやレーザダイオードが用いられている．これらは目には見えない赤外領域で発光する．

　光の応用のなかで，近年最も大きく進歩したものは光通信と呼ばれる分野である．通信といえばもっぱら電波が主役をなしてきた．しかし，近年，この分野に光波が入り込み，これまでの電波の分野を一部取って代わると同時に，電波では

できなかった分野を可能にしつつある．特に，情報化社会と呼ばれるなかにあって，光通信はよりいっそうの重要度を増していくと考えられる．ここでは，赤外領域で発光するレーザダイオードが重要な役割を担っている．

1.3 本書の内容

本書は，発光(光波)を中心とし，その物理とエレクトロニクスへの応用について説明したものである．各章の内容とその相互関係を図1.1に示す．一口に発

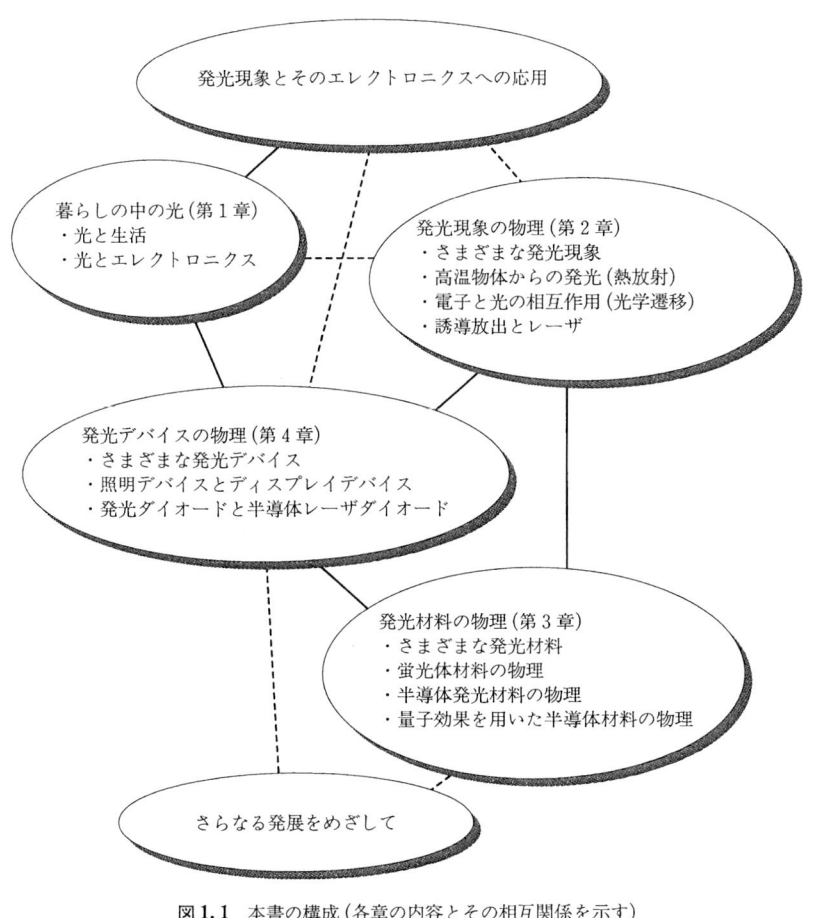

図1.1 本書の構成(各章の内容とその相互関係を示す)
―――― 密接に関連しているもの．
------ 関連しているもの．

光といってもそのなかに含まれている物理現象にはさまざまのものがある．第2章では，「発光現象の物理」として，さまざまな発光，熱放射，電子と光の相互作用，自然放出，誘導放出など，基礎となる物理の概要を述べる．今日では，発光現象とその物理については，すでに深い理解がなされ，それを基にして各種の発光材料の開発がなされている．第3章では，「発光材料の物理」として，これらについて説明する．蛍光体材料，半導体材料，そして，少し異なった側面から見た量子材料などがある．光エレクトロニクスや光情報エレクトロニクスを支えているものは，その要素技術である各種の発光デバイスである．その代表的なものは，照明デバイス，ディスプレイデバイス，発光ダイオード(LED)と半導体レーザダイオード(LD)などである．第4章では，「発光デバイスの物理」として，これらのデバイスに固有の物理について説明する．光は照明としてはもとより，すでに光通信として現在われわれにとって不可欠のものとなっている．今後，将来に向けてさらなる発展を遂げ，インターネットなどを通じて社会のなかに深く入っていくものと考えられる．

　発光現象には多くのものがある．その分類の仕方，また現象のとらえ方にはいくつかの考え方や観点がある．図1.2に示すように，本書では発光を(1)高温物体からの発光，(2)原子からの発光，(3)固体からの発光という観点からとらえてある．高温物体からの発光はいわゆる熱放射(熱輻射)と呼ばれるものである．その特徴は，発光波長(発光色)が温度のみに依存し，その物体の構成要素である原子によらないことである．鉄も石も高温では同じように赤くなり，さらに温度を上げると青白く輝く．これに関しては第2章2.2「高温物体からの発光」で説明する．原子からの発光は，発光波長がその原子固有，または，そのイオン固有の，例えばナトリウム原子は黄色の発光を生じるし，ユウロピウムイオンは赤色の発光を生じる．固体からの発光には各種のものがあるが，蛍光体と半導体に分けて考えている．蛍光体は，母体材料と呼ばれる絶縁体材料に，発光するイオンまたは原子を添加した物質からなる．発光は，このイオンまたは原子から起こる．このとき，発光波長は，このイオンまたは原子固有のものである．通常，母体自身は発光しない．蛍光体材料の物理については，第3章3.2「蛍光体材料の物理」で，また蛍光体のエレクトロニクスへの応用，特に照明とディスプレイへの応用に関しては，第4章4.2「照明デバイスとディスプレイデバイス」で説明

1.3 本書の内容

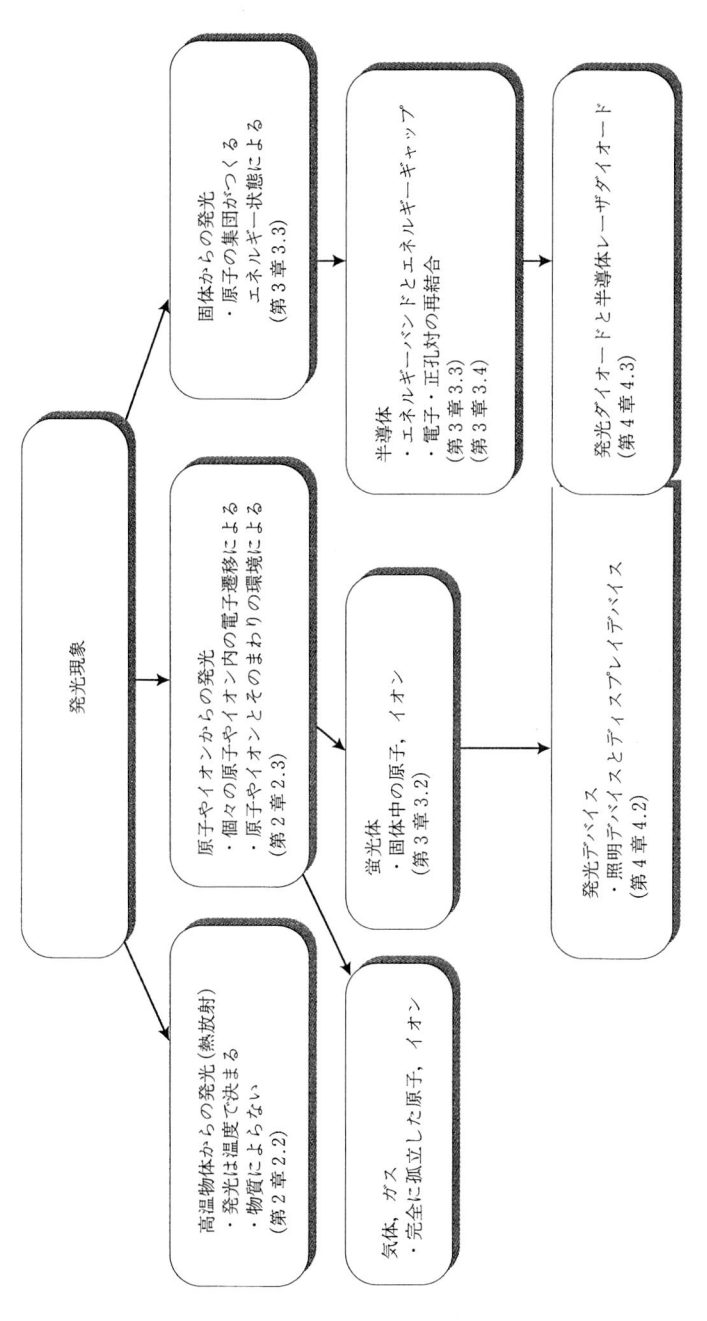

図 1.2 発光現象のとらえ方 (図中に関係する章を示してある)

する．固体からの発光のもうひとつの代表的な，また重要なものは，半導体からの発光である．この発光は半導体の価電子帯と伝導帯のエネルギー差，いわゆるエネルギーバンドギャップ幅に対応するだけのエネルギーを発光として取り出すものである．したがって，発光は考えている半導体の材料そのものに基づいている．半導体からの発光については，第3章3.3「半導体発光材料の物理」，ならびに3.4「量子効果を用いた半導体材料の物理」で説明する．現代，光エレクトロニクスで最もたいせつなひとつとなっている発光ダイオードと半導体レーザダイオードについては，第4章4.3「発光ダイオードと半導体レーザダイオード」で説明する．

2. 発光現象の物理

2.1 さまざまな発光現象

発光という言葉を聞いたときに，ある人は，太陽を思うに違いない．また，他の人はローソクの火を思うかもしれないし，ネオンサインや蛍光灯かもしれな

表 2.1 発光現象の種類

発光の分類		発光の原理	物質の例	応用例
熱発光		高い温度の物質(固体，ガス)からの発光．熱放射	タングステンランプ (太陽や星の発光も同じ原理による)	照明
フォトルミネッセンス		物質に光(紫外線)を照射したさいの発光	$Ca_2(PO_4)_2 \cdot Ca(F, Cl)_2$：$Sb^{3+}$, Mn^{2+}, $BaMgAl_{10}O_{17}$：Eu^{2+}(青色)，Zn_2SiO_4：Mn^{2+}(緑色)，YBO_3：Eu^{3+}(赤色)	蛍光灯 プラズマディスプレイパネル
カソードルミネッセンス		物質に陰極線(電子線)を照射したさいの発光	ZnS：Ag(青色)，ZnS：Cu, Au, Al(緑色)，Y_2O_2S：Eu^{3+}(赤色)	カラーテレビジョン用ブラウン管
エレクトロルミネッセンス	注入発光	p-n 接合で少数キャリアを注入したさいの発光	GaP：N(緑色)，$InGaAsP$ (1.3 μm, 1.5 μm)	発光ダイオード 光通信用レーザダイオード
	電界発光	物質に高い電界(10^6 V/cm)を印加したさいの発光	ZnS：Mn^{2+}(橙色)	エレクトロルミネッセンスディスプレイ
化学発光		物質が化学反応するさいの発光	HF, CO_2	化学レーザ
生物発光		生体中での化学反応による発光		ホタル，ホタルイカの発光など
摩擦発光		物質を擦ったり機械的なショックを加えたりしたさいの発光		

い．人がこのように発光という言葉でいろいろのものが思い浮かぶのと同様に，発光のもととなっている原理もいろいろのものがある．表2.1には，それがまとめてある．

2.1.1 励起方法による発光の分類

（1） **熱発光（黒体放射：熱放射）**　物質を高い温度にすると発熱する．鉄を熱すると初めは赤黒いが，次第に赤色となる．さらに温度を上げると白っぽくなりまぶしくなる．これはタングステンなどの他の金属を熱しても同じである．また石炭を熱しても同じである．熱発光の特徴はこのように，発光が熱せられる物質にはよらず同じようになることである．すなわち熱する温度が決まると，その発光色が定まり，物質が何であるかには依存しない．熱発光は熱放射（熱輻射）または黒体放射（黒体輻射）とも呼ばれる．太陽や発光する星，また，タングステンランプなどはこの熱放射である．

（2） **フォトルミネッセンス**（photo-luminescence：PL）　物質に光を照射すると発光する．たとえば，蛍光体の一種である ZnS：Cu, Cl 蛍光体に紫外線を照射すると，緑色の発光をする．これは，紫外線が緑色の可視光に変換されたことになる．すなわち，ある波長の光を蛍光物質などに照射すると別の波長の光となって出てくる．このように光を物質に照射すると光が出てくるのでフォトルミネッセンスと呼ばれている．蛍光灯，蛍光塗料などは，この現象を利用したものである．

（3） **カソードルミネッセンス**（cathode-luminescence：CL）　物質に，電子線（陰極線）照射することによっても発光が得られる．例えば，前述の ZnS：Cu, Cl 蛍光体に電子線を照射すると緑色に発光する．電子線は，カソードと呼ばれる陰極から出てくる．カソードルミネッセンスの名称はこれに由来する．テレビジョンのブラウン管は，これを利用したものである．

（4） **エレクトロルミネッセンス**（electro-luminescence：EL）　物質に電圧を加えると発光する．今日では，このエレクトロルミネッセンスは，2種類に分けられている．1つは，数ボルトの低い電圧で発光するもので，もう1つは，高い電圧，あるいはもう少し正確にいえば，高い電界で発光するものである．前者は，半導体のp-n接合に順方向電流を流したさいに，電子と正孔が再結合する

ことによって発光し，後者は，半導体中を加速された電子が発光中心に衝突し，発光中心となる原子またはイオンが励起され，それが元の状態に戻るさいに発光する．

たとえば，GaAs 半導体の p-n 接合に数ボルトの電圧を加えると赤外光（~1 μm）が発光する．また，ZnS：Mn に高電界を加えると，発光中心である Mn^{2+} イオンから黄色（~580 nm）の発光を生ずる．前者は，発光ダイオードであり半導体レーザにもなる．後者は，いわゆるエレクトロルミネッセンス（EL）と呼ばれており，EL ディスプレイパネルとして，文字やグラフィック表示用として用いられている．

（5）**化学発光** 物質が化学反応をするときに発光するものである．たとえば，ある種の有機化合物を反応させると発光が得られる．また，H_2 ガスと F_2 ガスを化学反応させると HF ガスが生じるが，このとき HF 分子は励起状態になり，発光する．

（6）**生物発光** 生物や動物のなかには発光するものがある．たとえば，ホタルはその代表的なものである．これは，ホタルの体内で，ルシフェリンと呼ばれる化学物質の酸化反応が生じ，そのときに発光する．

（7）**摩擦発光** 固い物質どうしが，お互いぶつかったりすると発光する．鉄などをグラインダで削るときに火花が散るが，これは加熱による熱発光である．このほかに，物質を摩擦したさいに，その物質を構成している結晶の一部が破壊され，電子移動により発光が生じることがある．

2.1.2 発光のいくつかの例

すでに説明したように，発光にはいくつもの種類がある．図 2.1 には，そのなかの原子からの発光と熱発光を例にとり説明したものである．比較のために，電波の発生についても説明してある．

（1）**原子からの発光** 原子はその中心に原子核をもっている．そのまわりにはいくつかの電子がある．一例として，簡単な水素原子を考える．水素はその中心に $+e$ の電荷をもつ陽子 1 個があり，そのまわりを $-e$ の電荷をもつ電子が回っている．水素原子が普通の状態にあるときには，その電子は最も内側の軌道（1 s 軌道）に存在する．これは基底状態と呼ばれる．この状態で光などの刺激

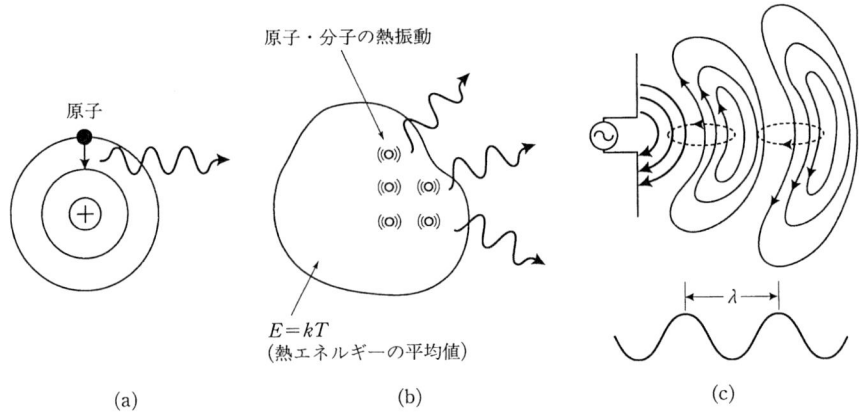

図 2.1 (a) 原子からの発光と，(b) 高温物体からの発光（熱放射）の模式図．比較のために (c) 電波の発生も同時に示す．

を受けると，電子は外側の軌道に移る．これは励起状態と呼ばれる．この場合，励起状態にある電子は，ある時間がたつと元の基底状態に戻る．励起状態のエネルギー E_e は基底状態のエネルギー E_g より大きい．したがって，電子が励起状態から基底状態に戻る（遷移する）さいには，そのエネルギーを外部に光（電磁波）として放出する．そのさいの周波数を ν とすると，光のエネルギーは次式で与えられる．

$$h\nu = E_e - E_g, \quad h = 6.626 \times 10^{-34} \quad [\text{J·s}] \tag{2.1}$$

ここで，h はプランクの定数と呼ばれるものである．多くの電子をもつ原子についても，遷移する電子1個に着目すれば，励起状態と基底状態の間の遷移であり，同様に考えることができる．原子やイオンからの発光のさいに，2個の電子またそれ以上の電子が同時に関与することもある．これは多電子系の発光と呼ばれる．カラーテレビのブラウン管の赤色発光はユウロピウム (Eu^{3+}) イオンからの発光であるが，このさいには6個の電子が関与する．この発光は6個の電子の配置換えによる．

（2）熱い物体からの発光（熱放射） 物体は熱せられると光を出す．これは，その物体を構成している原子が振動するためである．物体が熱せられると，温度が低いときに赤色の発光を，そして高温になると青白い発光をする．この理由は，赤色の光は温度が低く波長が長い光に対応するためであり，青白い光は温

度が高く波長の短い光に対応するためである．この発光(熱放射)については2.2で説明する．

（3）電波(電磁波)の発生　図2.1には，光の発生との比較のために，電波の発生を示してある．電波はアンテナから放出される．アンテナには，発振器からある周波数 f の電流が送り込まれるので，電荷が正負交互に変わる双極子(ダイポール)とみなせる．その周波数 f はコイルLとキャパシタCで構成された発振器，いわゆるLC共振器で決まる．光波と比較して，電波は周波数が低く，波長が長い．すなわち，量子としてみた場合，エネルギーが低い．光波と電波は種々の点で異なるが，原子からの発光を古典論で議論する場合，このダイポールからの電波の放出を基礎にしている．このことについては2.3で説明する．

2.1.3　発光の種類とその原理

物質が電磁波を発生するメカニズムには多種多様のものがあり，多くの現象を伴う．光(可視光)は，そのごく一部の波長(周波数)領域を占めているにすぎな

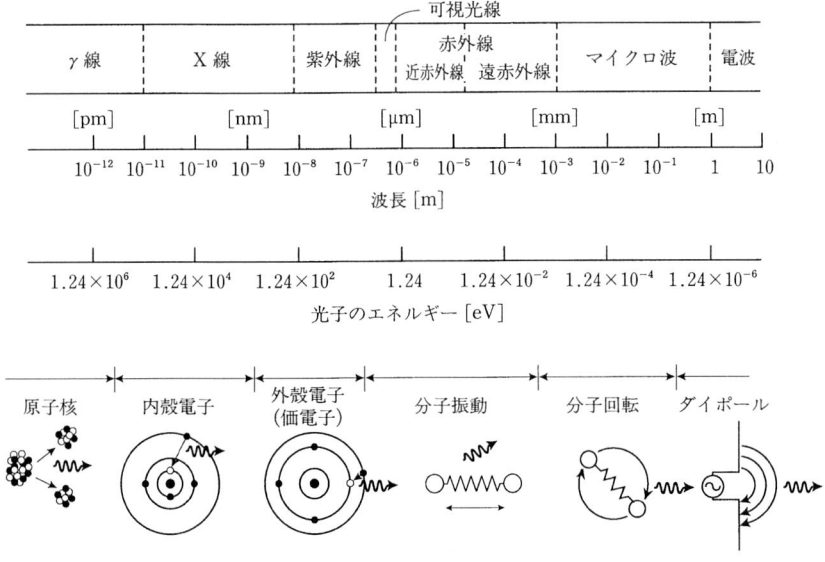

図 2.2　電磁波の種類とその発生原理

い．最も波長の短い電磁波は γ 線であり，その波長は $0.1\,\text{Å}$ ($10^{-11}\,\text{m}$) 以下である．波長が長くなるにつれて，X 線，紫外線と呼ばれ，光（可視光）の波長は $380\sim 780\,\text{nm}$ ($3.8\sim 7.8\times 10^{-7}\,\text{m}$) である．可視光より長い波長をもつ電磁波は，赤外線，電波と呼ばれるが，ラジオ放送に使用されている電波の波長は，$300\,\text{m}$ 以上である．電磁波としての性質，すなわち電磁波の伝播速度は $3\times 10^8\,\text{m/s}$ で，すべて同一であるが，その発生機構は波長領域によってまったく異なる．図 2.2 にはそのうちのいくつかが示してある．上段には，電磁波の種類が示してある．ここでは，γ 線から電波までの電磁波の発生機構のいくつかについて，その物理的現象を簡単に述べる．

（1） γ 線　γ 線の波長は $0.1\,\text{Å}$ ($10^{-11}\,\text{m}$) 以下であり，原子の直径（$1\,\text{Å}$ 程度）の $1/10$ 以下である．同時に，電磁波のうちで最も高いエネルギーをもち，その値は $100\,\text{keV}$ 以上である．この γ 線の発生には原子核が関与する．すなわち，原子核が崩壊したときなどに γ 線が発生する．

（2） X 線　X 線の波長は $10\,\text{pm}\sim 10\,\text{nm}$ 程度であり，そのエネルギーは $100\,\text{keV}\sim 100\,\text{eV}$ 程度である．X 線の発生には，電子軌道のうち内側（内殻）のものが関係する．内側の軌道の電子は大きいエネルギーをもっている．その結果，軌道を変えるさいには大きなエネルギー変化を伴う．これが X 線として放出される．X 線を放出させるためには，内殻電子を励起する必要がある．たとえば，銅（Cu）原子に加速した電子線をぶつけ，Cu 原子の内殻電子（1s 軌道）を励起し，その軌道に空孔をつくる．そして，より外側の軌道（2p や 3p 軌道）にある電子が遷移してくるさいに，Cu 原子に固有の X 線が発生する．

（3） 紫外線，可視光線　紫外線の波長は $10\sim 380\,\text{nm}$ ($100\sim 3.3\,\text{eV}$) であり，可視光線の波長は $380\sim 780\,\text{nm}$ ($3.3\sim 1.6\,\text{eV}$) である．エネルギーの大きさは異なるが，その発生の物理的機構は同じである．すなわち，紫外線，可視光線の発生には，比較的外側の軌道の電子を利用する．外側の軌道電子は外殻電子または価電子と呼ばれる．この価電子の励起状態のエネルギーと基底状態のエネルギーの差が，紫外線や可視光線のエネルギーに対応する．このさい，電子を基底状態から励起状態にする必要がある．その励起には加速電子による衝突励起や，より短波長の光による光励起などが用いられる．一例として蛍光灯からの光を考える．蛍光灯の可視光は，蛍光体の発光であるが，これは 2 段階の過程を経て生

じている．蛍光管中には水銀(Hg)蒸気が含まれており，まず，放電により生成，加速された電子の衝突により，Hg 原子が励起される．励起状態にある Hg 原子の外殻電子が基底状態に遷移するさいに紫外線(253.7 nm)を生じる．次いで，蛍光管の内面に塗布されている蛍光体の中のイオンの外殻電子が紫外線で光励起され，より高いエネルギーをもつ軌道に遷移し，その電子が基底状態に戻るさいに可視光を生じる．

（4）**赤外線** 赤外線は，その波長領域から近赤外線 (780 nm (0.78 μm)〜25 μm：1.6〜0.05 eV) と遠赤外線 (25 μm〜1 mm：0.05 eV(50 meV)〜1 meV) に分けられる．近赤外線と遠赤外の境界は便宜的に分けられているだけで，その近傍という程度である．近赤外線の発生は，そのエネルギーが小さいだけで，可視光と同様な機構，すなわち，外殻軌道の電子遷移に対応する．一方，遠赤外線のエネルギーは固体の原子の振動，すなわち格子振動や分子の振動のエネルギーに対応する．このため，分子が振動すると遠赤外光を発する．多くの分子振動による発光は，この赤外線領域に対応する．身近な分子振動の応用例としては，金属の加工などに使われる炭酸ガスレーザ (波長 10.6 μm) がある．現在，すでに開発されている光通信用の半導体レーザの波長は，近赤外領域にある．この代表的なものである GaAs 系半導体では，発光は，伝導帯と価電子帯の間を電子が遷移するときに生ずる．外殻電子の遷移を直接使ってはいないが，半導体を構成する元素にたちかえって考えると，外殻電子の遷移の発光と同様である．発光させるためには，価電子帯の電子を伝導帯に励起する必要がある．この励起のためには，半導体に電圧を印加して電流を流す．

（5）**マイクロ波** マイクロ波の波長は 1 mm〜1 m である．この波長領域で電磁波は光量子(光子)とも電波とも考えられる性質を示す．このため，遠赤外線の発生と同様に，分子の回転運動や振動運動のエネルギーが電磁波として放出されるときにも発生するし，真空中を進行する電子流の電荷分布の振動によっても発生する．この周波数領域の電磁波の誘導放出を利用して，メーザ (microwave amplification by stimulated emission of radiation : maser―放射の誘導放出によるマイクロ波の増幅) がつくられた．このとき，アンモニア分子の振動によって放出されるマイクロ波が利用された．可視光領域での誘導放出を用いたのがレーザ (light amplification by stimulated emission of radiation : laser) であ

（6） 電波（UHF，VHF，ラジオ波など） 電磁波の波長が1m以上になると量子性はなくなり，古典的な電磁波として取り扱うことができる．また，この電波の発生のもととなる振動には，原子や分子などは関与しない．巨視的なダイポール（正負の電荷をもった双極子）の振動で電波が発生し，その周波数はそれに対応するLC共振器の共振周波数で決定される．電波の波長は1mから1km以上（原理的には無限大まで考えることができる）までに達するが，その波長（周波数）により，UHF，VHF，ラジオ波などと呼ばれている．

［2.1 まとめ］

- 発光にはさまざまなものがある．熱発光，フォトルミネッセンス，カソードルミネッセンス，エレクトロルミネッセンス，化学発光，生物発光，摩擦発光などがある．
- 光（光波）は電磁波の一種である．電磁波は，波長の短いものから長いものにかけて，γ線，X線，紫外線，可視光線，赤外線，マイクロ波，電波（UHF，VHF，長波）などがある．

2.2 高温物体からの発光

2.2.1 太陽からの発光

われわれの最も身近な，そして最も人類が恩恵を受けている発光は太陽からの発光（熱放射，熱輻射）であり，まぶしく輝いている．これは可視光線によるものである．夏には暑く冬には暖かいとも感ずる．これは赤外線によるものである．夏の日差しのもとで，海辺の砂浜で寝そべっていると，肌がやける．これは，紫外線によるものである．人間が誕生し，初めて目にするものは，太陽光である．そして，その次に見るものは母親の顔であろう．われわれの生きている世界は光で満ちている．聖書の初めにも次の成句がある．「はじめに光ありき」．このような太陽からの光はどのような物理現象に基づいて発光しているのであろうか．太陽は非常に熱い火の玉である．その内部では絶えず核融合反応が起こり，絶えず熱が生じている．その結果，表面温度は常に約5800 Kという温度に保たれている．すなわち高温または熱が発光の源である．この理由のために太陽から

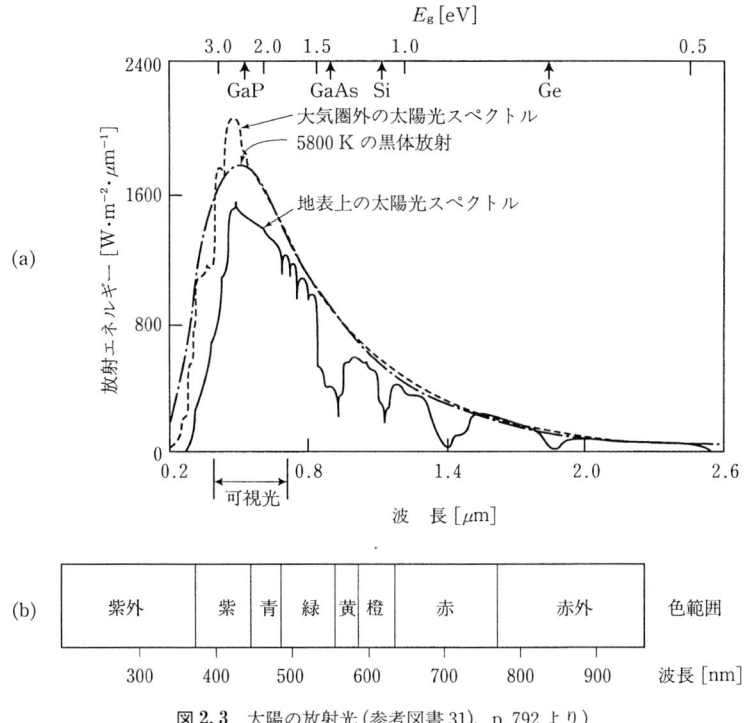

図 2.3 太陽の放射光（参考図書 31），p.792 より）
(a) 太陽の放射エネルギーの波長依存性
(b) 太陽光のスペクトル

の発光は熱発光，また，熱放射 (thermal radiation) と呼ばれる．発光には，この熱発光のほかに後で述べるように原子からの発光，半導体からの発光などがある．そしておのおのに，それを支配する物理がある．

図 2.3(a) は，太陽の放射光の発光スペクトルを示す．横軸は発光波長であり，縦軸はそれに対応する放射エネルギーである．図に示すように，放射光は紫外線領域，可視光線領域，赤外線領域のスペクトルからなる．

（1）紫外線領域 (ultraviolet region)　　波長の短い領域 (250〜380 nm) であり，この紫外線は殺菌作用や人の肌を黒くするなどの化学作用を有する．

（2）可視光線領域 (visible region)　　人間が光と感じているのはこの領域の光である．波長は 380〜780 nm である．太陽の熱放射は，連続したスペクトルを示し，白色光とも呼ばれる．しかし，この白色光である可視光は種々の成分の

光からなる．それは虹として見えるときに最も明快にわかる．虹は，波長の短いほうから見ると紫，藍，青，緑，黄，橙，赤の成分からなる．これは，図2.3(b)にスペクトルとして示してある．人間が目(視覚)を通して感じている大自然のドラマは，この太陽の可視光に基づく．朝日とともに一日が始まり，空が青く見え，木々が緑と見え，また夕陽が赤いのもこの可視光に基づく．太陽光は，この可視光領域に最も強い放射強度を有する．

(3) **赤外線領域** (infrared region)　人間が暖かいと感じたり，熱いと感ずるのは，この赤外線に基づくものである．人は，この赤外線を見ることはできない．赤外線の波長領域は $0.78 \sim 2.4\ \mu m$ の領域である．

(4) **その他の放射光**　太陽は，これらの紫外線，可視光線，赤外線のほかにも，放射光を有する．紫外線よりも短い波長領域には，X線やγ線の領域が存在する．また，赤外線領域よりも波長の長い領域では遠赤外線や電波などを放出している．

熱放射の特徴は，その放射スペクトルの分布が，いま発光している物体の温度のみに依存していることである．太陽の場合，その表面温度が 5800 K といわれている．したがって，この温度が発光の強度と発光スペクトルを決定する．別のいい方をすると，太陽がヘリウム(He)でできていようと水素(H_2)または炭素(C)でできていようと，その構成物質には依存しない．すでに図2.3で示したスペクトルは，ここで述べたようにその表面温度 5800 K のみで決定されたものである．太陽からの光の放射が別名「熱放射(熱輻射)」といわれるのはこのためである．

2.2.2　熱放射

高温物体からの発光は，太陽からの発光だけに見られるものではなく，もっと広く一般的に見受けられる．ローソクの火，たき火，タングステンランプ，また赤くなった鉄板，いずれもこの熱放射(熱輻射)である．その発光物体が炭素(C)や酸素(O_2)，タングステン(W)，鉄(Fe)に基づいているにもかかわらず，皆同じような発光に見えるのはこのためである．

(1) **黒体放射**　この熱放射をもう少し詳しく考えてみる．これはまた，「黒体放射(黒体輻射)」とも呼ばれている．図2.4に，この熱放射の発散度の計算値

2.2 高温物体からの発光

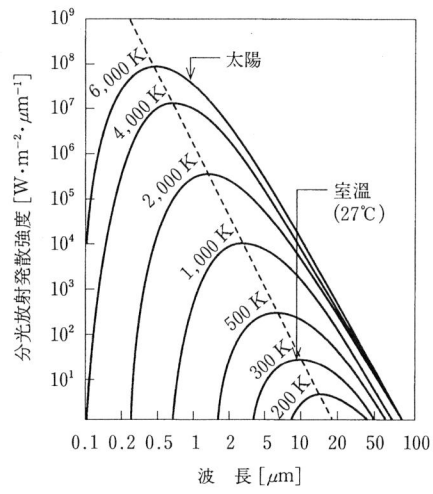

図2.4 黒体の分光放射輝度分布

を示す．この計算は，次式のプランク(Plank)の黒体放射の理論式を用いて計算されたものである．

$$\varepsilon(\nu, T)d\nu = \frac{h\nu}{\{\exp(h\nu/kT)-1\}} \cdot \frac{8\pi\nu^3}{c^3}d\nu \tag{2.2}$$

図2.4の縦軸は分光放射発散強度である．横軸は波長である．また，図中の温度は発光体の表面温度である．波長はμmでプロットしてある．分光放射発散強度は$W \cdot m^{-2} \cdot \mu m^{-1}$の単位である．単位面積から1秒間に放射されるエネルギーはW/m^2である．放射発散強度の場合，たとえば，1μmの波長の光の放射を測定しようとする場合，厳密にはその波長は$\lambda=1\ \mu$mであるが，実際の測定では$\lambda=1\ \mu$mを中心にある波長範囲(例えば，$\lambda=\varDelta\lambda/100$)で測ることになる．すなわち，$\lambda\pm\varDelta\lambda$となる．したがって，発散強度は$\lambda-\varDelta\lambda\sim\lambda+\varDelta\lambda$の範囲での強度となるので，波長の単位である[$\mu$m]で割らなければならない．したがって$[W/m^2]\times[1/\mu m]$となり，$W \cdot m^{-2} \cdot \mu m^{-1}$となる．

物体の温度を上げていくと，発光は，波長の長い赤外線から始まる．図2.4では，室温300 K(27°C)では波長4～40 μmの赤外線が出ていることがわかる．物体を水とし，それを100°Cすなわち373 Kに上げたとする．これは400 Kに近いが，その発光を見ると波長3～50 μmの発光をしていることがわかる．また発

光強度の最高値は，波長が約 8 μm のところにある．われわれは，物体が 100℃ となって熱いとは感じても，物体が光っているとは感じない．これは日常の生活経験とも一致する．鉄が赤くなっているときの温度は 700～800℃ である．すなわち，1000 K の曲線の前後の温度となる．発光波長は，1000 K の場合を見ると 0.7～50 μm である．すなわち，可視光のうち赤色の領域の一部が見えはじめ，鉄が赤くなっていると感じる．発光強度の最大値は，波長 2～3 μm の赤外線のところにある．鉄の温度をさらに上げ 2000 K (～1700℃) にもすると，可視光のすべての波長の発光が見えるようになり，また白く輝いて見えるようになる．この温度になると最大発散強度を与える波長もぐっと短くなり 1～2 μm となる．

太陽の温度は 5500℃ であり 5800 K に近い．すなわち発光は紫外，可視，赤外線領域をカバーするようになる．そして，その発光強度の最高値は可視光の領域にある．

図 2.4 に示した熱放射の全体をまとめると次のようになる．

物体の温度を上げると

(1) 全放射強度は強くなる．
(2) おのおのの波長に対する放射強度は強くなる．
(3) 放射強度の最大値を与える波長は短いほうにずれる．

この熱放射の問題は，単に発光という物理現象を理解するという意味においてだけでなく，近代物理の発展，特に量子力学や統計力学を誕生させたという意味においても非常に重要であった．ここでは，そのうちで重要な 2 つの法則について述べる．

（2） ウィーンの変位則　熱放射をしている物体の温度を T，そのときの最大発散放射強度を与える波長を λ_m とすると，次の関係が成立する．

$$T\lambda_m = 2.89 \times 10^{-3} \quad [\text{m}\cdot\text{K}] \tag{2.3}$$

すなわち，熱放射をしている物体の温度 T が上がれば上がるほど発散強度が最大となる波長 λ_m は短くなることがわかる．この関係を太陽光のスペクトル図 2.3 で考えてみる．輝度の最高発散強度を与える波長は $\lambda_m = 4.75 \times 10^{-7}$ m = 475 nm である．したがって，それと対応する温度を求めると次のようになる．

$$T = 2.90 \times 10^{-3}/\lambda_m$$

$$= \frac{2.90 \times 10^{-3}}{4.75 \times 10^{-7}} = 6000 \text{ K} \tag{2.4}$$

すなわち，太陽の表面温度は 5800 K であるから，ほぼ一致しているといえる．

（3） ステファン・ボルツマンの式　放射されるエネルギー I と放射体の表面温度 T との間には，次の関係が成立する．

$$I = \sigma T^4 \qquad [\text{J}\cdot\text{m}^{-2}\cdot\text{s}^{-1}] \tag{2.5}$$

$$\sigma = 5.6705 \times 10^{-8} \qquad [\text{J}\cdot\text{m}^{-2}\cdot\text{s}^{-1}\cdot\text{K}^{-4}]$$

放射体の温度 T が上昇すると，放射エネルギー I は温度 T の4乗で急速に増大する．太陽について，この関係を考えてみる．太陽の半径 r_s は 7×10^8 m であり，その表面温度 T_s は 5800 K である．式 (2.5) を用いて放射エネルギーを計算すると次のようになる．

$$\begin{aligned} I \cdot 4\pi r_\text{s}^2 &= \sigma T_\text{s}^4 \cdot 4\pi r_\text{s}^2 \\ &= 5.6705 \times 10^{-8} \times (5800)^4 \times 4\pi (7 \times 10^8)^2 \\ &= 3.95 \times 10^{26} \quad [\text{J}\cdot\text{s}^{-1}] \end{aligned} \tag{2.6}$$

次に，地球がこの太陽の熱放射から受け取るエネルギーを計算する．太陽と地球の距離 l は 1.5×10^{11} m である．太陽の半径 r_s，また地球の半径 r_e は太陽と地球の距離 l に比較して非常に小さい．したがって，地球に降り注ぐエネルギー E は，

$$E = \frac{I 4\pi r_\text{s}^2}{4\pi l^2} = 1400 \quad [\text{W}\cdot\text{m}^{-2}] \tag{2.7}$$

すなわち 1 m² の面積のところに約 1.4 kW のエネルギーが降り注ぐこととなる．このことからもわかるように太陽からの放射熱がいかに大きいものかがわかる．

2.2.3　その他の熱放射

（1） 天体（地球，太陽，星）からの熱放射　夜空に輝いている星は，熱放射を行っている．放射される光は可視光ばかりではなく，赤外線や電波また X 線や γ 線を含んでいる．最近では，宇宙物理学や天体物理学は急速に進歩しつつあり，多くのことが知られるようになった．これは，エレクトロニクスや電波望遠鏡また赤外望遠鏡などの観測手段が進歩したことによる．熱放射の観点から，この問題を考えると次のようになる．

(a) 地　　球：　地球の表面温度は 0〜35℃ 程度である．これは 273〜308 K に対応する．われわれの地球は，この低温度で熱放射を行っている．図 2.4 において，これは 300 K の曲線に対応する．すなわち，2〜50 μm の赤外線すなわち熱線を放出していることになる．冬の晴れた夜，外気は冷えきる．これは，この熱放射に基づくものである．また遠い星から地球を見れば，表面温度約 300 K で 2〜50 μm に対応する赤外線を放射する星である．

(b) 太　　陽：　太陽は，前述したように，表面温度は約 5800 K で紫外，可視，赤外光を放射するまぶしい星である．

(c) 星：　星は熱放射をしている輝く物体である．ここでは，星について詳しく述べることが目的ではない．熱放射という意味からその表面温度 (K) を考える．主系列星の表面温度は 3000〜30000 K であり，光度や輝度もさまざまである．赤色巨星は太陽の数百倍の光度をもっており，その表面温度は数千度 K である．一方白色倭星の光度は数百分の 1 であり，その表面温度は数万度 K である．

(2) 身近な物体からの熱放射

(a) たき火，ローソク：　熱発光は，われわれの身近で起こっている．キャンプファイヤーでのたき火，誕生日のローソクの火，結婚式でのキャンドルサービス，いずれも赤く暖かい．赤く見えるのは可視光によるものであり，暖かいのは赤外線による．

(b) タングステンランプ：　タングステンランプはこの熱発光を積極的に利用した，最も初期の電子デバイスである．タングステンランプは，ガラス球であるランプの中でタングステン線に電流を流す．タングステン線は熱くなり，やがて発光する．ランプ球を真空にしたり，不活性ガスで満たすのは，タングステンが酸化する，いわゆる燃えて切れてしまうのを防ぐためである．

(c) 人体からの熱放射：　人間の体温はほぼ 36℃ (309 K) であり，人体から波長 2〜50 μm の赤外光領域，主に中赤外光領域の放射が行われている．

[2.2 まとめ]
- 太陽は約 5800 K であり，高温物体として熱放射を行っている．その放射光は，紫外線，可視光線，赤外線，X 線，γ 線などからなる．

- 熱放射には，次のようないくつかの関係式がある．

$$\varepsilon(\nu, T)d\nu = \frac{h\nu}{\{\exp(h\nu/kT)-1\}} \cdot \frac{8\pi\nu^3}{c^3}d\nu$$

（プランクの黒体放射の式）

$$T\lambda_m = 2.98 \times 10^{-3} \quad [\text{m}^{-1}\cdot\text{K}]$$

（ウィーンの変位則）

$$I = \sigma T^4 \quad [\text{J}\cdot\text{m}^{-2}\cdot\text{s}^{-1}]$$

（ステファン・ボルツマンの熱放射式）

2.3 電子と光の相互作用（光学遷移）

2.3.1 電子が光から受ける力

原子に光が照射されると，原子内の電子と光は相互作用を行う．これが，原子からの発光でありまた光吸収である．図 2.5 に示すように，原子に光が照射された場合を考える．光は電磁波であるので，電界 E と磁界 H をもつが，図には電界 E のみを示してある．

いま，光波は z 方向に進み，また電界は x 成分のみを有するとする．この光波が可視光であるとすると，その波長 $(\lambda = 2\pi/k)$ は 3800〜7800 Å（380〜780 nm）に対応する．図 2.5(a) に示すように，光波は z 方向に進み，また電界は x 成分のみを有するとすると，電界 E は次のようになる．

$$E_x = E_0 \exp[i(\omega t - kz)] \tag{2.8}$$

ここで，図 (b) に示すように，原子の大きさ a と光波の波長 λ との関係を考えてみる．原子が水素原子であるとすると，a は 0.5 Å 程度であり，光波の波長 λ

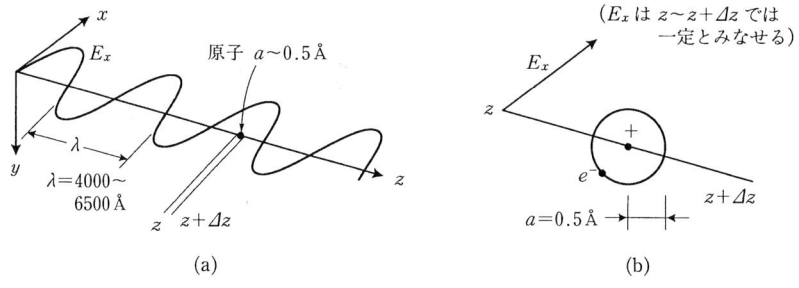

図 2.5 (a) z 方向に進む光波と原子，(b) $z \sim z + \Delta z$ を拡大した様子

より非常に小さい．すなわち，$a \ll \lambda$ である．この関係は原子内の電子と光の相互作用を考える場合には，たいへん重要である．光波は進行波として z 方向に進むが，この関係があるため，原子(電子)に作用する電場の力 $F(x, t)$ とポテンシャル $U(x, t)$ は次のように近似することができる．

$$F(x, t) = -eE_0 \exp[i(\omega t - kz)] \simeq -eE_0 \exp(i\omega t) \qquad (2.9\mathrm{a})$$

$$U(x, t) = exE_0 \exp[i(\omega t - kz)] \simeq exE_0 \exp(i\omega t) \qquad (2.9\mathrm{b})$$

原子中の電子は正電荷をもつ原子核からのクーロン力を受けながら運動しているので，光が原子に照射されると，電子のエネルギー(ハミルトニアン H)は次のようになる．

$$H = H_0 + H' \qquad (2.10)$$

ここで，

$$H_0 = \frac{p^2}{2m} + V(r) \qquad \text{(電子と原子核の相互作用)}$$

$$H' = exE_0 \exp(i\omega t) \qquad \text{(電子と光の相互作用)}$$

すなわち，ハミルトニアン H は H_0 と H' の合計となる．一般には $H_0 \gg H'$ である．この場合，H' は H_0 に対して小さい量であり，わずかな影響しか与えず，これは摂動と呼ばれる．これに対する理論的取扱いは摂動論と呼ばれているが，ここでは詳しく述べない．

ここで，H_0 と H' の大きさについて考えてみる．水素原子の場合，H_0 に対応するエネルギーは $E = 13.6\,\mathrm{eV}$ である．これに対して H' に対応するエネルギー E' は，レーザ光をレンズで絞りこんださいでも，その光電界は最大 $10^6\,\mathrm{V \cdot cm^{-1}}$ であり，$E' = 10^{-2}\,\mathrm{eV}$ である．したがって，$E \gg E'$ であり，摂動の条件を十分に満足している．

2.3.2 電子遷移

原子中の電子はある軌道(古典的量子論)または状態(量子力学)を有し，運動している．その軌道または状態を変化することを電子遷移と呼ぶ．その遷移のさいに，光の吸収，または発光が生じる．ここでは，この電子遷移について考える．

(1) 古典論的考察 原子中の電子が軌道上を回転すると，電子は負電荷

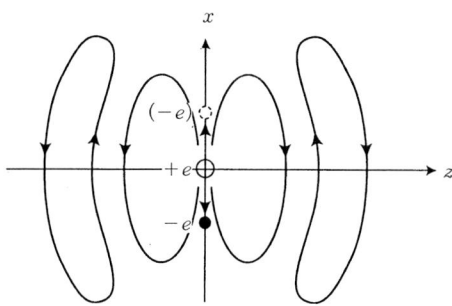

図 2.6 調和振動子による電気双極子放射の方位分布
電子 $(-e)$ は核 $(+e)$ を重心に振動している.

$-e$ を有するので電流となる. この電流は 3 次元的には, x, y, z 成分に分けることができる. 図 2.6 には, その x 成分が示してある. これは, よく知られているように電気双極子 (エレクトリックダイポール) と呼ばれ, 光 (電磁波) を放出する. これはアンテナからの電磁波の放射の原理と同じである.

図 2.6 に示される電気双極子 M は次のようになる.

$$M = ex_0 \exp(i\omega t) = M_0 \exp(i\omega t) \tag{2.11}$$
$$M_0 = ex_0$$

この電気双極子から 1 秒間に放出される放射エネルギー I は次のように与えられる.

$$I = \frac{1}{4\pi\varepsilon_0} \cdot \frac{\omega^4}{3c^3} M_0^2 \tag{2.12}$$

また, 電子のエネルギー E は次のようになる.

$$E(t) = E_0 \exp(-t/\tau) \tag{2.13}$$

ここで, τ は電子が光を放射しながらエネルギーを失っていく時間であり, 光の減衰緩和時間と呼ばれている. エネルギーを失う確率を A_0 とすると次の関係となる.

$$\tau = A_0^{-1} \tag{2.14 a}$$

ここで,

$$A_0 = \frac{1}{4\pi\varepsilon_0} \cdot \frac{2e^2\omega_0^2}{3mc^3} \tag{2.14 b}$$

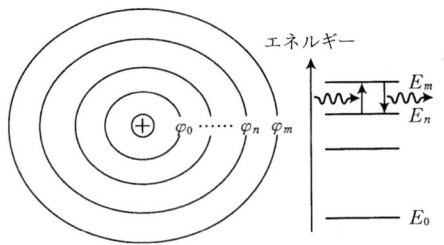

図 2.7　電子遷移の量子論的考察
電子状態 φ_i に対応してエネルギー準位 E_i が量子化(離散化)されており状態間の遷移に対応した光エネルギーが吸収, 放出される.

もしも光が可視光で波長 $\lambda=6000$ Å であるとすると $\omega_0=3\times10^{15} \mathrm{s}^{-1}$ であり, 緩和時間は $\tau=10^{-8}\mathrm{s}$ となる.

(2) 量子論的考察　原子中の電子の状態は, 図2.7に示すように, 通常 $\varphi_0, \varphi_1, \varphi_2, \cdots, \varphi_n, \cdots, \varphi_m, \cdots$ などの波動関数で記述できる. そのエネルギーはそれぞれの状態に対応して, $E_0, E_1, E_2, \cdots, E_n, \cdots, E_m, \cdots$ となる. 光の角周波数($\omega=2\pi\nu$)を用いると, $\hbar\omega_0, \hbar\omega_1, \hbar\omega_2, \cdots, \hbar\omega_n, \cdots \hbar\omega_m, \cdots$ と記述できる.

いま, 問題にしている (φ_n, E_n) の状態にある電子に光が照射されると別の状態 (φ_m, E_m) に移る(遷移する). $E_n<E_m$ である場合, 電子が n から m の状態に遷移すれば光は吸収されることになる. 一方, m から n へ遷移すれば光が放射されることになる.

2.3.3　電子遷移の摂動論

電子の運動(振舞い)はシュレディンガーの波動方程式で記述される. 電子の波動関数を $\Psi(r, t)$, そのハミルトニアンを H とすると, シュレディンガーの波動方程式は次のように表される.

$$i\hbar\frac{\partial \Psi(x, t)}{\partial t}=H\Psi(x, t) \tag{2.15}$$

この方程式を摂動論を用いて解くと, 2つの量子状態 n, m 間の遷移確率 P_{mn} は次式で与えられる.

$$P_{mn}=\frac{2\pi}{\hbar}|<\varphi_m|H'|\varphi_n>|^2 \tag{2.16}$$

ここで,ハミルトニアン H は次式で与えられる.

$$H = H_0 + H' = \frac{p^2}{2m} + V(r) + exE_0 \exp(i\omega t) \tag{2.17}$$

上記の式を用い,状態 n から m への遷移確率を求めると次のようになる.

$$P_{mn} = \frac{2\pi}{\hbar} |<\varphi_m|H'|\varphi_n>|^2 \xi(E_m) \tag{2.18}$$

ここで,$\xi(E_m)$ は m 状態のエネルギー密度である.

ここでは,詳しい式の導出は省くが,式 (2.15) は,状態関数 $\Psi(r,t)$ の時間的変化(発展)を記述している.すなわち,外部の光電界が電子に加わると,式 (2.17) の摂動 H' が加わったことになり,電子の状態の時間変化が,式 (2.15) によって求められることを意味する.式 (2.18) は摂動 H' による,状態 n から m への遷移確率であるが,それが H', φ_n, φ_m に関係していることを意味している.

式 (2.18) の $<\varphi_m|H'|\varphi_n>$ は遷移双極子モーメントと呼ばれ,次式で与えられる.

$$\begin{aligned} M_{mn} &= <\varphi_m|ex|\varphi_n> \\ &= \int_{-\infty}^{\infty} \varphi_m(x) ex \varphi_n(x) dx \end{aligned} \tag{2.19}$$

これらの式を用いると原子からの発光遷移確率 $A_{m \leftarrow n}$ と吸収遷移確率 $B_{n \rightarrow m}$ は計算でき,次のようになる.

$$A_{n \leftarrow m} = \frac{\omega_{nm}^2}{3\pi\varepsilon_0 \hbar c^3} |M_{nm}|^2 \quad (自然発光) \tag{2.20}$$

$$B_{m \leftarrow n} = \frac{\pi}{3E_0 \hbar^2} |M_{mn}|^2 \quad (誘導吸収) \tag{2.21}$$

この $A_{n \leftarrow m}$, $B_{m \leftarrow n}$ については,2.4「誘導放出とレーザ」の項でもう少し詳しく説明する.

2.3.4 発光(吸収)強度と発光寿命

原子が光を放射する強度 $I(\omega_{mn})$ は次式で与えられる.

$$I(\omega_{mn}) = \hbar \omega_{mn} A_{m \leftarrow n} = \frac{1}{4\pi\varepsilon_0} \cdot \frac{4\omega_{mn}^4}{3c^3} |M_{mn}|^2 \tag{2.22}$$

この強度は,電子が状態 n から m に遷移するときに対応する.$\hbar\omega_{mn}$ は放出さ

れる光子のエネルギー，$A_{m\leftarrow n}$ は式 (2.20) で表される発光遷移確率である．

原子は発光するとエネルギーを失うので，その強度は減衰する．その様子は次式で表される．

$$E(t) = E_0 \exp(-t/\tau_{mn}) \tag{2.23}$$

ここで，E_0 は初めのエネルギーである．τ_{mn} は発光の減衰時間と呼ばれ，$A_{m\leftarrow n}$ とは次の関係となる．

$$\tau_{mn} = 1/A_{m\leftarrow n} \tag{2.24}$$

すなわち，励起された1個の原子に着目すると，励起後 τ_{mn} の時間が経過したときに励起状態に残っている確率が $1/e$ であることを意味している．また，非常に多数の原子を同時に励起し，その原子集団からの発光強度を観測すると，その発光強度が指数関数的に減衰し，τ_{mn} の時間が経過したときの発光強度が $1/e$ になることを意味している．

2.3.5 振動子強度

光の発光や吸収を考える際によく使用される量に振動子強度 f_{mn} があり，次式で与えられる．

$$f_{mn} = \frac{2m\omega_{mn}}{\hbar e^2} \cdot |M_{mn}|^2 \tag{2.25}$$

光の吸収や発光は電気双極子に起因するので，振動子強度 f_{mn} が，遷移双極子モーメント M_{mn} に関係するのは当然である．

振動子強度 f_{mn} には総和則と呼ばれるものがあり，電子1個が関与する場合は，

$$\sum_m f_{mn} = 1$$

電子 N 個が関与する場合は

$$\sum_m f_{mn} = N$$

の関係がある．

2.3.6 許容遷移と禁制遷移

原子中で，電子が軌道 (状態)：$\varphi_1, \cdots, \varphi_m$ を変える (遷移する) さいに吸収や

発光が生じる．電子が高い確率で軌道を遷移する場合は許容遷移 (allowed transition) と呼ばれ，遷移する確率が小さい場合は禁制遷移 (forbidden transition) と呼ばれている．

遷移確率 P_{mn} で考えてみる．

$$P_{mn} \propto <\varphi_m|H'|\varphi_n> = \int_{-\infty}^{\infty} \varphi_m ex \varphi_n dx \tag{2.26}$$

被積分関数 $\varphi_m(x)ex\varphi_n(x)$ は，$\varphi_m(x)$ と $\varphi_n(x)$ が座標 x について両者とも偶関数であれば，双極子の部分が奇関数であるため，全体としては奇関数（偶×奇×偶＝奇）となり，その結果，積分値である P_{mn} は 0 となる．また，φ_m と φ_n がともに奇関数の場合も全体として奇関数（奇×奇×奇＝奇）となり，また 0 となる．しかし，φ_m または φ_n の一方が奇関数であり，他方が偶関数であれば，被積分関数は偶関数（奇×奇×偶＝偶）となるので，遷移確率 P_{mn} は 0 とならず，値をもつ．

状態関数 $\varphi(x)$ が座標 x を $-x$ としたときに，

$\varphi(x) = +\varphi(-x)$

$\varphi(x) = -\varphi(-x)$

の 2 つの場合が生じる．この場合，$\varphi(x) = +\varphi(-x)$ すなわち偶関数の場合，正のパリティをもつといい，$\varphi(x) = -\varphi(-x)$ の奇関数の場合，奇のパリティをもつという．

原子による，光の吸収や発光を考えるさいに，このパリティ選択則は重要な物理的意味をもつ．電子の軌道，s, p, d, f, … 軌道を考えると，s（偶関数），p（奇関数），d（偶関数），f（奇関数），… となっている．遷移双極子メーメント M_{mn} が 0 であれば，遷移確率 P_{mn} も 0 である．したがって，同じ軌道内の遷移は双極子禁制遷移となる．また，s-d 遷移，p-f 遷移も禁制遷移となる．一方，主量子数を 1 変化させるような，s-p 遷移，d-f 遷移は双極子許容遷移となる．

発光や吸収が生じるさい，電気双極子遷移に基づく遷移確率が最も大きいが，実際はもっと複雑であり，遷移モーメントを表す式 (2.19) は多くの項で表され，次のようになる．

$$|M_{mn}|^2 = |(er)_{mn}|^2 + \left|\left(\frac{e}{2mc}\boldsymbol{r}\times\boldsymbol{p}\right)_{mn}\right|^2 + \frac{3\pi\omega_{mn}^2}{40c^2}|(e\boldsymbol{r}\cdot\boldsymbol{r})_{mn}| \tag{2.27}$$

第1項は，すでに述べた電気双極子(電気2重極子)モーメント(E_1)である．第2項は磁気双極子(磁気2重極子)モーメント(M_1)であり，第3項は電気4重極子モーメント(E_2)と呼ばれている．電気双極子遷移が禁制遷移のときには，磁気双極子遷移や電気4重極子遷移が許容遷移になるので，小さい遷移確率ながらも，吸収や発光が生じる．

実際のいくつかの原子について，許容遷移，禁制遷移，遷移確率の例を次に示す．

(1) 水素原子($\omega_{mn} \sim 10^{15} \mathrm{s}^{-1}$(可視域)，半径 $r_{mn} \sim 0.5$ Å)
$E_1 \sim 10^8 \mathrm{s}^{-1}$, $M_1 \sim 10^3 \mathrm{s}^{-1}$, $E_2 \sim 10^{-1} \mathrm{s}^{-1}$

(2) 遷移金属イオン(Mn^{2+} など)

d-d 遷移によるので電気双極子遷移は禁制遷移($E_1=0$)．M_1, E_2 は許容遷移であり，$\sim 10^3 \mathrm{s}^{-1}$ 程度の遷移確率をもつ．

(3) 希土類イオン(Eu^{3+}, Tb^{3+} など)

f-f 遷移によるので，遷移金属イオンと同様に，電気双極子遷移は禁制遷移($E_1=0$)．M_1, E_2 は許容遷移であり，$\sim 10^3 \mathrm{s}^{-1}$ 程度の遷移確率をもつ．

遷移金属イオンや希土類イオンは蛍光体の発光中心として用いられている．そのさいは結晶中に添加されるので，周囲の結晶場の影響を受け，電気双極子遷移が部分的に許容遷移となり，磁気双極子や電気4重極子と同程度，またはそれ以上の遷移確率をもつようになる．

2.3.7 選　択　則

原子の発光や吸収が起こるか否かは，ある2つの電子状態 φ_n と φ_m の間で，遷移が可能であるかどうかで決まる．これは選択則(selection rule)といわれる．式(2.27)に示したように，電気双極子(電気2重極子)E_1 や磁気双極子 M_1 すなわち，$(ex)_{mn}$ や $(r \times P)_{mn}$ が0となるか否かで決まる．このためには，状態関数 φ_n と φ_m がわかっていなければならないし，また，式(2.26)を計算しなければならない．しかし，選択則は，式(2.26)を実際に計算しなくとも波動関数の対称性，また2重極子の対称性などを考えて決定することができる．この選択則を考えるさいには群論がたいへんに有用である．

原子中の電子はクーロン場の中で運動するので，そのハミルトニアン H や波

動関数は球対称性を有する．この場合，その角運動量が電子の量子状態を表す．角運動量には，この軌道に基づくもの L と，それに加えて電子スピンに基づくもの S がある．

ここで，
$$L=\sum_i l_i, \quad S=\sum_i s_i$$
l_i と s_i は，1個の電子を考える場合は $i=1$ である．電子が N 個存在するときには $i=1, 2, \cdots, N$ となる．また，その合成角運動量 J は次式で与えられる．
$$J=L+S, L+S-1, \cdots, L-S$$
電子遷移に対する選択則を考える場合には，この L, S, J を考えるのが便利である．このとき軌道角運動量 l とスピン角運動量 s の結び付きの強さにより2つの場合が考えられている．すなわち (1) ラッセル・サンダース (Russel-Saunders) 結合と (2) j-j 結合がある．前者 (1) は l と s の結合が弱い場合，後者 (2) は強い場合である．軽い原子，すなわち原子番号 Z が小さい場合 ($Z<30$) にはラッセル・サンダース結合が成立し，$Z>30$ の重い原子では j-j 結合が成立する．

m を初状態 (i)，n を終状態 (f) とし，遷移の前後での各角運動量の差を $\varDelta S, \varDelta L, \varDelta J$ で表すと選択則は次のような場合は許容となる．

(1) ラッセル・サンダース結合

$\varDelta S = S_i - S_f = 0$

$\varDelta L = L_i - L_f = 0$ または ± 1

$\varDelta J = J_i - J_f = 0$ または ± 1（ただし $J=0$ から $J=0$ への遷移は禁制）

(2) j-j 結合

もしも個々の電子の l_i と s_i の結合が大きいと，個々の l_i を合成し $L=\sum l_i$ を考え，また，個々の電子の s_i を合成し $S=\sum s_i$ を考えるということが成立しない．この場合には，まず l_i と s_i とを合成し j_i を考えなければならない．すなわち，次のようになる．

$$j_i = l_i + s_i, l_i + s_i - 1, \cdots, l_i - s_i$$
$$J = \sum_i j_i = \sum_i (l_i + s_i)$$

このとき，J は j_i の合成である．このような場合，ラッセル・サンダース結合のときの $\varDelta S, \varDelta L$ に対する選択則は厳密には成立せず，選択則は J に対する選択

則で決まる.

j-j 結合は希土類金属イオンの f-f 遷移の選択則に対してよく成立する. この場合は次のようになる.

	自由希土類イオン (L, S, J) で考える	結晶中の希土類イオン J で考える
E_1	禁制	部分的に許容となる
M_1	許容	許容
E_2	許容	許容

電気双極子 E_1 に対する選択則は次の場合, 許容遷移になる.

$|\Delta J|<6 (J=0\leftrightarrow0,1,3,5$ は禁制$)$

磁気双極子 M_1, 電気4重極子 E_2 に対する遷移則は常に許容である. これは, 磁気双極子 ($\boldsymbol{r}\times\boldsymbol{P}$), 電気4重極子 ($e\boldsymbol{r}\cdot\boldsymbol{r}$) が偶のパリティを有するためである.

[2.3 まとめ]

- 光電界と電子の相互作用は次式で与えられる.
$$H = exE_0 \exp(i\omega t)$$

- 2つの量子状態 n, m 間の電子の遷移確率 A_{mn} は次式で与えられる.
ここで, n は始状態, m は終状態.
$$A_{mn} = \frac{1}{4\pi\varepsilon_0} \cdot \frac{2e^2\omega_0^2}{3mc^3}$$

- 2つの量子状態 n, m 間の電子の遷移確率 P_{mn} は, シュレディンガーの波動方程式を解いて求められる.
$$i\hbar \frac{\partial \Psi(x,t)}{\partial t} = H\Psi(x,t)$$
$$P_{mn} = \frac{2\pi}{\hbar} |<\varphi_m|H'|\varphi_n>|^2$$

- 発光の減衰時間 τ_{mn} と自然放出に対する遷移確率 A_{mn} は次式の関係にある.
$$\tau_{mn} = 1/A_{mn}$$

- 振動子強度の総和は次式で与えられる.
$$\sum_m f_{mn} = 1 \ (1\text{個の電子が関与}), \quad \sum_m f_{mn} = N \ (N\text{個の電子が関与})$$

- 許容遷移と禁制遷移. 電気双極子に対する遷移確率 P_{mn} は次式で与えられる.

$$P_{mn} \propto <\varphi_m|H'|\varphi_n> = \int_{-\infty}^{\infty} \varphi_m ex\varphi_n dx$$

　$P_{mn}=0$ のときは許容遷移，$P_{mn}=0$ のときは禁制遷移という．これは，波動関数 φ_m, φ_n の偶奇性で決まる．
- 多電子系の電子遷移について，許容遷移となるには，次の選択則がある．(ラッセル・サンダース結合の場合)
$\Delta S=0$, $\Delta L=0$ または ±1, $\Delta J=0$ または ±1 ($J=0\leftrightarrow0$ は禁制)
(j-j 結合の場合)
$|\Delta J|\leq 6$ ($J=0\leftrightarrow0,1,3,5$ は禁制)

2.4　誘導放出とレーザ

　光はある意味で2種類に分けることができる．1つは自然光であり，もう1つはレーザ光である．われわれが日常生活で見ている光は，太陽光や蛍光灯の光であるが，これらの光はいずれも自然光である．これに対して，気体レーザや半導体レーザからの光はレーザ光である．

　自然光は自然放出による発光，レーザ光は誘導放出による発光に基づくものである．これらの間にある関係は，理論的にはアインシュタインにより解明された．そして，今日では，多くの実験が重ねられ，気体レーザや半導体レーザとして広く用いられている．

2.4.1　光の自然放出，誘導吸収，誘導放出

　ここでは，まず光の自然放出を考え，次に誘導吸収(吸収)と誘導放出について考える．図2.8(a)，(b)，(c)にはそれぞれの過程を示してある．誘導吸収は一般には吸収というが，意味を考えると誘導吸収というのが正確かもしれない．

　(1) 自然放出　図2.8(a)に示すように，2つの電子エネルギーレベル，E_1(基底状態，終状態)と E_2(励起状態，始状態)を考えてみる．もしも電子がエネルギーの高い E_2 状態にあるとすると，この電子はみずから光を放出し，平均寿命時間 τ_{spon} で自然にエネルギーの低い E_1 状態に戻る．この過程は自然放出(spontaneous emission)と呼ばれている．

　励起状態にある電子の数を $N_2[\mathrm{m}^{-3}]$，また基底状態の数を $N_1[\mathrm{m}^{-3}]$ とすると，

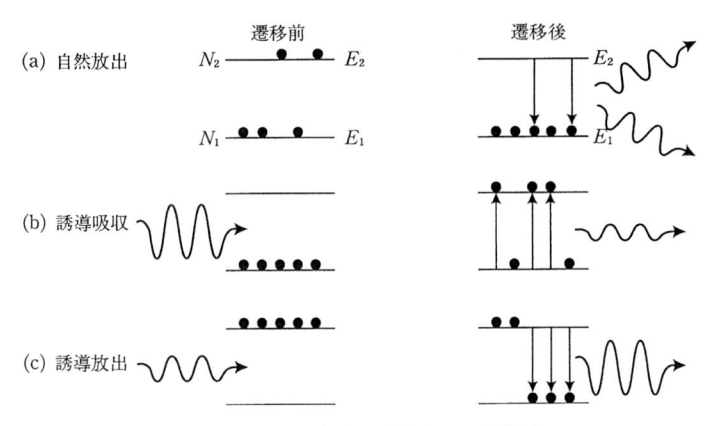

	遷移前	遷移後
(a) 自然放出	N_2 ●● E_2 N_1 ●●● E_1	
(b) 誘導吸収		
(c) 誘導放出		

図 2.8 光の自然放出,誘導吸収,誘導放出

N_2 の時間的変化は次のように表すことができる．

$$\frac{dN_2}{dt} = -A_{21}N_2 \quad [\text{m}^{-3}\cdot\text{s}^{-1}]$$

$$A_{21} = 1/\tau_{\text{spon}} \quad [\text{s}^{-1}] \tag{2.28}$$

A_{21} は，電子がレベル 2 からレベル 1 へ遷移するさいの自然放出遷移確率と呼ばれるものである．この A_{21} は原子中の電子の電気双極子遷移に基づくものであり，量子力学を用いて計算され，次のように書くことができる．

$$A_{21} = \frac{\omega^2 e^2 (x_{12}^2 + y_{12}^2 + z_{12}^2)}{3\pi\varepsilon_0 \hbar c^3} \tag{2.29}$$

$$x_{12} = \iiint_v u_1^*(x,y,z) x u_2(x,y,z) dx dy dz$$

ここで，$u_1(x, y, z)$，$u_2(x, y, z)$ はレベル 1 と 2 での電子の波動関数である．また，ω は角周波数，e は電子の電荷，$\hbar$ はプランク定数，ε_0 は誘電率，c は光の速度である．この遷移については 2.3「電子と光の相互作用」で述べたが，より詳しくは量子力学の専門書を参照されたい．この自然放出の際には，個々の電子がレベル 1 に戻るときに光を放出するが，それらは互いに時間的に相関がない．放出される方向もまちまちである．また放出されるエネルギーも少しずつ異なっている．この様子を図 2.9(a) に示す．

(2) 誘導吸収 一般に，物質に光が入射するとその光の一部は吸収される．ここでは図 2.8(b) に示すように，2 準位のエネルギーレベルを考える．こ

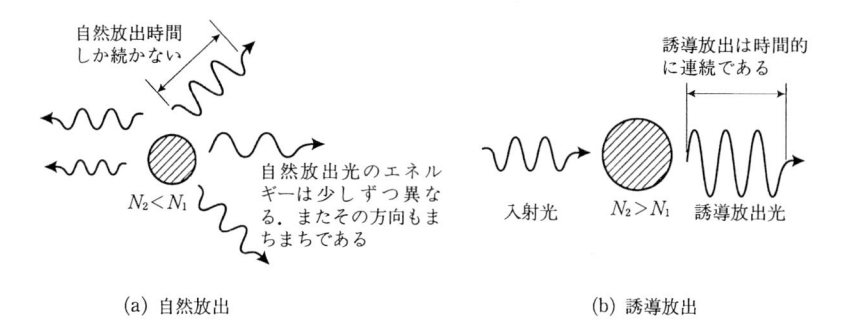

図2.9 (a) 自然放出 — $N_2 < N_1$、自然放出光のエネルギーは少しずつ異なる。またその方向もまちまちである。自然放出時間しか続かない。
(b) 誘導放出 — 入射光、$N_2 > N_1$、誘導放出光。誘導放出は時間的に連続である。

図 2.9 光の自然放出と誘導放出

こに，そのエネルギー差 ($h\nu = E_2 - E_1$) に等しいエネルギーをもつ光が入射したとする．準位1にある電子は光を吸収して励起され，準位2へ遷移する．この確率は誘導吸収確率 $W_{12}^{(\text{ind})}$ (普通には吸収確率) を意味するが，それはある比例定数 B_{12} に比例するだけではなく，入射光の単位体積，単位周波数あたりのエネルギー密度 $\rho [\text{J·s·m}^{-3}]$ に比例する．

$$W_{12}^{(\text{ind})} = B_{12}\rho(\nu) \quad [\text{s}^{-1}] \tag{2.30}$$

ここで，$\rho(\nu)$ は，量子力学的に求められており，次のように与えられる．

$$\rho(\nu) = \frac{8\pi h\nu^3}{c^3} \cdot \frac{1}{\{\exp(h\nu/k_B T) - 1\}} \quad [\text{J·s·m}^{-3}] \tag{2.31}$$

ここで，h はプランク定数，c は光の速度，k_B はボルツマン定数である．ν は考えている光の周波数である．T は温度であるが，いまの場合，原子系と光の場とが熱平衡にあるとして求められたものである．詳しくは量子力学の参考書を参照されたい．

(3) **誘導放出** 図 2.8(c) に示すように，ほとんどの電子がエネルギー準位2にあるとする．ここに光が入射した場合，電子は 2→1 へ遷移を起こし光を放出するが，この過程は誘導放出過程と呼ばれている．この 2→1 への遷移過程は，いわば先の誘導吸収の過程 1→2 の逆過程である．また，この過程には，先の自然放出も同時に起こるので，その遷移確率 W_{21} は次のように書ける．

$$W_{21} = W_{21}^{(\text{ind})} + A_{21} \quad [\text{s}^{-1}] \tag{2.32}$$

$$W_{21}^{(\text{ind})} = B_{21}\rho(\nu) \quad [\text{s}^{-1}]$$

次に，準位1と2の状態にある原子の数をそれぞれ N_1, N_2 とする．熱平衡状

態においては，$2 \to 1$ への遷移数と $1 \to 2$ への遷移数は等しくなければならないので，次の関係が成立しなければならない．

$$N_2 W_{21} = N_1 W_{12} \quad [\mathrm{m^{-3} \cdot s^{-1}}] \tag{2.33}$$

ここで，$W_{12}^{(\mathrm{ind})}$ は改めて次のようにおく．

$$W_{12} = W_{12}^{(\mathrm{ind})} \quad [\mathrm{s^{-1}}] \tag{2.34}$$

式 (2.32)～(2.34) を用いると，これらの関係は次のようになる．

$$N_2 [B_{21} \rho(\nu) + A_{21}] = N_1 B_{12} \rho(\nu) \quad [\mathrm{m^{-3} \cdot s^{-1}}] \tag{2.35}$$

この式に，式 (2.31) の $\rho(\nu)$ を代入すると，次式を得る．

$$\begin{aligned}
N_2 \Big[B_{21} \frac{8\pi h \nu^3}{c^3 \{\exp(h\nu/kT) - 1\}} + A_{21} \Big] \\
= N_1 \Big[B_{12} \frac{8\pi h \nu^3}{c^3 \{\exp(h\nu/kT) - 1\}} \Big] \quad [\mathrm{m^{-3} \cdot s^{-1}}]
\end{aligned} \tag{2.36}$$

一方，原子系 N_1, N_2 は熱平衡にあって，ボルツマン分布を示す．したがって，その比 N_2/N_1 は次のように書ける．

$$\begin{aligned}
N_2/N_1 &= \exp\{-(E_2 - E_1)/kT\} \\
&= \exp\{-h\nu/kT\}
\end{aligned} \tag{2.37}$$

式 (2.36) から N_2/N_1 を求め，これを式 (2.37) に代入すると，次式を得る．

$$\frac{8\pi h \nu^3}{c^3 \{\exp(h\nu/kT) - 1\}} = \frac{A_{21}}{B_{12} \exp(h\nu/kT) - B_{21}} \tag{2.38}$$

この関係式が任意の周波数 ν と温度 T で成立するためには，次の関係が成立しなければならない．

$$\begin{aligned}
\frac{B_{12}}{B_{21}} &= 1 \\
\frac{A_{21}}{B_{21}} &= \frac{8\pi h \nu^3}{c^3} \quad [\mathrm{J \cdot s \cdot m^{-3}}]
\end{aligned} \tag{2.39}$$

これはアインシュタインの関係式と呼ばれ，誘導吸収係数 B_{12} と誘導放出係数 B_{21}，また自然放出係数 A_{21} の間を結びつけるものであり，重要である．

2.4.2 誘導放出による光の増幅とレーザ発振

さきに考察したように，誘導吸収係数 B_{12} と誘導放出係数 B_{21} は等しいため，熱平衡状態 ($N_2 < N_1$) では，誘導吸収が誘導放出より強く起こり，入射した光は

誘導吸収される．これが，普通に観測される光の吸収過程である．ここで，なんらかの励起(半導体レーザでは電流の注入が用いられる)を用いて図 2.8 (c) に示すように，$N_2 > N_1$ の状態をつくったとする．この状態は，式 (2.37) で $T < 0$ の状態で表すことができるので負温度状態と呼ばれる(実際には熱平衡から外れているので，温度を用いることはできないが，便宜的に，よく用いられている)．このような状態のところに光が入射すると，通常の熱平衡状態にある系とは反対に，誘導放出のほうが誘導吸収より強く起こるようになる．このとき，誘導放出される光は，入射した光と周波数，位相が等しく，その放出方向も一致する．したがって，図 2.9 (b) に示すように光(光波)の増幅が生じる．この過程が「誘導放出による光の増幅」light amplification by stimulated emission of radiation (laser：レーザ) 過程である．十分に強い光の誘導放出が起こり，光の散乱などによる損失を上まわるようになると，光は進行するにつれてますます強くなり，式 (2.32) からわかるように，より誘導放出が起こるようになる．このような状態を，光共振器(ミラーなどを用いて光を帰還するようにした装置)の中に置くと，レーザ発振に至る．このため，レーザ光は，自然放出による光とは異なり，一定の方向に進行する，周波数，位相のそろった，強い光となる．ここでは，外部から光が入射したときを考えたが，実際のレーザでは自然放出により発生した光が入射光の役割を果たし，特に外部から光を入射しなくてもレーザ発振が生じる．4.3 で説明する，半導体レーザダイオードもこの原理に基づいている．

> **[2.4 まとめ]**
> - 原子からの光の放出や吸収には，自然放出 (A_{21})，誘導放出 (B_{21})，誘導吸収 (B_{12}) がある．これらの係数の間には次式が成立する．(アインシュタインの関係式)
> $$\frac{B_{12}}{B_{21}}=1, \quad \frac{A_{21}}{B_{21}}=\frac{8\pi h\nu^3}{c^3} \quad [\text{J}\cdot\text{s}\cdot\text{m}^{-3}]$$
> - レーザ (laser) は light amplification by stimulated emission of radiation の省略語であり，「放射の誘導放出による光の増幅」を意味する．

3. 発光材料の物理

3.1 さまざまな発光材料

今日，われわれはさまざまな発光材料を身近に利用しており，その発光のもとになっている物理はさまざまである．発光材料の形態を考えても，気体，液体，固体とさまざまである．例えば，身近なカラーテレビジョン (TV) のブラウン管には，光の3原色を得るために，青，緑，赤色に発光する材料が用いられているが，その発光の物理はかなり異なる．あとで詳しく説明するが，カラー TV の青色，緑色の発光材料は，半導体からの発光に近い．一方，赤色の発光材料の発光は，蛍光体材料に似ており，ある意味では，半導体より，自由原子やイオンの発光に近い．このように，発光材料を用いて，ある電子デバイス，例えばカラー TV がつくられていても，その発光材料の物理が同一とは限らない．ここでは，発光材料の全体像をつかむために，まず，発光の物理に基づいて発光材料を分類し，その特徴を説明する．次に，発光材料の形態や応用分野に基づいて，改めて，発光材料を分類し，その特徴を説明する．

3.1.1 発光の物理に基づく発光材料の分類

すでに述べてきたように，発光は，2つのエネルギー準位の間で電子遷移が起こることにより生じる．したがって，発光に関与するエネルギー準位がどのようにしてできているかに着目して，発光材料を分類することができる．これは，発光に関与する電子の遷移が，(1) ある原子内で起こるか，(2) ある程度広がった原子団 (分子) で起こるか，または (3) 原子の集団がつくるエネルギー準位 (半導体がこれにあたる) 間で，すなわち，多くの原子に広がって存在する電子の遷移を考えるかに分類できる．これらに対応して分類した発光の種類を表 3.1 に示

す．この分類に対応して，その発光を特徴づける物理も異なっている．

表 3.1 発光の物理に基づく発光材料の分類

発光に関与する エネルギー準位	発光機構	物　質		応　用　例
原子，イオン固有の電子準位	軌道間の電子の遷移	(気体)	Ne	ネオンランプ
			Xe	プラズマディスプレイパネルの真空紫外線
		(金属蒸気)	Hg	蛍光灯の紫外線
			Na	ナトリウム灯
		(固体中)	Sb^{3+}	蛍光灯用の蛍光体の発光中心(青緑色発光)
			Mn^{2+}	照明，ディスプレイ用蛍光体の発光中心 　蛍光灯(橙色)，PDP(緑色)，EL(橙色)
			Eu^{2+}	照明，ディスプレイ用蛍光体の発光中心 (青色)
			Eu^{3+}	照明，ディスプレイ用蛍光体の発光中心 (赤色)
			Nd^{3+}	固体レーザの発光中心(赤外)
原子が化学結合して形成する電子準位	分子軌道の間の電子の遷移	有機色素 高分子		色素レーザ，有機EL
原子が凝集して形成するエネルギーバンド	バンド間の電子・正孔の再結合			
	(電子・正孔の直接再結合)	GaAs,		発光ダイオード(赤外)
		GaAlAs		発光ダイオード(赤色)，レーザダイオード
		InGaAsP		光通信用レーザダイオード
	(束縛励起子)	GaP：N		発光ダイオード(緑色)
		GaP：Zn, O		発光ダイオード(赤色)
	(深いドナーアクセプター対)	ZnS：Ag		カラーテレビジョン用蛍光体(青色)
		ZnS：Cu, Au, Al		カラーテレビジョン用蛍光体(緑色)

（1）原子またはイオンからの発光　量子力学で説明されているように，孤立した1個の原子またはイオンは多くのエネルギー準位をもっている．図3.1(a)に示すように，原子またはイオンは，このようなエネルギー準位間の電子遷移により，それ自体の固有の発光を示す．ここでは，最も簡単な原子である水素原子を例に示してある．水素原子は1個の電子を有する．この電子に対しては内側から，それぞれ1s, 2s, 2p, 3s, …と名付けられている電子軌道があり，それぞれの電子軌道に対して，それぞれのエネルギー準位がある．電子は，通常い

40　　　　　　　　　　3．発光材料の物理

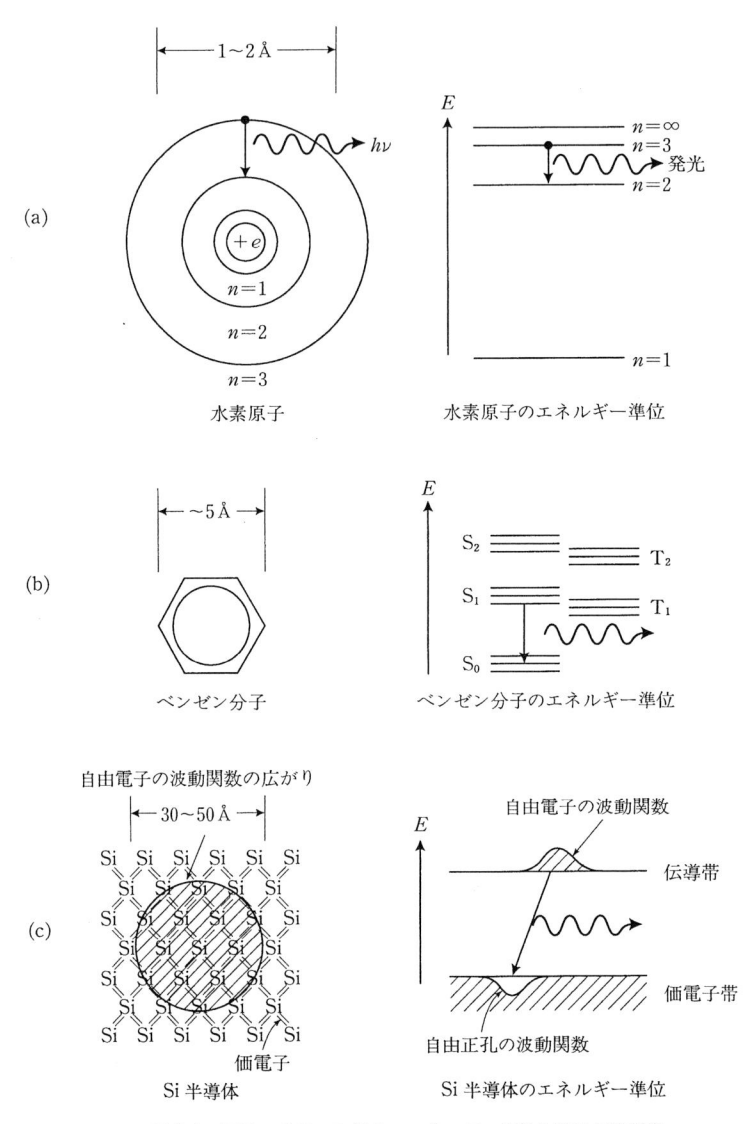

図3.1 原子，分子，半導体のエネルギー準位と発光原子遷移

ちばん内側の1s軌道にある．この電子状態は，基底状態と呼ばれる．この電子に，電子衝突や，光など外部から刺激（励起）が加わると，この電子は励起エネルギーを吸収し，その外側の軌道，例えば2s軌道に移る．この2s軌道のエネ

ルギーは1s軌道のエネルギーよりも高い．電子のこの状態は，励起状態と呼ばれている．原子からの発光は，電子が励起状態から基底状態に戻るときに生ずる．

原子やイオンからの発光のうち，われわれに最も身近なものの例は表3.1に示してある．あるものは気体からの発光として，またあるものは固体中に添加されたイオンからの発光として見ている．室温で気体(ガス)である原子の代表的なものは希ガスであり，放電により励起された，ネオン(Ne)やキセノン(Xe)からの発光がこれにあたる．また，放電により生じるイオンからの発光，たとえばアルゴンイオン(Ar^+)からの発光も利用されている．さらに，室温では金属(固体)であっても，放電などによる加熱で金属蒸気(気体)をつくり，その原子内での電子遷移を利用することができる．この方法を利用したものとして，ナトリウム(Na)，水銀(Hg)蒸気からの発光がある．これらはいずれも，ネオンサイン，キセノンランプ，アルゴンレーザ，ナトリウムランプ，水銀灯として利用されている．

固体(一般的には透明な絶縁物)中に，添加物(発光中心)として，ある種の原子(イオン)を加え，添加したイオンのエネルギー準位間の電子遷移を利用した発光材料がある．固体中に添加されているので，周囲の原子からの影響を受けるが，発光に関与する電子軌道は孤立原子のエネルギー状態から考察できる．固体中のアンチモンイオン(Sb^{3+})やマンガンイオン(Mn^{2+})，ユウロピウムイオン(Eu^{3+})，ネオジムイオン(Nd^{3+})などがある．蛍光灯からの発光は，アンチモンイオンとマンガンイオンからの発光である．カラーテレビジョンの赤色はユウロピウムイオンからの発光であり，YAG：Nd^{3+}レーザからの発光は，ネオジムイオンからの発光である．

これらの発光材料は，希ガス，金属蒸気，固体中の孤立したイオンと，まったく異なったもののようにみえる．しかし，1個の原子またはイオン内のエネルギー準位間の電子遷移に基づく発光としてとらえれば，共通した物理が多く，原理的には水素原子からの発光と同様にして考えることができる．この問題に関しては，固体中の孤立したイオンの発光(蛍光体)を中心に，3.2「蛍光体材料」で詳しく説明する．

（2）分子からの発光　　原子が化学結合をして分子となると，その分子固有の分子軌道ができ，それに対応するエネルギー準位間で発光が生じるものがあ

る．図 3.1(b) に示すような，例えばベンゼン環を考えよう．ベンゼン環は炭素(C)原子を骨格としているが，炭素原子の $(2s)^2(2p)^2$ 電子が分子軌道の形成に寄与している．ベンゼン環の中では，電子は自由に運動することができ，半径 5Å ほどの円周に沿って運動していると考えることができる．それらは，ある電子軌道と，それに対応するエネルギー準位を有する．これらのエネルギーは，全スピンの状態により，1重項 $S_0, S_1, S_2, \cdots$ と，3重項 $T_1, T_2, \cdots$ といわれるエネルギー準位を形成する．発光は，電子がこれらの準位間で，上の準位から下の準位へ遷移する際に起こる．分子からの発光においては，特に1重項間のエネルギーレベル間の遷移に基づく発光が重要である．

分子は何百種類もある．これらはいずれも，それ固有の電子系に基づく軌道とエネルギー準位をもち，かつ，これらのエネルギー準位間の遷移に基づく発光を生じる．特に効率よく発光する分子は有機色素として知られており，有機色素レーザとして利用されている．有機色素材料を変えることにより，青，緑，赤，赤外領域での発光が可能である．また，鮮やかな発色を示す蛍光塗料としても利用されている．最近では，有機分子材料を用いたエレクトロルミネッセンスの研究が活発に行われ，簡単な表示デバイスとして実用化されている．青，緑，赤領域での可視領域全体にわたっての発光が可能である．

（3）半導体（固体）からの発光　非常に多くの原子が凝縮したのが固体である．凝集を生ずる結合エネルギーの種類には，金属結合（金属），共有結合（半導体），イオン結合（絶縁体）がある．固体では，図 3.1(c) に示すように，規則正しく，無限に原子が並んでおり，結晶となっている．まず，金属の例として銅(Cu)を考えよう．このとき，銅は Cu^+ イオンとなり，自由になった電子は金属全体に広がって運動していると考えることができ，このときには，電子のエネルギーは準連続的になり，発光を生じるような電子準位は形成されない．次に，半導体の例として Si を考えよう．Si では $(3s)^2(3p)^2$ 電子が $(3s)^1(3p)^3$ 配置となって共有結合にあずかる．3.3 で詳しく説明するが，共有結合した電子は結晶中を動くことができず，価電子帯を形成する．一方，$(3s)^1(3p)^3$ 軌道には存在する電子と同数の空の軌道があり，この軌道が伝導帯を形成する．価電子帯と伝導帯のエネルギー差はエネルギーギャップと呼ばれる．価電子帯から伝導帯に電子が励起されると，その電子の電子雲（軌道）は 1000 個以上の原子に広がると考えら

れ，結晶全体を自由に移動するようになる．これが自由電子である．さらに，価電子帯の電子の抜け穴は正の電荷をもった粒子のように振る舞い，自由正孔と呼ばれる．図 3.1(c) に示すように，半導体からの発光に寄与するものは，この自由電子と自由正孔である（普通には電子，正孔と呼ばれる）．電子と正孔は半導体中で結び付き，結合すると消滅する．これは再結合と呼ばれるが，そのさいに，エネルギーギャップに相当するエネルギーをもつ光を放出し，発光が生じる．この電子と正孔の半導体中での振舞いや，そのエネルギー状態は多様である．その詳細については，3.3 で説明する．

絶縁物も，大きなエネルギーギャップをはさんで伝導帯と価電子帯をもっている．そのエネルギー状態の間の電子遷移を発光に利用することはまれであるが，(1) で説明した，孤立型の発光中心を添加すると蛍光体となるものがある．

3.1.2 形状や応用分野による発光材料の分類

発光材料には，さまざまなものがある．表 3.2 には，そのうちいくつかがまと

表 3.2 さまざまな発光材料

発光材料	励起機構	物 質	応 用 例
気体材料	ガス放電	（希ガス） Ne	ネオンランプ
		Xe (147 nm)	プラズマディスプレイパネルの真空紫外線
		（金属蒸気） Hg (253.7 nm)	蛍光灯の紫外線
		Na	ナトリウム灯
蛍光体材料	紫外線励起	$Ca_2(PO_4)_2 \cdot Ca(F, Cl)_2 : Sb^{3+}, Mn^{2+}$	蛍光灯
		$BaMgAl_{10}O_{17} : Eu^{2+}$ (青色)	蛍光灯，プラズマディスプレイパネル
		$Zn_2SiO_4 : Mn^{2+}$ (緑色)	プラズマディスプレイパネル
		$LaPO_4 : Tb^{3+}$ (緑色)	蛍光灯
		$YBO_3 : Eu^{3+}$ (赤色)	プラズマディスプレイパネル
		$Y_2O_3 : Eu^{3+}$ (赤色)	蛍光灯
	電子線励起	ZnS : Ag (青色), ZnS : Cu, Au, Al (緑色)	カラーテレビジョン用ブラウン管
		$Y_2O_2S : Eu^{3+}$ (赤色)	カラーテレビジョン用ブラウン管
	電界励起	$ZnS : Mn^{2+}$ (橙色)	エレクトロルミネッセンスディスプレイ
半導体発光材料	電流励起	GaAs (赤外)	発光ダイオード
		GaAlAs (赤色)	発光ダイオード，レーザダイオード
		InGaAsP (1.3 μm, 1.5 μm)	光通信用レーザダイオード
		GaP : N (緑色)	発光ダイオード
		GaP : Zn, O (赤色)	発光ダイオード
量子材料	電流励起	AlGaInP 量子井戸 (赤色)	情報処理用レーザダイオード

めてある.

(1) 気体発光材料 気体材料の光エレクトロニクスとしては, N_2(窒素), O_2(酸素)などのガス分子, He, Ne, Ar, Kr, Xeなどの希ガスがある. N_2ガスは, 窒素レーザとして用いられている. Heガスは, He-Neの混合ガスとして, ガスレーザ(赤色発光)の最も代表的なものとなっている. Neガスは, ネオン管(黄～橙色発光)やネオンサイン(黄～橙色発光)また, プラズマディスプレイとして用いられている. Arガスは, Arイオンガスレーザ(青色発光)として広く用いられている. Krは(黄～白色発光), レーザとして, また高輝度ランプとして用いられている. Xeは, フラッシュランプなど, 非常に輝度の高いランプに使われている. Kr-F, Kr-Cl, Xe-F, Xe-Cl, などの混合ガスは, エキシマレーザとして広く用いられている.

Zn, Cd, Hg(IIb族)は金属であり, 常温でZn, Cdは固体であり, Hgは液体である. これらは温度を上げると金属蒸気となる. Heガスとの混合であるHe-Cd(紫外～青色発光)は, 紫外線気体レーザとして広く用いられている. Arガスとの混合であるAr-Hgは, 蛍光ランプのガスとして用いられており, 最も身近なものである. また, 低圧や高圧の水銀灯(青～白色発光)として広く用いられている. Na(Ia族)も金属であるが, Na金属ガス(黄色発光)のナトリウムランプとして身近なものである.

(2) 蛍光体発光材料 蛍光体は, 母体と発光中心とからなる. このうち, 発光中心としてはMn(遷移金属)やEu, Tb(希土類)などが重要であり, 母体材料には, 各種のものがある. 蛍光体材料としては, 無機のもの, また有機のものがあり, 多種多様であり, 今日では, 各種各様のものが数百の数で開発され実用化されている. 夜光塗料なども蛍光体材料である. 蛍光体は普通には, 直径 $1\sim10\mu m$ の微粉末状の結晶である.

蛍光材料の光エレクトロニクスへの応用の最も代表的なものは, TVのブラウン管と蛍光灯である. ブラウン管には, カラー用として $YVO_4:Eu^{3+}$(赤色発光), $Y_2O_2S:Eu^{3+}$(赤色発光), $ZnS:Cu, Al$(緑色発光), $ZnS:Ag, Cl$(青色発光)などが用いられている. 蛍光灯には, $Ca_3(PO_4)_2 \cdot Ca(F, Cl)_2:Sb^{3+}, Mn^{2+}$ のハロりん酸カルシウムなどが用いられている.

(3) 半導体発光材料 半導体材料のなかで光半導体材料といえば, IIIb

-Ⅴb族化合物半導体, Ⅱb-Ⅵb族化合物半導体がある. Ⅲb-Ⅴb族化合物半導体としては GaAs や, その混晶である (Ga, Al)As, また (Ga, In)P, GaN などがある. 今日では, 青-緑-赤-近赤外領域の各種発光ダイオードやレーザダイオードが研究開発されている. Ⅱb-Ⅵb族化合物半導体には, ZnS, ZnSe などがある. 特に ZnS は, テレビ用の青, 緑色蛍光体として, また, エレクトロルミネッセンス (EL) 材料として不可欠である. ZnSe は, 青色発光のダイオードやレーザダイオードとしての実用を目指して活発に研究が行われている.

(4) 量子材料 半導体材料では, それをデバイス材料として用いるさいに, 薄膜として用いることが多い. そのさい, その寸法を 1, 2, 3 次元的に小さくしていくと, その半導体材料固有の物性定数で決まる特性に加えて, その寸法の効果が顕著に現れてくる. 原子の寸法は, 〜0.1 nm (〜1Å) である. 半導体結晶の原子と原子の距離は, 0.2〜0.3 nm (2〜3Å) である. これらの空間では, 電子は量子力学に従って振る舞う. ここで考えている半導体デバイス薄膜の寸法 l が, これらの大きさに近くなり, $l \leq 10$ nm (100Å) にもなると, その効果が特に顕著となる. また, 寸法 l が 10 nm $\leq l \leq 100$ nm 程度であっても量子効果がみえてくる. これらは, 量子材料と呼ばれている. これらには量子ドット半導体 (量子微粒子), 超格子半導体, 量子井戸半導体などがあり, 多くの研究がなされており, そのうちのいくつかのものは, すでに実用化されている.

気体の放電による発光は気体レーザで重要であるが, 特にこれに関しては, レーザに関する書物などで多く述べられているので, ここでは取り扱わない. 本書では, 上述の発光材料のうちから, 電子ディスプレイに用いられる蛍光体材料と, 光エレクトロニクスに用いられる半導体材料, また, 量子材料を中心に述べる.

［3.1 まとめ］
- 発光はエネルギー準位の間の電子遷移により生じる. エネルギー準位の種類には, 孤立した原子 (イオン) 内の電子のエネルギー準位, 数原子に電子軌道が広がった分子軌道の電子のエネルギー準位, 電子の波動関数が結晶に広がった半導体のエネルギー準位 (エネルギー帯) がある.
- 発光材料には, 気体発光材料, 蛍光体材料, 光半導体材料, 量子材料などがある.

3.2 蛍光体材料の物理

蛍光体材料としては，今日数多くのものが研究され，かつ多くのものが実用化されている．照明の分野では蛍光灯用の蛍光体，電子ディスプレイの分野では，ブラウン管，プラズマディスプレイ，エレクトロルミネッセンスディスプレイ用の蛍光体が使用されている．また，液晶ディスプレイにもバックライトとして3波長蛍光灯が用いられている．これらの蛍光体は，絶縁物母体に添加した，発光中心としての原子やイオン内の電子遷移を利用したものが多い．しかし，応用上，重要な蛍光体のなかには，半導体中の電子と正孔の再結合に類似した発光を利用したものがある．ここでは，それらの蛍光体に固有の物理について説明する．

3.2.1 母体中に添加された原子やイオンの発光を利用した蛍光体

蛍光体材料を考えるさいには，母体となる結晶と発光中心となる原子，あるいはイオンを考えなくてはならない．母体材料と発光中心の組合せによって，実用蛍光体に限っても数百種類以上の蛍光体がある．ここでは，代表的な発光中心について，その特徴を説明する．

a. s^2-sp 遷移による発光中心

結晶中に添加されたイオンの状態で最外殻に s^2 電子をもつもの，すなわち基底状態が s^2 の電子配置をとり，励起状態が s^2 電子のうちの1個が p 軌道に移った sp 電子配置をもつ発光中心がある．この型の発光中心として次のようなものがある．

  Sb^{3+}, Sn^{2+} : $(5s)^2$-$(5s)^1(5p)^1$
  Pb^{2+}, Tl^+, Hg^0 : $(6s)^2$-$(6s)^1(6p)^1$
  (Hg は金属蒸気の状態)

s 電子の軌道 n を考慮して ns^2 型の発光中心と呼ばれることもある．

ハロりん酸カルシウムに添加されたアンチモンイオン (Sb^{3+}) 発光中心は非常に高い効率で発光するので蛍光灯の蛍光体として広く利用されている．一方，アルカリハライド単結晶，たとえば KCl に添加された Tl^+ の発光は，理論的に初めて詳細に研究され，この種の発光現象の物理を理解するのに役立った．ここで

は，応用上，重要な Sb^{3+} 発光中心を例にとって説明する．

3価アンチモンイオン (Sb^{3+}) からの発光　Sb^{3+} イオンを発光中心とするハロりん酸カルシウム $(3\,Ca_3(PO_4)_2Ca(F,\,Cl)_2)$ 蛍光体の発光スペクトルを図 3.2 に示す．発光は約 480 nm に最大発光強度をもつブロードな発光スペクトルをもつ青色発光である．

アンチモン $Sb(Z=51)$ は $(1s)^2(2s)^2(2p)^6(3s)^2(3p)^6(3d)^{10}(4s)^2(4p)^6(4d)^{10}(4f)^0$

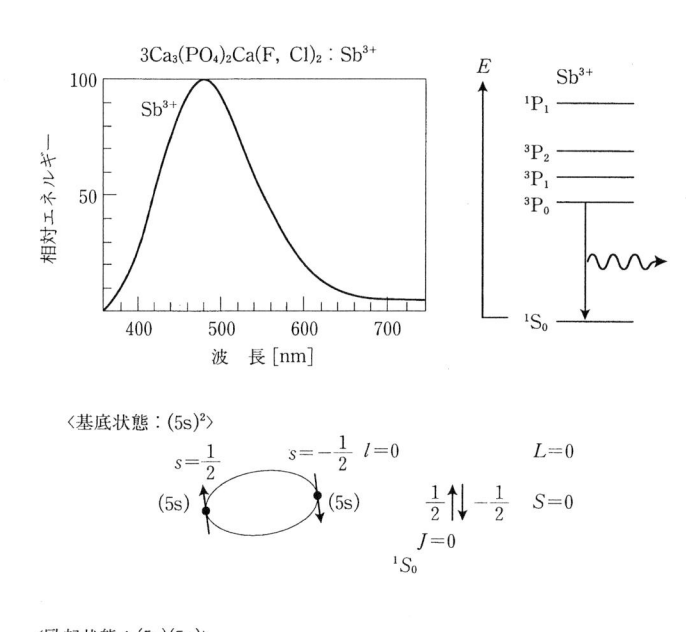

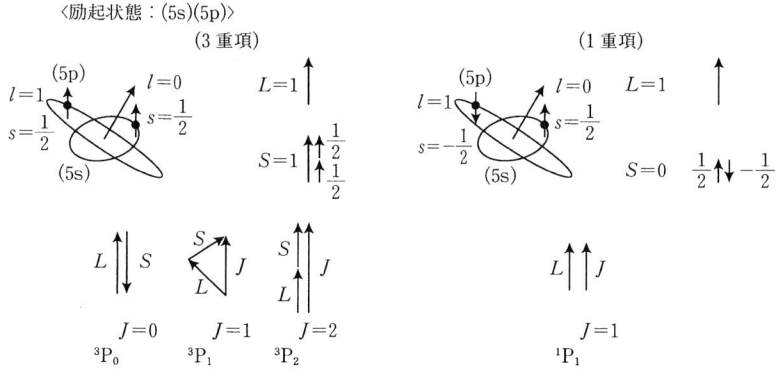

図 3.2　Sb^{3+} のエネルギー準位と発光スペクトル

$(5s)^2(5p)^3$ なる配置をもっている.蛍光体中では,アンチモンは3価のイオン (Sb^{3+}) として存在する.その発光にあずかるのは $(5s)^2$ の2電子である.

〈基底状態〉: 2つの電子は個々に軌道角運動量 l とスピン角運動量 s をもっている.合成軌道角運動量 L は,5s 電子のそれぞれの軌道角運動量を l_1, l_2 とすると,

$L = \sum l_i = 0 + 0 = 0$

また,合成スピン角運動量 S は

$S = \sum s_i = (1/2) + (-1/2) = 0$

全角運動量 J は $J = L+S, L+S-1, \cdots |L-S|$ であるので

$J = L + S = 0$

となる.したがってスペクトル状態 $^{2S+1}L_J$ は $^1S_0$ となる.

〈励起状態〉: Sb^{3+} の励起状態は基底状態である s^2 電子配置($^1S_0$)から sp 電子配置へ励起された状態と考えられている.sp 励起状態の合成軌道角運動量 L は 5s 電子が $l=0$, 5p 電子が $l=1$ であるから,

$L = \sum l_i = 0 + 1 = 1$

また合成スピン角運動量は,次の2通りが考えられる.

$S = \sum s_i = (1/2) + (-1/2) = 0$ (1重項)

$S = \sum s_i = (1/2) + (1/2) = 1$ (3重項)

$S=0$ のときには $J=1$, $S=1$ のときには $J=0, 1, 2$ の3つの状態がある.したがってスペクトル状態 $^{2S+1}L_J$ は,エネルギーの低いほうから順に次の4つの状態になる.

$^3P_0, \quad ^3P_1, \quad ^3P_2, \quad ^1P_1$

発光は $^3P_0 \rightarrow ^1S_0$ 遷移によると考えられている.

Sb^{3+} イオンの基底状態,励起状態はともに外殻軌道であり,周囲の結晶場の影響を強く受ける.このため,同じ Sb^{3+} 発光中心であっても添加する母体結晶によって,その発光スペクトルの波長位置,すなわち発光色は変化する.また,励起状態の電子と結晶格子との相互作用も強いのでフォノン放出により低温でも発光スペクトルはブロードになる.また,s^2-s^1p^1 遷移はパリティ許容遷移であるので,その発光寿命は $1\mu s$ 程度と短い.

蛍光体中の発光中心ではないが,この s^2-s^1p^1 遷移による発光で重要なものに,

中性水銀 (Hg) 原子 (Hg 蒸気) からの発光がある．この発光は，Sb^{3+} と同型のもので $n=6$ で $(6s)^2$ 電子配置が基底状態である．Hg 原子からの発光は波長 253.7 nm の紫外線であり，蛍光灯の紫外線として使われている．

b. d^n-d^n 遷移による発光中心

遷移金属イオンが結晶中に添加されると発光中心になる．このとき，発光にかかわる電子遷移は $(3d)^n$ 不完全殻内の電子配置の変化によって起こる．この電子遷移は同一の d 軌道内で起こるため，d^n-d^n 遷移と呼ばれ，他の軌道は電子遷移に関与しない．3d 軌道には 10 個の電子が入ることができるが，蛍光体の発光中心として重要なものは $(3d)^5$ 内殻電子をもつ Mn^{2+} イオンである．プラズマディスプレイ用の緑色蛍光体 $Zn_2SiO_4:Mn^{2+}$，薄膜エレクトロルミネッセンスの発光層に用いられ黄橙色に発光する $ZnS:Mn^{2+}$，また，蛍光灯用の蛍光体 $3Ca_3(PO_4)_2 Ca(F,Cl)_2:Sb^{3+},Mn^{2+}$ でも黄橙色成分の発光を得るために用いられている．$(3d)^3$ 内殻電子をもつ Cr^{3+} は Al_2O_3 に添加されると深赤色の発光を示し，この発光を用いて最初の固体レーザであるルビーレーザがつくられた．Ti, V, Fe, Co, Ni などの他の遷移金属イオンでも d^n-d^n 遷移による発光が観測されるが，その発光波長は赤外線領域にあり，蛍光体用の発光中心としての実用上の興味は少ない．また，$(4d)^n$，$(5d)^n$ 内殻電子をもつ遷移金属に関しても，d^n-d^n 遷移による可視光の発光を示すものはない．ここでは応用上，重要な Mn^{2+} 発光中心を例にとって説明する．

マンガンイオン (Mn^{2+}) からの発光　Mn^{2+} イオンを発光中心とする ZnS:Mn 薄膜蛍光体の発光スペクトルを図 3.3 に示す．発光は約 585 nm に最大発光

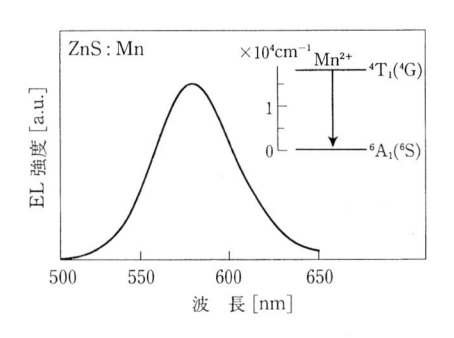

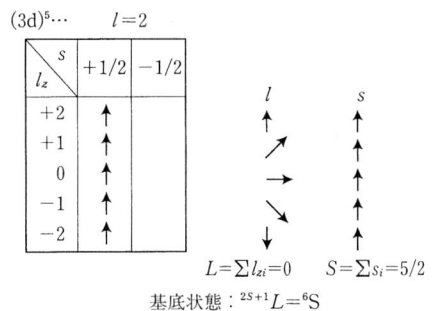

図 3.3　Mn^{2+} のエネルギー準位と発光スペクトル

強度をもつブロードな発光スペクトルをもつ黄橙色発光である．

マンガン Mn($Z=25$) は $(1s)^2(2s)^2(2p)^6(3s)^2(3p)^6(3d)^5(4s)^2$ の電子配置をもっている．Mn^{2+} イオンになると $(4s)^2$ の2個の電子がとれる．Mn^{2+} イオンによる発光は $(3d)^5$ 不完全殻内の電子遷移により生じる．

〈基底状態〉：　$(3d)^5$ 電子の基底状態は次のようになる．基底状態ではフントの規則により合成スピン角運動量が最大になるように電子が配列する．(3d) 電子は軌道角運動量 $l=2$ をもつが，合成軌道角運動量 L は，図に示すように，軌道角運動量の z 成分 l_z で考えて，次のようになる．

$$L = \sum l_{zi} = (-2)+(-1)+0+(+1)+(+2) = 0$$

また，合成スピン角運動量 S は，次のようになる．

$$S = \sum s_i = 1/2+1/2+1/2+1/2+1/2 = 5/2$$

したがって，基底状態のスペクトル状態 ^{2S+1}L は ^6S となる．

〈励起状態〉：　Mn^{2+} の励起状態は $(3d)^5$ 電子配置の変化により生ずる．励起状態に対してはフントの規則が適用できないので，そのスペクトル状態を簡単に知ることはできない．詳しい理論的な取扱いによると，^4G のスペクトル状態が最も低い励起状態である．この状態の合成軌道角運動量 L と合成スピン角運動量 S は，(l_z, s) が $(-2, 1/2)$ の状態にあった電子が $(+2, -1/2)$ に遷移したとして次のように考えることができる．

$$L = \sum l_{zi} = (-1)+0+(+1)+(+2)+(+2) = 4$$
$$S = \sum s_i = 1/2+1/2+1/2+1/2+(-1/2) = 3/2$$

したがって $^{2S+1}L = {}^4G$ となる．

結晶場の影響　d^n-d^n 遷移は最外殻の電子遷移によるので，そのエネルギー準位の位置やその広がり，および準位間の遷移確率が自由イオンのときと比べて大きく変わる．この変化は，遷移金属イオンを囲む陰イオンの影響による．この陰イオンは，配位子と呼ばれる．陰イオンまたは配位子を点電荷とする結晶場理論，あるいは，さらに進めて遷移金属イオンと配位子の電子の重なりを考慮に入れた配位子場理論によって説明されている．

(3d) 電子が1個の場合：　まず，$(3d)^1$ 電子を考える．3d 電子軌道の波動関数は次の5つである．

3.2 蛍光体材料の物理

$$\left.\begin{array}{l}\varphi_{\mathrm{u}}=(5/16\pi)^{1/2}R_{3\mathrm{d}}(r)(1/r^2)(3z^2-r^2)\\ \varphi_{\mathrm{v}}=(5/16\pi)^{1/2}R_{3\mathrm{d}}(r)(1/r^2)(x^2-y^2)\end{array}\right\}\ \mathrm{e}$$

$$\left.\begin{array}{l}\varphi_{\xi}=(5/16\pi)^{1/2}R_{3\mathrm{d}}(r)(1/r^2)yz\\ \varphi_{\eta}=(5/16\pi)^{1/2}R_{3\mathrm{d}}(r)(1/1^2)zx\\ \varphi_{\zeta}=(5/16\pi)^{1/2}R_{3\mathrm{d}}(r)(1/r^2)xy\end{array}\right\}\ \mathrm{t}_2$$

ここで，$R_{3\mathrm{d}}(r)$ は 3d 電子の動径波動関数である．電子分布の様子を 図 3.4 に示す．図には，8 面体対称と 4 面体対称の配位子の位置を示す．自由イオンでは，3d 電子のもつエネルギーは電子の運動エネルギーと内側の閉殻が及ぼす中心場ポテンシャルによって決まり，5 つの軌道のエネルギーは等しく，縮重している．しかし，このイオンが結晶中にあると，まわりの陰イオン（ここでは陰イ

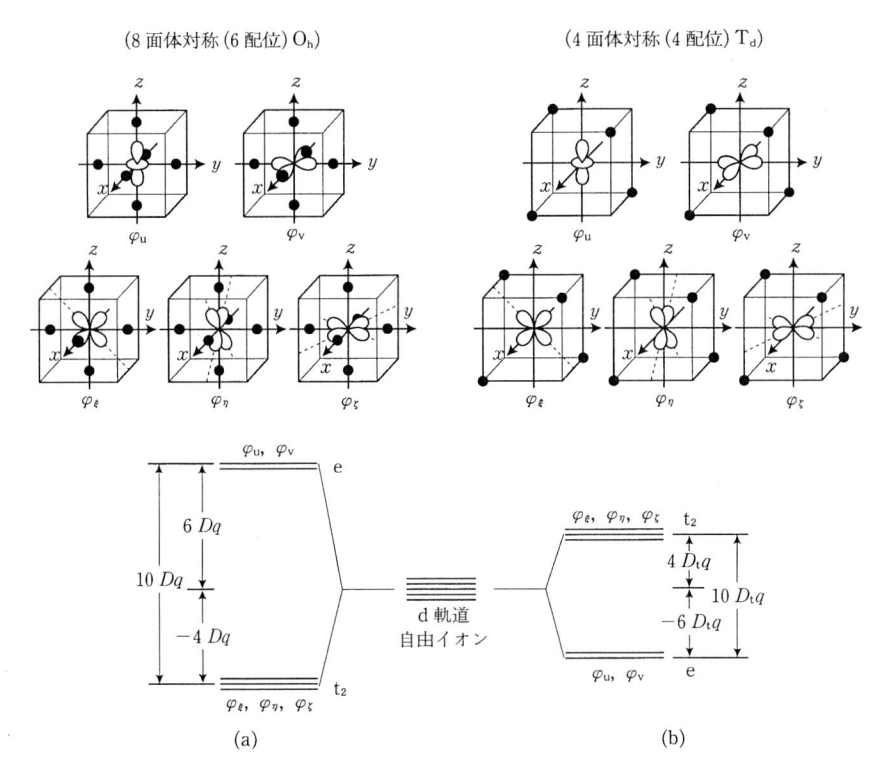

図 3.4　d 軌道と配位子の位置および結晶場によるエネルギー準位の分裂
(a) 8 面体対称 (6 配位) O_h，(b) 4 面体対称 (4 配位) T_d．
(参考図書 28)，p.97 より）

オンを負の点電荷として取り扱う）から影響を受ける．陰イオンが8面体対称と4面体対称に配置している場合を例に考察しよう．

〈陰イオンが8面体対称に配位した場合(6配位)：O_h対称〉

8面体対称の場合は，中心に問題となる発光イオン(陽イオン)があり，それを取り囲んで，$+x, +y, +z$方向に6個の陰イオン(負の点電荷)がある．中心にあるイオンの原子殻から6個の陰イオンまでの距離はRである．この状態を，6配位，または8面体配位という．このとき，中心イオンの3d電子が価数Zの陰イオンから受ける静電ポテンシャルVは次式で与えられる．

$$V = \sum_i^{i=6} \frac{Ze^2}{|\boldsymbol{R}_i - \boldsymbol{r}|} \tag{3.1}$$

ここで，$\boldsymbol{R}_i$はi番目の陰イオンの位置，$\boldsymbol{r}$は3d電子の位置を示す．$|\boldsymbol{R}_i| \gg |\boldsymbol{r}|$として式(3.1)を展開し，4次の項まで求めると次式を得る．

$$V = \frac{6Ze^2}{R} + \frac{35Ze^2}{4R^5}\left(x^4 + y^4 + z^4 - \frac{3}{5}r^4\right) \tag{3.2}$$

このポテンシャルVが3d電子軌道のエネルギーに及ぼす影響は次式の積分で求められる．

$$\int \varphi(3\mathrm{d})^* V \varphi(3\mathrm{d}) d\boldsymbol{r} = \langle 3\mathrm{d}|V|3\mathrm{d}\rangle \tag{3.3}$$

式(3.2)の第1項はすべての軌道エネルギーを一様に増加させるので，エネルギー差を問題とする発光に対しては無視できる．第2項からは次式が得られる．

$$\langle \xi|V|\xi\rangle = \langle \eta|V|\eta\rangle = \langle \zeta|V|\zeta\rangle = -4Dq \tag{3.4a}$$

$$\langle u|V|u\rangle = \langle v|V|v\rangle = 6Dq \tag{3.4b}$$

ここで，

$$D = \frac{35ze}{4R^5} \tag{3.5}$$

$$q = \frac{2e}{105}\int |R_{3\mathrm{d}}(r)|^2 r^4 dr \tag{3.6}$$

したがって，5重縮退していた3d電子軌道が3重縮退の軌道(ξ, η, ζ)と2重縮退の軌道(u, v)に分裂する．前者をt_2軌道，後者をe軌道とよぶ．

この分裂の原因は，直観的には次のように考えることができる．図に示したように，u, v軌道がx, y, z方向の陰イオンに向かって広がり，陰イオンからの静

電的反発を大きく受けるのに対して，ξ, η, ζ 軌道は陰イオンの間の方向に向かって広がっており，陰イオンからの静電的反発が小さくなることによっている．

〈陰イオンが4面体対称に配位した場合(4配位)：T_d 対称〉

正4面体(4面体対称)の頂点に陰イオンがある場合，すなわち中心からの距離 R の位置に4つの陰イオンがある場合(4配位)に，3d電子の受ける静電ポテンシャル V_t は次式で与えられる．

$$V_t = \frac{4Ze^2}{R} + eTxyz + eD_t\left(x^4 + y^4 + z^4 - \frac{3}{5}r^4\right) \tag{3.7}$$

ここで，

$$T = \frac{10\sqrt{3}\,Ze}{3R^4} \tag{3.8}$$

$$D_t = -\frac{4}{9}D \tag{3.9}$$

式(3.7)の第2項は電子座標の反転 ($x \to -x, y \to -y, z \to -z$) で符号を変える，すなわち奇のパリティをもつので，式(3.3)の積分値は0となる．第3項は，式(3.2)の第2項と同じ形なので，式(3.4a, b)と同じ積分値があり，3d軌道の縮退がとける．ただし，式(3.9)からわかるように，6配位(O_h)の場合とは逆に，t_2 軌道が e 軌道より高いエネルギーをもち，その分裂の程度は小さい．これは t_2 軌道が陰イオン方向に分布し，陰イオンの数の少ないことの反映である．

(3d)電子が N 個の場合： (3d)電子が2個以上あると電子間の静電相互作用 $\sum e^2/r_{ij}$ (r_{ij} は電子間距離)を考慮しなければならない．このとき，結晶場によるエネルギーが，この静電相互作用を無視できるほど大きい場合(強い結晶場)と，静電相互作用より小さい場合(弱い結晶場)とに分けて考えることができる．

〈強い結晶場〉： 結晶場によるエネルギーが静電相互作用を無視できるほど大きいと，d^N 電子のエネルギー準位は，t_2 軌道と e 軌道にいくつの電子が入るかによって決まる．すなわち，$e^N, t_2e^{N-1}, \cdots, t_2^N$ の $(N+1)$ 個の準位ができる．$t_2{}^n e^{N-n}$ 配置のエネルギーは次式で与えられる．

$$E(n, N-n) = (-4n + 6(N-n))Dq \tag{3.10}$$

隣り合う準位間のエネルギー間隔は $10Dq$ となる．

静電相互作用を摂動として考慮するとき，これらの電子配置の準位から分裂して生じる準位は，スピンも含めた1つの電子軌道中には1つの電子しか入れないという，パウリの原理と表現の積に関する群論的考察から求められる．たとえばd^2の場合，次のような準位が得られる．

$$t_2^2 \quad - \quad {}^3T_1, \quad {}^1A_1, \quad {}^1E, \quad {}^1T_2$$
$$t_2e \quad - \quad {}^3T_1, \quad {}^3T_2, \quad {}^1T_1, \quad {}^1T_2$$
$$e^2 \quad - \quad {}^3A_2, \quad {}^1A_1, \quad {}^1E$$

ここで各準位は電子の全スピン角運動量Sを用いて${}^{2S+1}\Gamma$の形で表されており，$(2S+1)(\Gamma)$個の状態が縮重しており，多重項と呼ばれている．(Γ)は既約表現Γの縮重度で，A_1, A_2, B_1, B_2は1，Eは2，T_1, T_2は3の値をとる．

〈弱い結晶場〉：　結晶場が電子間相互作用に比べて小さいとき，$t_2^n e^{N-n}$電子配置に変わって，全軌道と全スピン角運動量の量子数LとSが準位のエネルギーを決める．自由イオンのとき，準位は${}^{2S+1}L$で表され$(2S+1)(2L+1)$個の状態が縮重している．この場合は，結晶場が摂動になって，${}^{2S+1}L$準位から分裂する．分裂したエネルギー準位は，${}^{2S+1}\Gamma({}^{2S+1}L)$の形で表される．先に例として述べた$Mn^{2+}$イオンは$(3d)^5$電子配置をもち，基底状態の全スピン角運動量$S$は$5/2(=1/2\times 5)$，全軌道角運動量は$L=0$であるから，${}^6A_1({}^6S)$と表される．

結晶中の3d遷移金属イオンのエネルギーに及ぼす結晶場の影響($10Dq$)と電子間相互作用の影響は，どちらも1eV程度である．田辺-菅野は8面体結晶場と4面体結晶場にあるd^n電子についてエネルギー準位図の結晶場依存性を調べた．d軌道にはスピン軌道も含めて10個の電子軌道がある．そこにn個の電子が入ると，電子間相互作用は$(10-n)$個の孔の間の相互作用と同じに扱うことができる．このため，$Dq=0$の自由イオンの状態ではd^nとd^{10-n}のエネルギー準位図は同じである．一方，Dqは電子と(正の)孔で符号が変わる．したがって，4面体配置のd^nの準位図は8面体配位(6配位)のd^{10-n}と同じ図で表される．先に例として発光スペクトルを示した，$ZnS:Mn^{2+}$蛍光体では，Mn^{2+}イオンは正4面体(4配位)の結晶場に置かれている．このときのM^{2+}イオンの$(3d)^5$電子のエネルギー準位図を図3.5に示す(先ほどの考察により6配位の場合も同じである)．結晶場が強くなるに従って，励起状態のエネルギーが小さくなり，発光波長は長波長側に移動していくことがわかる．$Zn_2SiO_4:Mn^{2+}$蛍光体では，Mn^{2+}

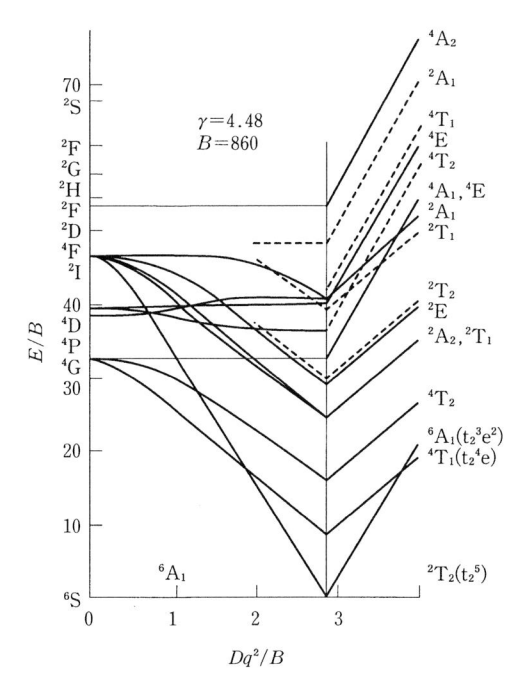

図 3.5 結晶場による d^5 電子のエネルギー準位の変化
(Y. Tanabe と S. Sugano による. 参考図書 24), p. 294 より)

発光中心は，525 nm にピークをもつ緑色の発光を示し，ZnS:Mn^{2+} 蛍光体では，585 nm にピークをもつ黄橙色の発光を示す．すなわち，母体結晶により発光波長が変わるのは，結晶場の差によっている．

発光寿命　d^n-d^n 遷移による発光は，本来パリティ禁制の遷移である．それにもかかわらず発光が起こるのは，対称中心のない結晶場を通した，偶奇性の異なる波動関数の 3d^n 波動関数への混入や，また磁気双極子 (偶のパリティ) 遷移，電気 4 重極子 (偶のパリティ) 遷移が加わるためである．Mn^{2+} 発光中心の発光寿命は，母体結晶によって異なるが，1～10 ms 程度である．

c.　f^n-f^n 遷移による発光中心

希土類元素とは La(Z=57) と 14 個のランタノイド元素 (Ce(Z=58)～Lu(Z=71)) であり，その特徴は不完全 4f 殻をもつことである．希土類元素は次のような電子配置をもっている．

RE($Z=57\sim71$)：
$(1s)^2(2s)^2(2p)^6(3s)^2(3p)^6(3d)^{10}(4s)^2(4p)^6(4d)^{10}(4f)^n(5s)^2(5p)^6(5d)^1(6s)^2$
$=[Kr](4d)^{10}(4f)^n(5s)^2(5p)^6(5d)^1(6s)^2$

ここで，[Kr]はクリプトン(Kr)原子の電子配置を表している．希土類元素は結晶中で3価のイオンになることが多いが，そのさいには$(5d)^1(6s)^2$電子を失い次の電子配置をとる．

RE^{3+}($Z=57\sim71$)：$[Kr](4d)^{10}(4f)^n(5s)^2(5p)^6$

La^{3+}($Z=57$)では4f殻に電子はなく($n=0$)，それ以降，原子番号Zの増加とともに，4f殻の電子数nが1個ずつ増え，Lu^{3+}($Z=71$)では4f殻に14個の電子が入り完全殻となる．4f電子をもたないLa^{3+}，および4f軌道が14個の電子で満たされたLu^{3+}は，近紫外部から近赤外部において，発光に関与するエネルギー準位をもたない．これに対して，1個から13個の4f電子をもつCe^{3+}からYb^{3+}に至るイオンは，この領域において各イオンに特有のエネルギー準位をもち，多彩な発光特性を示す．すなわち，希土類イオンの発光にかかわる電子遷移は$(4f)^n$不完全殻内の電子配置の変化(f^n-f^n遷移)によって起こる．これらの希土類イオンをY^{3+}，La^{3+}，Gd^{3+}を構成成分イオンとする化合物結晶に置換固溶させたものが，希土類蛍光体として，一般的に用いられている．カラーテレビジョン用のブラウン管の赤色蛍光体には，Y$_2$O$_2$S：Eu^{3+}蛍光体が用いられ，3波長蛍光灯の緑色蛍光体としては，LaPO$_4$：Tb^{3+}蛍光体が用いられている．また，赤外域では固体レーザ結晶としてY$_3$Al$_5$O$_{12}$：Nd^{3+}(YAG：Nd^{3+})，光増幅器としてEr^{3+}を添加したガラスファイバーが使われている．ここではEu^{3+}発光中心を例にとって説明する．

3価ユウロピウムイオン(Eu^{3+})からの発光　　Eu^{3+}イオンを発光中心とする，Y$_2$O$_2$S：Eu^{3+}蛍光体の発光スペクトルを図3.6に示す．Eu^{3+}イオンからの発光は，いくつかの線状の発光スペクトルをもち，610～630 nmの赤色領域に強い発光を示す．このため赤色の発光となる．Eu^{3+}イオンは次の電子配置をもっている．

Eu^{3+}($Z=63$)：$[Kr](4d)^{10}(4f)^6(5s)^2(5p)^6$

Eu^{3+}イオンの発光は$(4f)^6$不完全殻内の電子遷移により生じる．f-f遷移による発光スペクトルの特徴は，スペクトルが線状で，その線スペクトルのエネル

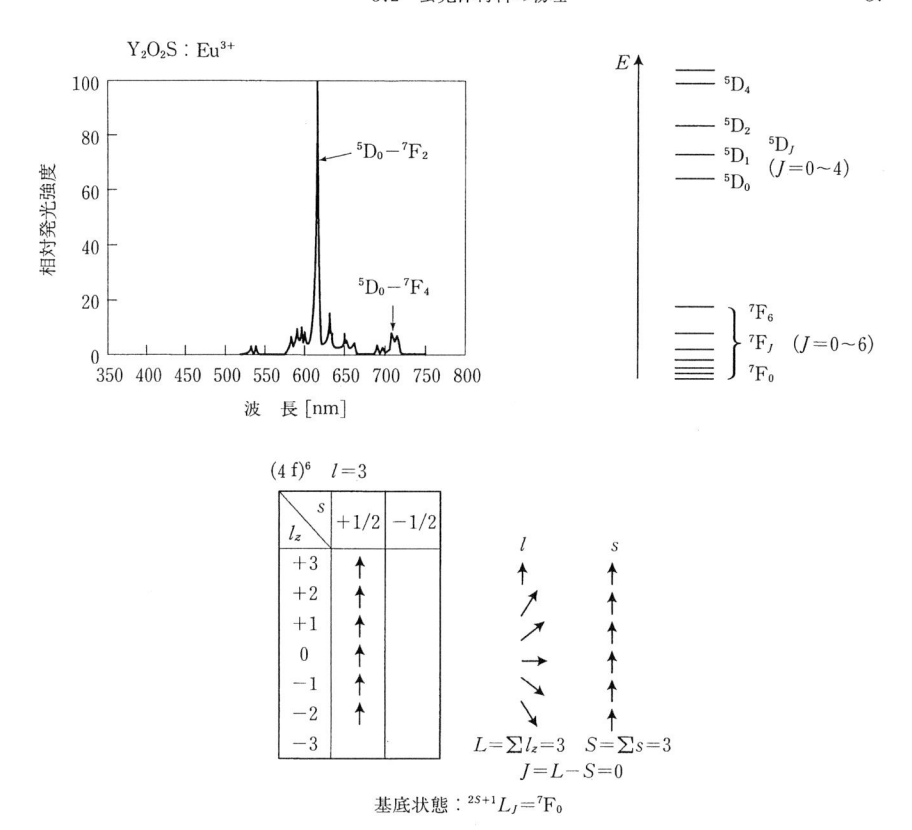

図3.6 Eu^{3+} のエネルギー準位と発光スペクトル

ギー位置や幅が，種々の結晶中にある場合にも，3d電子のように結晶場の影響をあまり受けず，自由なガス状態の場合と大きく変わらないことである．これは，$(4f)^n$ 殻がイオンの最外殻ではなく，その外側に $(5s)^2(5p)^6$ の8個の電子があって，結晶場の影響を遮断していることによる．

〈基底状態〉：$(4f)^6$ 電子の基底状態は次のようになる．基底状態ではフントの規則（合成スピン角運動量が最大となる）が適用できる．$(4f)$ 電子は軌道角運動量 $l=3$ をもつが，合成軌道角運動量 L は，図に示すように，軌道角運動量の z 成分 l_z で考えて次のようになる．

$$L=\sum l_{zi}=(-2)+(-1)+0+(+1)+(+2)+(+3)=3$$

また，合成スピン角運動量 S は

$$S = \sum s_i = (1/2)+(1/2)+(1/2)+(1/2)+(1/2)+(1/2) = 3$$

したがって，合成した角運動量 J は

$$J = |L+S|, |L+S-1|, \cdots, |L-S|$$

すなわち，$J=6,5,4,\cdots,0$ となる．したがってスペクトル状態 $^{2S+1}L_J$ は $^7F_6, ^7F_5,$ $\cdots, ^7F_0$ となるが，これらのうち $^7F_0$ が基底状態となる．

〈励起状態〉： 励起状態に対してはフントの規則が適用できないので，そのスペクトル状態を簡単に知ることはできない．理論的取扱いによると $^5D_0$ のスペクトル状態が最も低い励起状態である．この状態の合成軌道角運動量と合成スピン角運動量 S は，(l_z, s) が $(-2, 1/2)$ の状態にあった電子が $(-3, -1/2)$ に遷移したとして次のように考えることができる．

$$L = \sum l_{zi} = (-3)+(-1)+0+(+1)+(+2)+(+3) = 2$$

また，合成スピン角運動量 S は

$$S = \sum s_i = (-1/2)+(1/2)+(1/2)+(1/2)+(1/2)+(1/2) = 2$$

したがって，合成した角運動量 J は

$$J = |L+S|, |L+S-1|, \cdots, |L-S|$$

すなわち，$J=4,3,\cdots,0$ となる．したがってスペクトル状態 $^{2S+1}L_J$ は $^5D_0$ となる．

4f 電子のエネルギー準位　希土類発光中心の 4f 電子のエネルギー準位は，結晶場の影響を強く受けず，自由イオンのエネルギー状態に近い．したがって，自由イオン（またはそれに近い状態）での，個々の希土類イオンの 4f エネルギー準位を知ることは非常に役に立つ．図 3.7 に，Dieke による $LaCl_3$ 結晶中の 3 価希土類イオンの $(4f)^n$ 電子のエネルギー準位図を示す．母体結晶が異なってもエネルギー準位の位置はあまり違わないので，発光波長を調べるさいなどによく利用されている．

エネルギー準位の分類には，全軌道角運動量 L，全スピン角運動量 S，および全角運動量 J を用い，$^{2S+1}L_J$ と表される．これを J 多重項と呼び，同一の S，L をもつ J 多重項はスペクトル項 ^{2S+1}L に属するという．同一電子配置に同じスペクトル項が 2 つ以上あるときには，セニオリティ数 α を用いて区別する．この分類では，1 つの J 多重項 (αSLJ) は 1 つのスペクトル項だけから派生すると仮定している．この近似は LS 結合またはラッセル・サンダース結合と呼ばれ

3.2 蛍光体材料の物理

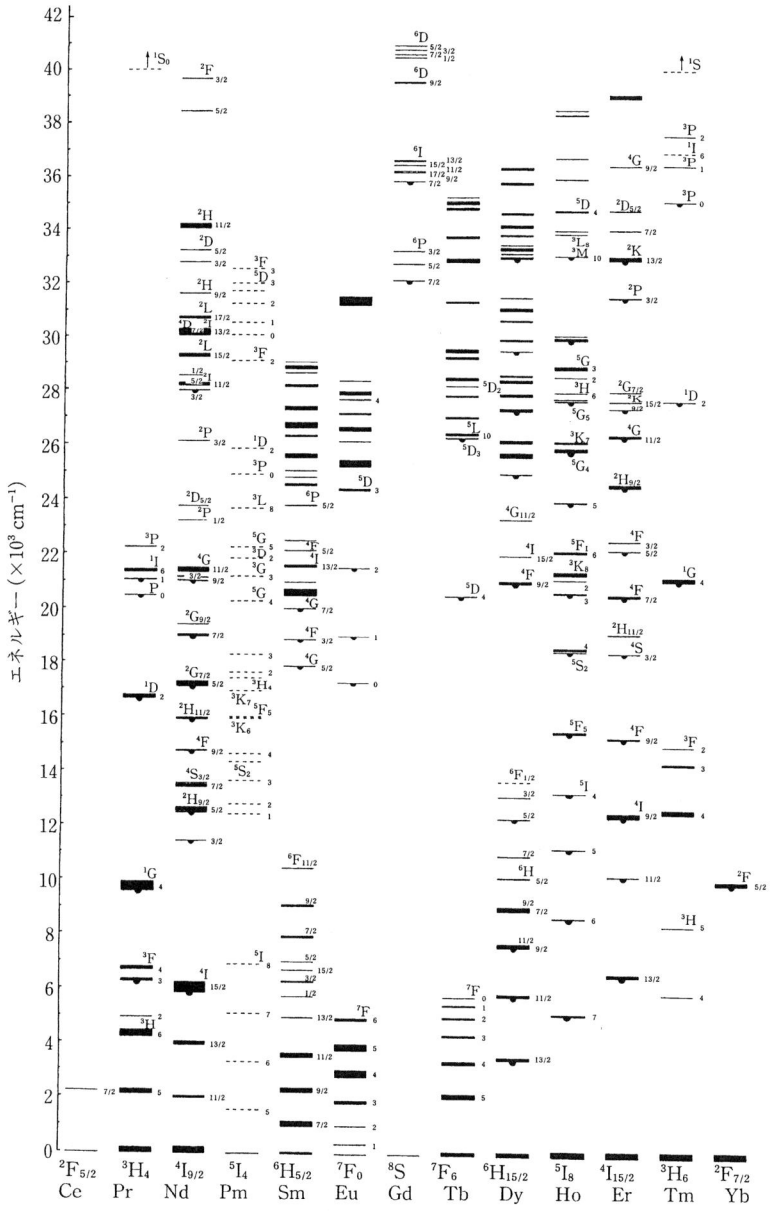

図 3.7 3価希土類イオン (RE^{3+}) の $(4f)^n$ 電子のエネルギー準位
線の太さは $LaCl_3$ 中での結晶場分裂の大きさを示す.
(G. H. Dieke による. 参考図書 24), p. 301 より)

る．しかし，実際には，希土類イオンの 4f 電子のスピン-軌道相互作用はあまり小さいとはいえず，LS 結合は各準位の状態を正確に表していない．より正確な中間的結合の近似では 1 つの J 多重項はいくつかのスペクトル項からの寄与でつくられる．

一般に，f^n 配置の基底状態に近い準位では，LS 結合が十分に成立しているが，スペクトル項が近接している励起準位では，LS 結合状態からのずれは大きい．たとえば，Er^{3+} の $^4I_{9/2}$ と表した準位における ^4I 項の寄与は 39% しかない．このようにスペクトル表示は代表的なスペクトル項を表していると考えるとよい．

遷移確率と選択則 自由イオンの場合には，電気双極子による f-f 遷移はパリティ禁制遷移であるから，磁気双極子遷移や電気 4 重極遷移による振動子強度 f が 10^{-6} 以下の弱い遷移のみが許容になる．結晶中においては，結晶場や格子振動のパリティが奇の成分によって $(4f)^n$ と逆のパリティをもつ電子配置（たとえば $(4f)^{n-1}(5d)^1$, $(4f)^{n-1}(5g)^1$) が $(4f)^n$ 配置に混じり，これを通してある程度の電気双極子遷移が可能となる．これをフォーストダイポール (forced dipole) 遷移と呼び，その振動子強度は 10^{-5} 程度である．この値は，磁気双極子遷移や電気 4 重極遷移による振動子強度と同程度，もしくは大きく，結晶場によってどの遷移が支配的になるかが決まる．希土類イオンの 4f 電子のエネルギー準位に対して，結晶場は大きな影響を与えないが，遷移確率に対しては大きな影響を与えることは注意を要する．結晶中の希土類イオンによる発光寿命は，遷移確率の総和の逆数で与えられ，$100\ \mu s$～数 ms 程度である．

対称中心のない結晶中の f-f 電気双極子遷移（フォーストダイポール遷移）に対する一般的な選択則は，次のようになる．

$\Delta S=0,\quad \Delta L\leq 6,\quad \Delta J\leq 6$

ただし，初めの 2 つはスピン-軌道相互作用により，ゆるめられることが多い．

一方，磁気双極子は f-f 遷移では許容されているので，次の選択則が成り立つ．

$\Delta S=0,\quad \Delta L=0,\quad \Delta J=0,\ \pm 1,\quad J=0\not\leftrightarrow 0$

$J=0$ の場合には電気双極子遷移に対して $\Delta J=2, 4, 6$ という選択則が加わる．

これらの選択則は，実際に Eu^{3+} イオンの $^5D_0$-^7F_J 遷移による発光スペクトル

で観測されており，0-0 は禁制，0-1 は磁気双極子遷移，0-2 は電気双極子遷移である．

電荷移動状態と $(4f)^{n-1}(5d)$ 励起状態　3価の希土類イオン発光中心の基底状態は $(4f)^n$ 電子状態であり，励起状態も先に述べたように $(4f)^n$ 電子状態である．さらに高い励起状態として，電荷移動状態 (charge transfer state：CTS) と $(4f)^{n-1}(5d)$ 励起状態がある．希土類イオンの励起過程には，これらの励起状態が大きく影響していると考えられている．すなわち，励起エネルギーはこれらの励起状態を通して，$(4f)^n$ 内殻電子に伝えられると考えられている．逆にこれらの励起状態も，$(4f)^n$ 内殻電子の性質に依存している．

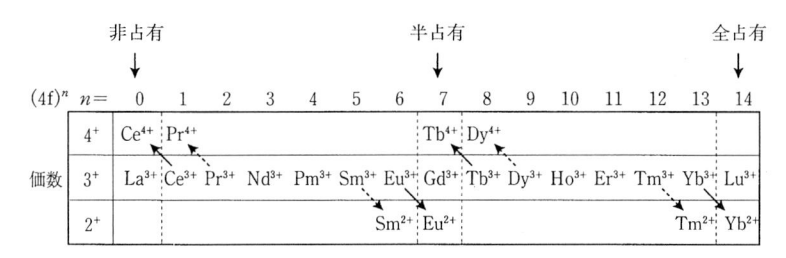

(a) 希土類イオンの価数と $(4f)^n$ 電子数

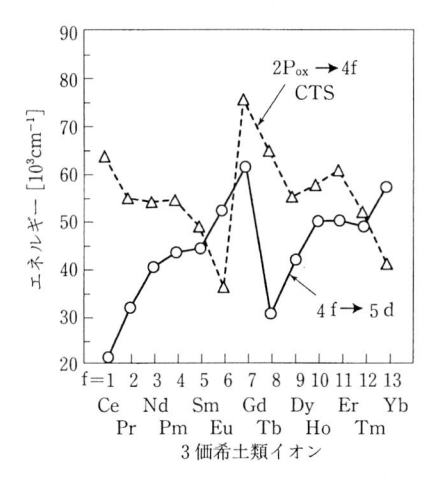

(b) CTS と $(4f)^{n-1}(5d)$ のエネルギー準位
酸素 (O) 配位子の 2p 軌道からの電子移動の場合

図 3.8　CTS と $(4f)^{n-1}(5d)$ 励起状態

希土類イオンの価数は，一般には3価であるが，2価あるいは4価の状態になるイオンもある．それぞれの価数での(4f)電子の数nを図3.8(a)に示す．(4f)殻には14個の電子を収容できるが，安定な状態は，(4f)殻が空の状態（$(4f)^0$：La^{3+}），7個の電子を収容し4f軌道の半分が埋まった状態（$(4f)^7$：Gd^{3+}），そして，14個の電子を収容し完全殻となった状態（$(4f)^{14}$：Lu^{3+}）である．これらの希土類イオンに近いイオンは，安定な(4f)殻をつくるように，価数を変える場合がある．安定な(4f)殻より1個余分に(4f)電子をもっているイオンは，電子を1個放出し4価となる．すなわち，Ce^{3+}イオンは(4f)電子を1個放出し，Ce^{4+}（$(4f)^0$）となり，Tb^{3+}イオンは(4f)電子を8個(7+1)もつので，Tb^{4+}（$(4f)^7$）となる．Pr^{3+}, Dy^{3+}も同様な傾向をもっている．これらのイオンでは$(4f)^{n-1}(5d)^1$励起状態のエネルギーが低下する．一方，安定な(4f)殻より1個(4f)電子の数が少ない場合には，周囲の配位子から電子1個を受け入れ(charge transfer：CT)，2価のイオンとなる．すなわち，Eu^{3+}イオンは，6個の(4f)電子をもつので配位子から電子を1個受け入れ，Eu^{2+}（$(4f)^7$）となり，Yb^{3+}イオンは(4f)電子を13個もつので，Yb^{2+}（$(4f)^{14}$）となる．Sm^{3+}, Tm^{3+}も同様な傾向をもっている．これらのイオンではCTS励起状態のエネルギーが低下する．

このようなことを考慮して，3価希土類イオンのCTSと$(4f)^{n-1}(5d)^1$励起状態のエネルギーが求められている．結果を，図3.8(b)に示す．Eu^{3+}イオンではCTS励起状態のエネルギー位置が$(4f)^{n-1}(5d)^1$励起状態より低く，逆に，Tb^{3+}イオンでは$(4f)^{n-1}(5d)^1$励起状態のエネルギー位置がCTS励起状態より低い．Eu^{3+}イオンは赤色の発光中心として利用されているが，その励起過程にCTS励起状態が重要な役割を果たしている．またTb^{3+}イオンは緑色の発光中心として利用されているが，その励起過程に$(4f)^{n-1}(5d)^1$励起状態が重要な役割を果たしている．

d. f^n-$f^{n-1}d$遷移による発光中心

一般には希土類イオンは3価である．先に述べたように，母体結晶によっては，その構成元素が2価イオン（Ba^{2+}など）を含む場合がある．この場合，希土類イオンは2価イオンの状態で添加される．このような希土類イオンでは，本来の3価に戻ろうとする傾向がある．いいかえれば，4f電子を1個放出しようとする傾向があるので，$(4f)^{n-1}(5d)^1$励起状態のエネルギーが低くなる．

$(4f)^{n-1}(5d)^1$ 励起状態のエネルギーが,最低の $(4f)^n$ 励起状態より低くなると,発光は,$(4f)^{n-1}(5d)^1$-$(4f)^n$ 遷移によって生じる.このような発光は,Sm^{2+}, Eu^{2+}, Yb^{2+} で観測されている.実用上,重要なものは Eu^{2+} 発光中心である. Eu^{2+} イオンの発光は母体結晶によって近紫外から,青色,赤色まで変わる.蛍光体として重要なのは,3波長蛍光灯やプラズマディスプレイパネルの青色蛍光体として用いられている $BaMgAl_{10}O_{17}:Eu^{2+}$ である.ここでは,Eu^{2+} からの発光を例にとって説明する.

2価ユウロピウムイオン(Eu^{2+})からの発光 Eu^{2+} イオンを発光中心とするバリウムマグネシウムアルミネート蛍光体($BaMgAl_{10}O_{17}:Eu^{2+}$)の発光スペクトルを図3.9に示す.発光は 480 nm に最大発光強度をもちブロードな発光スペクトルであり,青色発光である.Eu^{2+} イオンの基底状態と励起状態は次の電子配置をもっている.

$Eu^{2+}(Z=63):[Kr](4d)^{10}(4f)^7(5s)^2(5p)^6$ (基底状態)

$Eu^{2+}(Z=63):[Kr](4d)^{10}(4f)^6(5s)^2(5p)^6(5d)^1$ (励起状態)

Eu^{2+} イオンの吸収は $(4f)^7$ 不完全殻から,1個の電子が $(5d)$ 軌道に遷移することにより生じる.また,発光は $(5d)$ 軌道に励起された電子が $(4f)$ 軌道に遷移する(戻る)さいに生じる.$(4f)^6(5d)^1$-$(4f)^7$ 遷移による発光スペクトルの特徴は,3価の希土類発光中心(例えば Eu^{3+})ではスペクトルが線状であるのに対し,ブロードなスペクトルとなることである.これは,励起状態の電子が $(5d)$ 電子で最外殻にあり,$(3d)$ 電子の場合と同様に結晶場の影響を強く受けるからである.

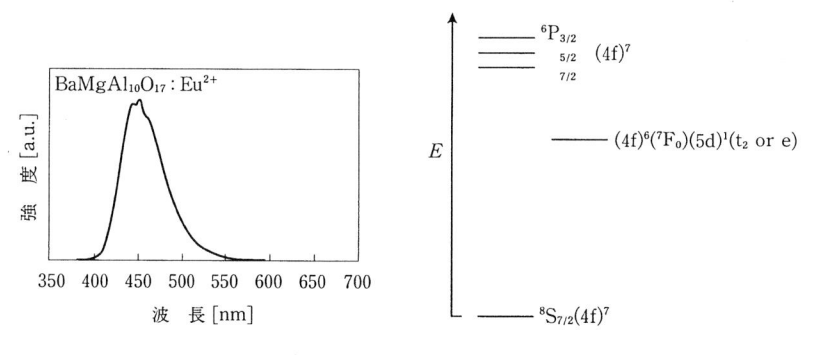

図3.9 Eu^{2+} のエネルギー準位と発光スペクトル

また，結晶場の影響により，すなわち母体結晶により，(5d) 電子のエネルギー準位が変化するので，発光波長も大きく変化する．

〈基底状態〉: $(4f)^7$ 電子の基底状態は，先に述べた Eu^{3+} の場合と同様に考えて次のようになる．

$$L=\sum l_{zi}=(-3)+(-2)+(-1)+0+(+1)+(+2)+(3)=0$$

また，合成スピン角運動量 S は

$$S=\sum s_i=(1/2)+(1/2)+(1/2)+(1/2)+(1/2)+(1/2)+(1/2)=7/2$$

したがって，合成した角運動量 J は

$$J=|L+S|,|L+S-1|,\cdots,|L-S|=7/2$$

したがってスペクトル状態 $^{2S+1}L_J$ は，$^8S_{7/2}$ となる．この状態は Gd^{3+} イオンの基底状態と同じである．図 3.7 に示したように，Gd^{3+} イオンの $(4f)^7$ の最低励起エネルギー準位 $(^6P_{7/2})$ は 3 価の希土類イオンのなかでは最も大きい．これは $(4f)^7$ 電子配置が不完全殻のなかでは最も安定であることを反映している．一方 Eu^{2+} の場合には $(4f)^7$ 電子配置の最低励起準位のエネルギーが大きくなっており，$(4f)^6(5d)^1$ 励起準位のエネルギー準位が，$(4f)^7$ の励起エネルギー準位に近くなり少し低いエネルギー位置にくる．このため，$(4f)^6(5d)^1$ 励起準位からの発光が観測される．

〈励起状態〉: 励起状態は $(4f)^6(5d)^1$ なので，$(4f)^6$ 電子配置と $(5d)^1$ 電子に分けて考える．$(4f)^6$ 電子状態に対しては，先に述べた Eu^{3+} の基底状態と同じであるから，スペクトル状態 $^{2S+1}L_J$ は $^7F_0$ となる．一方 $(5d)^1$ 電子に対しては，$(3d)$ 電子に対する考察と同様に結晶場の影響を受けて，t_2 あるいは e 状態（結晶場の配位数によってどちらのエネルギーが低くなるか決まる）で表される．したがって，$(4f)^6(5d)^1$ 励起状態は次のように表される．

$$(4f)^6\ (^7F_0)\ (5d)^1\ (t_2\ \text{or}\ e)$$

次に，$(4f)^6(5d)^1$-$(4f)^7$ 遷移確率を考えよう．この遷移は d-f 遷移であるから電気双極子遷移に対して許容遷移である．このため，強い吸収と短い発光寿命が観測される．次の Ce^{3+} 発光中心のところで述べるが，1 個の電子の f-d 遷移に対する遷移確率は $10^7\,\text{s}^{-1}$ 程度，すなわち発光寿命は $10^{-7}\,\text{s}$ (100 ns) 程度である．Eu^{2+} イオンでは遷移に残りの $(4f)^6$ 電子からの効果があり，遷移確率は 1 桁程度小さくなる．このため発光寿命は 1 μs 程度になる．

3価セリウムイオン(Ce^{3+})からの発光　　一般には，3価の希土類イオンの発光は，$(4f)^n$-$(4f)^n$ 電子遷移により生じる．しかし，3価セリウムイオン(Ce^{3+})の発光だけは f-d 遷移によって生じる．これは次のような事情によっている．Ce^{3+} は (4f) 殻に 1 個の電子をもっており，その励起エネルギー準位はただ 1 つであり，さらにそのエネルギーは，図3.7 に示すように $2\times10^3\,cm^{-1}$ 程度であり，発光遷移に対して小さい．一方，すでに述べたように，$(4f)^{n-1}(5d)^1$ 励起状態のエネルギー準位は，すべての希土類イオンのなかで最も低い(図3.8)．したがって (5d) 励起状態から (4f) 基底状態への f-d 遷移による発光が生じる．

Ce^{3+} イオンを発光中心とするイットリウムアルミニウムガーネット蛍光体 ($Y_3Al_5O_{12}:Ce^{3+}$) の発光スペクトルを図3.10 に示す．発光は 540 nm に最大発光強度をもつブロードな発光スペクトルをもち，青緑色発光である．Ce^{3+} イオンは，基底状態と励起状態で次の電子配置をもっている．

$Ce^{3+}(Z=58)$：$[Kr](4d)^{10}(4f)^1(5s)^2(5p)^6$　　　　　（基底状態）

$Ce^{3+}(Z=58)$：$[Kr](4d)^{10}\quad\quad(5s)^2(5p)^6(5d)^1$　　　　（励起状態）

Ce^{3+} イオンの吸収，発光は (4f) 軌道から，1 個の電子が (5d) 軌道に遷移する，または，その逆の遷移により生じる．また，(5d)-(4f) 遷移による発光スペクトルは Eu^{2+} イオンの場合と同様にブロードなスペクトルとなり，結晶場の影響により，すなわち母体結晶により，(5d) 電子のエネルギー準位が変化するので，発光波長も大きく変化する．

〈基底状態〉：　(4f) 電子の基底状態は，次のようになる．

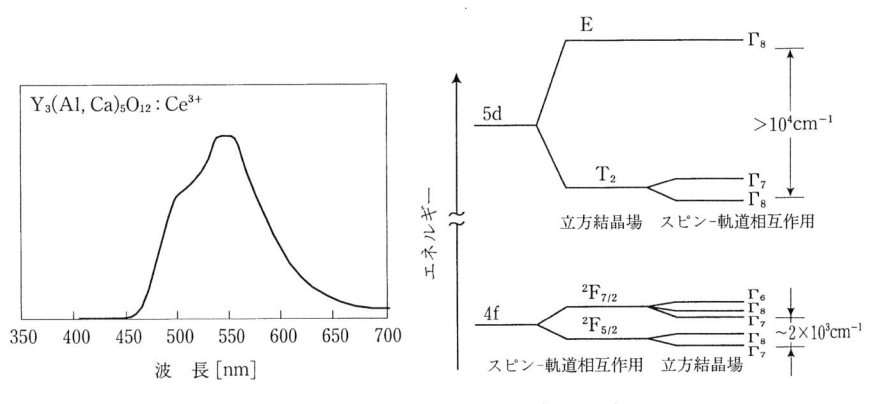

図3.10　Ce^{3+} のエネルギー準位と発光スペクトル

$$L = \sum l_{zi} = (+3) = 3$$

また，合成スピン角運動量 S は

$$S = \sum s_i = (1/2) = 1/2$$

その結果，合成した角運動量 J は

$$J = |L+S|, \ |L+S-1|, \cdots, |L-S| = 7/2, \ 5/2$$

となりスペクトル状態 $^{2S+1}L_J$ は，$^2F_{7/2, 5/2}$ となる．

〈励起状態〉： 励起状態は $(5d)^1$ なので，T_2 あるいは E 状態（結晶場の配位数によってどちらのエネルギーが低くなるか決まる）で表される．t_2, e ではなく，T_2, E で表されるのは，着目している $(5d)^1$ のほかに，他の軌道の電子の寄与も考慮しているからである．

(5d)-(4f) 遷移は電気双極子遷移に対して許容遷移である．このため，強い吸収と短い発光寿命が観測される．詳しい計算によると遷移確率は $10^7\,\mathrm{s}^{-1}$ 程度，すなわち発光寿命は $10^{-7}\,\mathrm{s}$ (100 ns) 程度である．

Ce^{3+} イオンは f-d 遷移による強い吸収（励起）帯をもち，発光は近紫外から青色領域に位置するので，他の 3 価希土類イオン発光中心（Tb^{3+} など）の増感剤としてもよく使用される．このような例として，$(La, Ce)PO_4 : Tb_3^+$ や $CeMgAl_{11}O_{19} : Tb^{3+}$ 蛍光体がある．

[3.2.1 まとめ]

- 原子あるいはイオンを利用した発光中心には次のようなものがある．いずれも孤立した原子（イオン）内の電子遷移に基づく．

電子遷移	発光中心 (代表的なもの)	遷移則 (パリティ)	発光 減衰時間	結晶場 の影響	その他の特徴
s^2-sp	Hg, Sb^{2+}	許容	$< \mu s$	受ける	
d^n-d^n	Mn^{2+}	禁制	$\sim$ ms	受ける	
f^n-f^n	Eu^{3+}, Tb^{3+}	禁制	$\sim$ ms	受けない	励起過程では CTS，$f^{n-1}d$ 状態が重要
f^n-$f^{n-1}d$	Ce^{3+}, Eu^{2+}	許容	$< \mu s$	受ける	

- 結晶母体中の発光中心イオンのエネルギー準位は結晶場で変化する．いいかえれば，同じ発光中心（同じ電子遷移）であっても，母体結晶を代えることによって，発光色が変わる．希土類イオンの f^n-f^n 遷移による発光は，結晶場の影響を受けないので，発光色は母体結晶を代えても大きくは変わらない．同じ希土類イオンでも，f^n-$f^{n-1}d$ 遷移の場合は発光色が変わる．

3.2.2 半導体中の電子と正孔の再結合による発光を利用した蛍光体

大きなバンドギャップをもつ半導体である ZnS 中では深いドナー-アクセプター対を通して電子と正孔が再結合するさいに可視発光を生じる．これを利用した蛍光体は特にカラーテレビジョンのブラウン管用の青色，および緑色蛍光体として広く使用されている．この形の蛍光体の発光の物理は，先に述べた，母体中に添加されたイオンの発光を利用した蛍光体とはまったく異なる．これは，半導体からの発光の一種であり，次節 3.3「半導体材料」で詳しく説明するが，ここでは，ブラウン管用の蛍光体に限って簡単に説明する．

ZnS:Ag, Cl と ZnS:Cu, Al 蛍光体　ZnS:Ag, Cl 青色蛍光体と ZnS:Cu, Al 緑色蛍光体の発光スペクトルを図 3.11 (a) に示す．ZnS に添加された，Ag

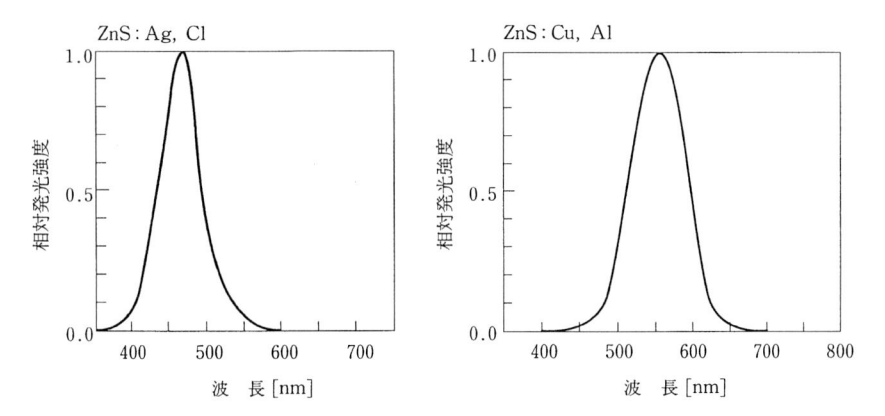

(a) ZnS:Ag, Cl (青色)，ZnS:Cu, Al (緑色) 蛍光色の発光スペクトル

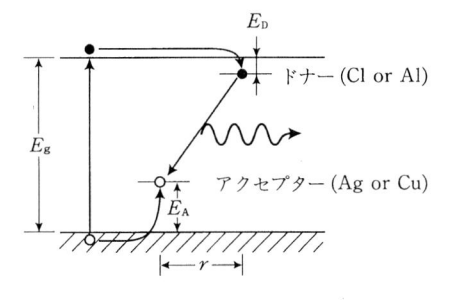

(b) ZnS 系蛍光体のエネルギーバンド図

図 3.11 ZnS 系蛍光体の発光スペクトルとエネルギーバンド図

またはCuは，Zn位置に置換される．ZnはIIb族であり，Ag, CuはIb族であるためにアクセプターとして働く．一方，Clイオン(VIIb)はS(VIb)位置に置換することによりドナーとなる．このとき，Cl⁻イオンが，S²⁻イオンと置換すると考えればよい．Al(IIIb)はZnと置換することにより，ドナーとなる．このようなZnS系蛍光体のエネルギーバンド図を図3.11(b)に示す．ドナーのエネルギー深さE_Dやアクセプターのエネルギー深さE_Aは0.2〜1 eVと深いため，"深い"ドナー-アクセプター対と呼ばれている．

発光は，ドナーに捕獲された電子とアクセプターに捕獲された正孔の再結合により生じる．発光のエネルギーは次式で与えられる．

$$h\nu = E_g - (E_D + E_A) + e^2/(4\pi\varepsilon_0\varepsilon_r r) \tag{3.11}$$

E_gは，バンドギャップエネルギー，rはドナーとアクセプターの間の距離である．第3項のクーロンエネルギーの項は次のような理由で生じる．発光前には電子はドナーに，正孔はアクセプターに捕獲されており，それぞれ中性ドナー，中性アクセプターとなっている．したがって，クーロンエネルギーは存在しない．一方，電子と正孔が再結合し，発光した後には，正のイオン化ドナーと負のイオン化アクセプターが残されるので，クーロンエネルギー$(-e^2/4\pi\varepsilon_0\varepsilon_r r)$分だけ，エネルギーが低下する．このエネルギーは発光により持ち去られると考えられるので，式(3.11)に示すように，発光エネルギーに加算されることになる．

ドナー-アクセプター対からの発光の特徴は，第3項のクーロンエネルギー$(-e^2/4\pi\varepsilon_0\varepsilon_r r)$にある．このエネルギーは，ドナーとアクセプター間の距離に依存しており，このことを反映して，興味深い物理現象が観測される．その詳細については，ここでは触れず，3.3で"浅い"ドナー-アクセプター対からの発光とあわせて説明する．

ドナー-アクセプター対からの発光のエネルギー(発光波長，発光色)は，式(3.11)からもわかるように，バンドギャップエネルギーE_g，ドナーやアクセプターのエネルギー(E_DやE_A)に依存する．E_DやE_Aは添加された元素によるが，元素固有のエネルギーではないことが，孤立原子(イオン)発光中心と異なる点である．ドナーのエネルギー深さE_Dはアクセプターの深さE_Aより浅く，添加する元素(Cl or Al)によって大きくは変わらない．したがって，発光エネルギーは，主としてアクセプターの深さE_Aによって決まる．アクセプターとして

Agを用いるとE_Aが比較的浅くなり，発光エネルギーは大きくなる．すなわち，青色の発光が得られる．また，アクセプターとしてCuを用いると，Agを用いた場合より，E_Aが深くなり，発光エネルギーは少し小さくなる．すなわち，緑色の発光が得られる．

青色発光ZnS：Ag, Clや緑色発光ZnS：Cu, Al蛍光体は，カラーテレビジョン用の蛍光体として用いられるが，色彩を正確に再現するためには，蛍光体の発光色(発光スペクトル)も，基準となる発光色に厳密に一致させなければならない．青色発光ZnS：Ag, Cl蛍光体の発光色は基準を満足しているが，緑色発光ZnS：Cu, Al蛍光体の発光色は，やや青みがかっており，少し長波長側にずらす必要がある．このためには，バンドギャップエネルギーE_gを，やや小さくするか，アクセプターの深さE_Aを深くすればよい．ZnSとCdSは混晶をつくり，CdSのバンドギャップエネルギーはZnSより小さいので，ZnSにCdSを混合していくとバンドギャップエネルギーが小さくなることが知られている．これを利用して$Zn_{1-x}Cd_xS$：Cu, Al緑色発光蛍光体がつくられている．Cdの混合割合は，望ましい発光色が得られるように調整する．また，Auをアクセプターとして用いると，そのアクセプターの深さは，Cuの深さよりやや深いことが知られている．したがって，アクセプターとして，Cuと同時にAuを添加することによっても，平均的なアクセプターの深さE_Aをやや深くできる．このような考えに基づいて，緑色発光ZnS：Cu, Au, Al蛍光体が開発され，広く使用されている．

[3.2.2 まとめ]

- カラーテレビジョンやコンピュータのカラーディスプレイ(モニター)のブラウン管(陰極線管)の，青色と緑色発光の蛍光体にはドナー–アクセプター対の発光が利用されており，その発光のエネルギーは次式で与えられる．

$$h\nu = E_g - (E_D + E_A) + e^2/(4\pi\varepsilon_0\varepsilon_r r)$$

アクセプターとなる不純物を選び，アクセプター準位のエネルギーE_Aを変えることで，発光波長を変える．また，母体として混晶を用いてバンドギャップエネルギーE_gを変えることによっても発光波長を変えることができる．

3.3 半導体発光材料の物理

ここでは，電子と正孔の再結合による発光，直接遷移型と間接遷移型の半導

体，半導体中で電子と正孔が結合し発光する際のエネルギー保存則と運動量保存則，電子と正孔の状態密度，電子と正孔とが結びついた励起子，ドナー (D) とアクセプター (A) に基づくドナー-アクセプター対 (D-A ペア) 発光，さらに，2 種類の半導体材料からなる混晶などについて，その基本的なことをまとめる．半導体からの発光現象は複雑であり，それに伴い多くの物理があるが，ここではその一部を取り上げているにすぎない．

3.3.1 半導体中の電子の運動とエネルギーバンド

発光は 2 つのエネルギー準位間の電子遷移によって生じる．孤立した原子（イオン）からの発光は，原子（イオン）固有のエネルギー準位間の電子遷移である．これに対して半導体では多くの原子が集まっている（凝集している）ので，個々の原子エネルギー準位が相互に影響しあい，エネルギーバンドをつくる．半導体からの発光を考えるさいには，このエネルギーバンドを考えるほうがわかりやすい．しかし，このエネルギーバンドも，もとをたどれば，半導体を構成している原子のエネルギー準位からきている．そこで，まず，半導体のエネルギーバンドについて簡単に述べる．

a. 半導体中の電子の運動

半導体中の電子の状態は，次の時間を含まないシュレディンガー方程式により記述できる．このとき半導体中の 1 個の電子に着目しているので，1 電子モデルと呼ばれる．

$$H\varphi(x) = E_0 \varphi(x)$$
$$H = \frac{p^2}{2m} + V(x) = -\frac{\hbar^2}{2m}\frac{d^2}{dx^2} + V(x) \tag{3.12}$$

ここで，第 1 項は電子の運動エネルギーに，第 2 項は位置のエネルギーに対応する．この第 2 項の位置のエネルギー $V(x)$ は，電子が (1) 原子の正電荷から（電子-原子相互作用），また (2) 他の電子の負の電荷（電子-電子相互作用）から受けるクーロン力に起因する．式 (3.12) で表される電子に対するシュレディンガー方程式を解く場合に，表 3.3 のように分けると考えやすい．大きくは，電子が真空中と同様にほとんど自由に運動していると考える自由電子近似と，電子が原子に束縛されている，すなわち原子軌道をもとにする近似の 2 つに分けられる．以

下では，これらについてごく簡単に述べる．

表 3.3 エネルギーバンド計算の近似法

---
(1) 自由電子近似 (3.3.1 b)　　(完全な)自由電子　$V(x)=0$　(金属中の電子)
　　　　　　　　　　　　　　ほとんど自由な電子
　　　　　　　　　　　　　　(弱い周期ポテンシャル)　$V(x+a)=V(x)$
(2) 強く束縛されている電子近似(線形1次原子軌道結合近似)
　　(3.3.1 c)　(LCAO: linear combination of atomic orbital method)

---

b. 自由電子近似

完全な自由電子近似 (free electron approximation)　　この近似では，電子の運動を考える場合に式(3.12)のシュレディンガー方程式で $V(x)=0$ または $V(x)=E_0$ とおく．すなわち，図3.12(b)に示すように，ポテンシャルエネルギーを0またはある値 E_0 だけずらして考える．1価の原子を例に考えよう．1価の原子は正の電荷 $(+e)$ をもつイオンと電子 $(-e)$ で構成される．この原子が N 個集まった固体を考える．1つの電子に着目した場合，他の $(N-1)e$ の負電荷と Ne の正電荷が打ち消しあい，$N\gg 1$ であるから $V(x)=0$ と近似できる．このモデルは金属中の電子の運動を考えるさいに用いられる．このとき式(3.12)は次式のようになる．ここでは簡単化のために1次元で考える．

$$-\frac{\hbar^2}{2m}\cdot\frac{d^2\varphi(x)}{dx^2}=E\varphi(x) \tag{3.13}$$

この式に対応する解は次式で与えられる．

$$\varphi(x)=\left(\frac{1}{L}\right)^{1/2}\exp(ik_x x) \tag{3.14a}$$

$$E(k_x)=\frac{\hbar^2}{2m}k_x^2 \tag{3.14b}$$

$$k_x=0,\ \pm\frac{2\pi}{L},\frac{4\pi}{L},\cdots,\frac{2\pi}{L}N,\cdots\ (L=Na)$$

ここで，L は1次元結晶の長さであり，a は原子の間隔，N はその個数である．この様子は図3.12(c)に示してある．

周期ポテンシャル $V(x)$（半導体結晶）中のほとんど自由な電子の運動　　$V(x)$ が0とは近似できない場合を考えよう．図3.13(a)から容易にわかるように，$V(x)$ は結晶中の原子(格子)間隔 a 周期を有し，周期ポテンシャルと呼ばれる．

図中のラベル（図3.12）:

(a)
- V
- 原子芯の負のポテンシャルの重ね合せからなる周期ポテンシャル
- 1個の原子芯による負ポテンシャル
- 真空準位
- ϕ_W 仕事関数
- フェルミ準位
- 金属結晶表面
- x
- a
- 原子数 N

(b)
- ポテンシャル
- $k_x = \dfrac{2\pi}{L}\cdot 2$
- $k_x = \dfrac{2\pi}{L}$
- E_0
- 真空準位
- 真空より E_0 低い位置を $V(x)=0$ とする.
- $L = Na$

(c)
- $E_{(k)}$
- $\Delta k = \dfrac{2\pi}{L}$
- k_x
- （周期的境界条件）

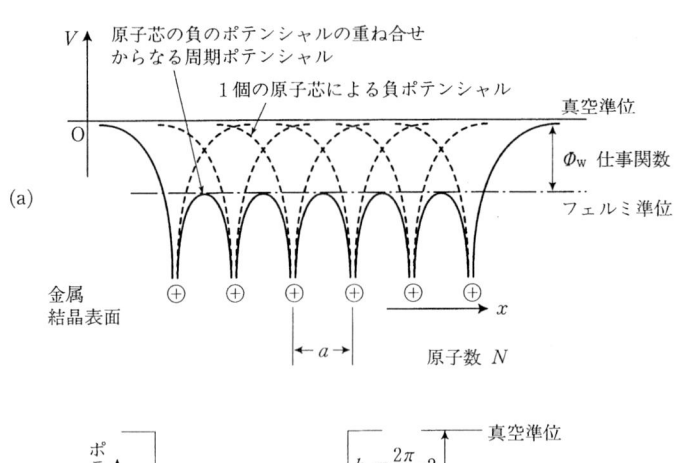

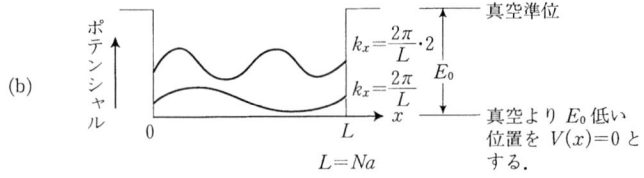

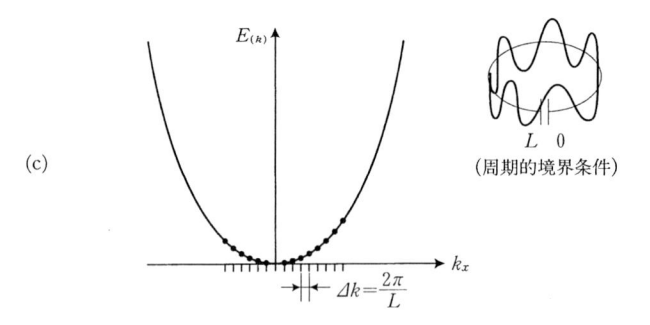

図 3.12 自由電子近似（周期的境界条件の場合）
（参考図書 29), p.58 より）

原子の存在する位置では原子の電荷は正であるので，電子は原子に引かれ，図に示すように，深いポテンシャルエネルギーをもつ．このようなポテンシャル中の電子の運動は次のシュレディンガー方程式で与えられる．

$$-\dfrac{\hbar^2}{2m}\dfrac{d^2\varphi(x)}{dx^2} + V(x)\varphi(x) = E\varphi(x) \tag{3.15}$$

この方程式の解 $\varphi(x)$ はブロッホ関数と呼ばれ，次式で与えられる．

3.3 半導体発光材料の物理

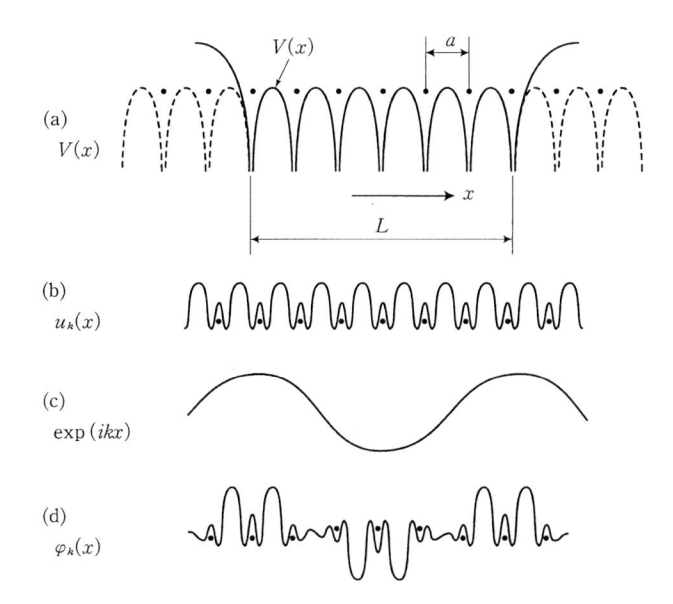

図 3.13 1次元結晶の周期ポテンシャル(a) およびブロッホ関数 $\varphi_k(x)$ (d) が格子と同じ周期の周期関数 $u_k(x)$ (b) と自由電子の平面波 $\exp(ikx)$ (c) の積で与えられることを模式的に示す.
長さ L の結晶の両端での格子ポテンシャルの周期性の乱れの影響を避けるため周期的境界条件を仮定する.
(参考図書 29), p.69 より)

$$\varphi(x) = u_k(x) \exp\left(\frac{2\pi i g}{Na}x\right) \tag{3.16}$$

$$k_x = \frac{2\pi}{Na}g = \frac{2\pi}{L}g \qquad g = 0, \pm 1, \pm 2, \cdots$$

ここで, $u_k(x)$ はそれぞれの原子に所属する電子波動関数であり, 半導体中では図 3.13(b) のように, a の周期を有する連続した関数になる. $\exp(ikx)$ については図 3.13(c) に示すようになり, 自由電子の場合の波動関数 $\varphi(x) = C \exp(ikx)$ (式 3.14a) と同一である. (d) は, これらの積で, ブロッホ関数と呼ばれ, 結晶中の電子の波動関数である.

半導体中のポテンシャル $V(x)$ は格子(原子)間隔 a の周期で変化する. エネルギーの低い電子波の波長 λ はこの格子間隔 a に比較して長い ($\lambda \gg a$). 電子の運動エネルギーが次第に大きくなると, 波長 λ は短くなり, この波長が格子間

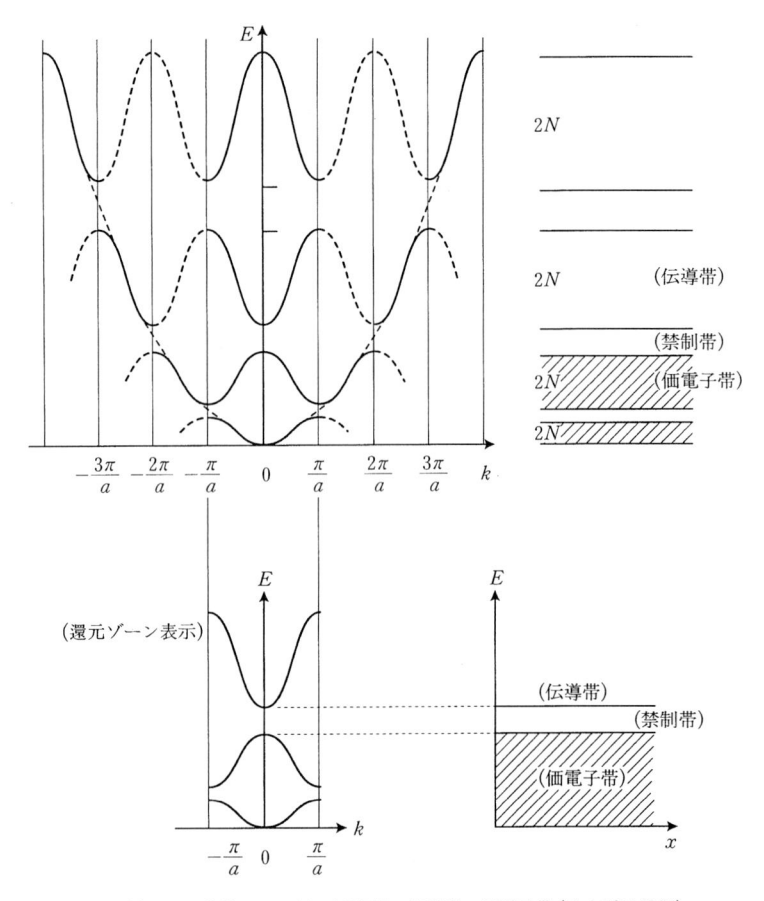

図 3.14 E-k 曲線の切れ目と伝導帯,禁制帯,価電子帯(自由電子近似)

隔 a に近づくと $(\lambda \sim a)$ 電子波は反射を受ける.これはブラッグ反射と呼ばれている.この状態は,エネルギー E に特徴的に反映され,図 3.14 に示すように $E(k)$ に切れ目(ギャップ)を生じる.半導体中(結晶中),すなわち周期結晶場中の電子の運動はこのエネルギーギャップで最も特徴づけられる.ここでは詳しく述べないが,電子のエネルギーは波数 k が $(-\pi/a < k < \pi/a)$ の間にあるようにして表すことができる.この表示方法は還元ゾーン表示と呼ばれる.1つの連続したバンドには状態が N 個 $((2\pi/a)/(2\pi/L) = L/a = N)$ あるから,電子のスピンを考慮すると $2N$ 個の電子を収容することができる.いま 4 価の原子(Si, Ge

など)を考え，1個の原子から4個の電子が供給されているとすると，ちょうど2番目のバンドまで電子で詰まり，3番目のバンドには電子が存在しない状態となる．これらが，半導体の価電子帯と伝導帯になり，その間のエネルギーギャップが禁制帯となる．

c. 強く束縛されている電子近似 (tight binding approximation)

この近似は linear combination of atomic orbital method あるいは略してLCAO近似法ともいう．電子の波動関数は次のように記述できる．

$$\psi_R(r) = \frac{1}{\sqrt{N}} \sum_j C_j(k) \phi(r - R_j) \tag{3.17}$$

ここで，$\phi(r-R_j)$ は位置 R_j にある原子の電子軌道関数である．すなわち式(3.17)は，この $\phi(r-R_j)$ の線形1次結合である．この近似法においては，まず出発点となるのは，半導体を構成する原子の電子波動関数である．ここでは最も代表的な，Siを例として取り上げる．

Siの電子配置は $((1s)^2(2s)^2(2p)^6(3s)^2(3p)^2)$ である．半導体としての波動関数やエネルギー帯を考える場合には $(3s)^2(3p)^2$ の電子だけを考えればよい．図3.15に示すように，Siの孤立原子の $(3s)^2(3p)^2$ から出発する．Si原子が互いに近づ

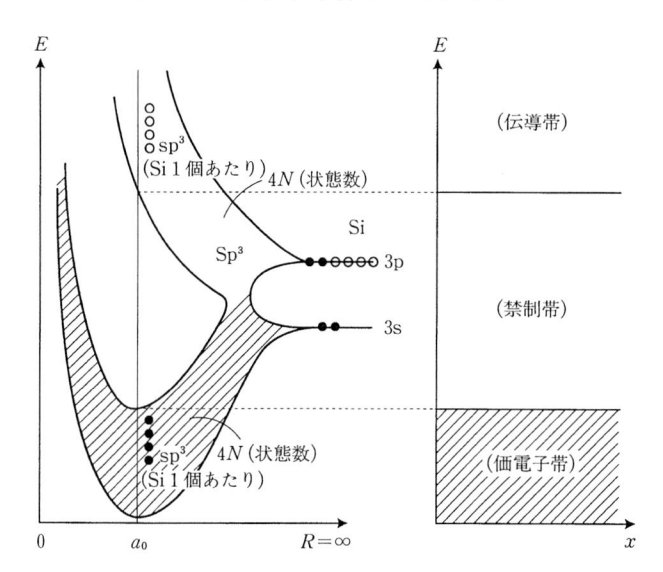

図 3.15 Si原子とSp³混成軌道から出発した伝導帯，禁制帯，価電子帯（強く束縛されている電子近似）

き,結晶をつくるようになると,次のようなたいせつな新しいことが生じる.

(1) (3s)と(3p)の電子波動関数が混じり合い$(3s)^1(3p)^3$という新しい混成軌道をつくる.

(2) (3s)と(3p)の波動関数は,混じり合い$4N$個のエネルギー準位をつくる(スピンを考慮すると$8N$個の電子を収容できる).

(3) それと同時に,$4N$個の電子で埋まった$(3s)^1(3p)^3$混成軌道と,$4N$個の空のエネルギー準位をもつ$(3s)^1(3p)^3$混成軌道に分かれる.

(4) 分かれた,エネルギー帯の間に禁制帯を生じる.

図に示すように$4N$個の電子で埋まった$(3s)^1(3p)^3$混成軌道のエネルギー帯のエネルギーが最小になるような原子間隔aの位置でSi結晶は安定となる.このとき,$4N$個の電子で埋まった$(3s)^1(3p)^3$混成軌道は価電子帯となり,空の$4N$個のエネルギー準位をもつ$(3s)^1(3p)^3$混成軌道が伝導帯となる.

他の代表的な半導体 C $((1s)^2\underline{(2s)^2)(2p)^2})$, GaP (Ga:$\cdots\underline{(4s)^2(4p)^1}$, P:$\cdots\underline{(3s)^2(3p)^3}$), Ge $(\cdots\underline{(4s)^2(4p)^2})$, GaAs (Ga:$\cdots\underline{(4s)^2(4p)^1}$, As:$\cdots\underline{(4s)^2(4p)^3}$) でも,いずれもSiと同様,アンダーラインで示した電子がsp^{3}混成軌道をつくり,ここ

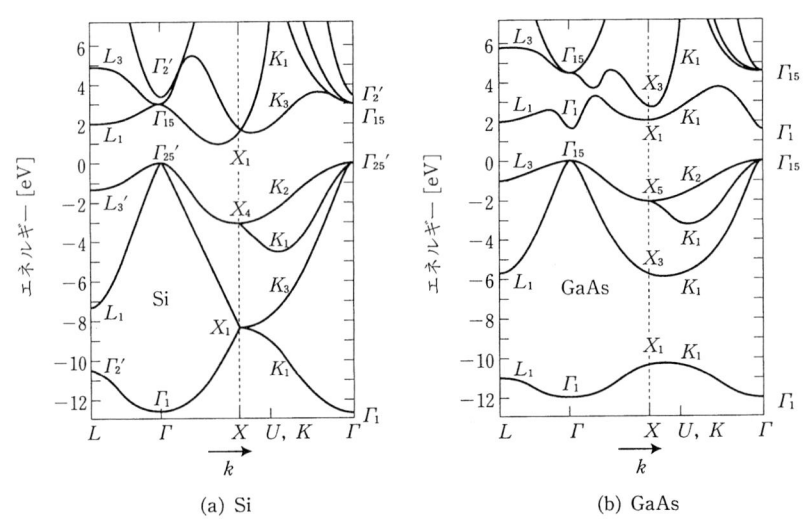

(a) Si

(b) GaAs

図3.16 SiとGaAsのエネルギーバンド図
LCAO法によるバンド構造計算による.
(D. J. Chadiによる.参考図書28),p. 47より)

で説明したことと同様なことが起こっている．

代表的な半導体として，SiとGaAsのエネルギーバンド図を図3.16に示す．

d. 自由電子と自由正孔

価電子帯から1個の電子が伝導帯に励起された状態を考えよう．このとき，伝導帯の電子が半導体中を自由に移動できるので自由電子と呼ばれる．一方，価電子帯には電子の抜け穴ができるが，これは正の電荷をもつ粒子のように振る舞い，半導体中を自由に移動できるので自由正孔と呼ばれる（特に誤解が生じない場合は単に電子，正孔と呼ばれる）．式(3.14(b))からわかるように，電子のエネルギー E は波数 k の2次曲線で表され，その E-k 曲線の2階微分である曲率の逆数は電子の質量 m に対応する．半導体中の自由電子に対しては，図3.14に示すように，その E-k 曲線の曲率は，真空中の電子に対する曲率と異なる．このため，半導体中の自由電子は，有効質量 m^* をもつものとして扱う．有効質量 m^* は，次式で与えられる．

$$m^* = \frac{\hbar^2}{\partial^2 E/\partial k^2} \tag{3.18}$$

自由正孔については価電子帯の頂上部の E-k 曲線の曲率を考えればよい．エネルギーに対して，負の曲率になるが（電子の質量としてみると負の質量），正孔としてみると，正の電荷と正の質量をもつと考えてよい．

半導体からの発光は，基本的には，伝導帯にある自由電子と価電子帯にある自由正孔が再結合して消滅するさいに生じる．これは，原子軌道で考えると，大きなエネルギーをもつ sp^3 軌道に励起された電子が低いエネルギーをもつ sp^3 軌道に電子遷移する際に生じると考えることができる．

[3.3.1 まとめ]
- 半導体中の電子の運動はシュレディンガー方程式に従う．半導体中での位置エネルギーは格子間隔の周期で変化している．このため，電子波の波長が格子間隔と等しくなるとき，ブラッグ反射が起こり，エネルギーと波数の関係（E-k）に不連続が生じる．これが，エネルギーギャップになる．
- 半導体中の電子の運動を求める方法には，近似法として自由電子近似(free electron approximation)と，強く束縛されている電子近似(tight binding approximation)がある．

3.3.2 エネルギー保存則と運動量保存則
a. 光と電子のエネルギーと運動量

光と電子のエネルギー E と運動量 p は次式で与えられる.

$$\text{光}\begin{cases} E=h\nu \\ p=h/\lambda_p=\hbar k \end{cases} \quad \text{電子}\begin{cases} E=\dfrac{p^2}{2m_e}=\dfrac{\hbar^2 k^2}{2m_e} \\ p=h/\lambda_e=\hbar k=m_e v_e \end{cases} \quad (3.19)$$

(λ_p:光波の波長)　　(λ_e:電子波の波長)

ここで,もう少しこれらの式について考えてみよう.まず,興味深いことは,光には,質量 m がないことである.したがって光に関しては,エネルギーに関しても運動量に関しても質量は出てこない.光のエネルギーは普通には粒子フォトンとして $E=h\nu$ と書かれる.また,運動量は波数 k を用いて,$p=\hbar k$ とも書かれる.ここでは,波数 k としてより,波長 λ_p で記述したほうが物理的意味がわかりやすいので $p=h/\lambda_p$ と書いてある.一方,電子は質量 m_e を有する.その結果エネルギーは古典力学的には $E=(1/2)m_e v_e^2=p^2/(2m_e)$ となる.また,運動量 p は $p=m_e v_e$ となる.また,電子を量子力学的に考えると,電子は一種の波動である.これは,電子波またはドブロイ波と呼ばれる.その結果,電子は電子波として,ある波長 λ_e を有することになる.この電子波に対するエネルギーは,次式で与えられる.

$$E=\frac{\hbar^2 k^2}{2m_e}=\frac{\hbar^2}{2m_e}\left(\frac{2\pi}{\lambda_e}\right)^2 \quad (3.20)$$

b. エネルギー保存則と運動量保存則 ── フォノンの関与 ──

半導体中からの光の発光や吸収を考えるときに,エネルギー保存則と運動量保存則が重要である.発光や吸収に対する電子遷移に関与するものとしては,(1) 光子(フォトン),(2) 電子(エレクトロン),(3) 正孔(ホール),(4) フォノンがある.以下には,これらについて考える.

エネルギー保存則　　半導体中で発光や吸収が生ずるときの光子,電子,正孔,フォノンのエネルギー E は次式で与えられる.

$$
\left.\begin{array}{ll}
\text{光子(フォトン)} & E_{\text{photon}} = h\nu \\
\text{電子(エレクトロン)} & E_{\text{electron}} = \dfrac{\hbar^2 k^2}{2m_e} + E_g = \dfrac{p_e^2}{2m_e} + E_g \\
\text{正孔(ホール)} & E_{\text{hole}} = \dfrac{\hbar^2 k^2}{2m_h} = \dfrac{p_h^2}{2m_h} \\
\text{フォノン} & E_{\text{phonon}} = h\nu_{\text{phonon}} = \hbar\omega_{\text{phonon}}
\end{array}\right\} \quad (3.21)
$$

発光や吸収が生じた前後においては,これらのエネルギーが保存されなければならない.発光の場合には次のようになる.

$$
\underbrace{E_{\text{electron}} + E_{\text{hole}}}_{\text{(発光前)}} = \underbrace{E_{\text{photon}} + E_{\text{phonon}}}_{\text{(発光後)}}
$$

運動量保存則 運動量もエネルギーの場合と同じように発光や吸収の前後で保存されなければならない.光子,電子,正孔,フォノンの運動量は次式で与えられる.

$$
\left.\begin{array}{ll}
\text{光子(フォトン)} & p_{\text{photon}} = h/\lambda_p \\
\text{電子(エレクトロン)} & p_{\text{electron}} = h/\lambda_e = \hbar k_e = m_e v_e \\
\text{正孔(ホール)} & p_{\text{hole}} = h/\lambda_h = \hbar k_h = m_h v_h \\
\text{フォノン} & p_{\text{phonon}} = h/\lambda_{\text{phonon}} = \hbar K
\end{array}\right\} \quad (3.22)
$$

発光や吸収の前後においては,これらが保存されなければならない.

$$
\underbrace{p_{\text{electron}} + p_{\text{hole}}}_{\text{(発光前)}} = \underbrace{p_{\text{photon}} + p_{\text{phonon}}}_{\text{(発光後)}}
$$

光の運動量,また電子の運動量はすでに与えてある.半導体中では,これらの運動量を考える場合に,いずれも,それに対応する波長 λ で考えたほうがその意味がわかりやすい.この点をもう少し考えてみる.光波についても,電子波についても,その運動量は $p = h/\lambda$ の形をしており,同じ形である.そこで,いま,h を除いて波長 λ または,その逆数 $k (= 2\pi/\lambda)$ を考えてみる.図 3.17 には,いろいろな波長について,その値が示してある.

[3.3.2 まとめ]

- 半導体中の電子のエネルギー–バンド間の遷移に関しては,エネルギー保存則と運動量保存則を考える必要がある.
- 遷移にさいしては,光子 (photon),電子 (electron),正孔 (hole) ならびにフォノン (phonon) それぞれのエネルギー,および運動量を考え,遷移の前後でそれらが保存するように考えなければならない.

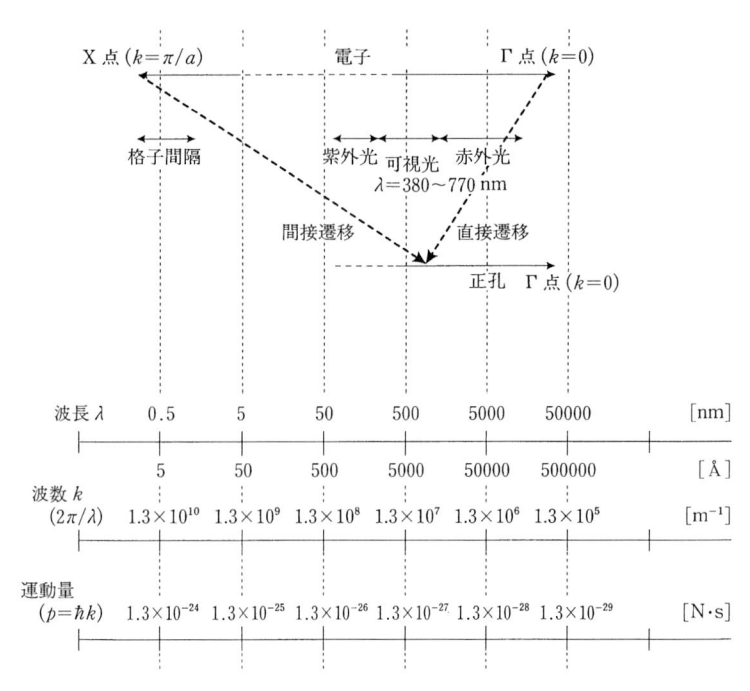

図 3.17 光と電子の波長 λ, 波数 k, 運動量 $p(=\hbar k)$

3.3.3 直接遷移と間接遷移

半導体中の光の放出や吸収を考える場合，その半導体のエネルギーバンドの構造が直接遷移型のものであるか，間接遷移型のものであるかにより，その性質がかなり異なってくる．一般的には，直接遷移型の半導体は効率よく発光するが，間接遷移型のものは，あまり発光しない．この理由は，直接型のものではエネルギー保存則や運動量保存則が成立しやすいが，間接型のものではエネルギー保存則と運動量保存則が成立しにくいためである．特に運動量保存則が成立しにくい．ここでは，これらについて考える．

a. 直 接 遷 移

直接遷移型の半導体においては，図 3.18 (a) に示すように半導体からの発光や吸収は，伝導帯の Γ 点と価電子帯の Γ 点の間で生ずる．いま，伝導帯の Γ 点にある電子と価電子帯にある正孔が再結合して発光する場合を考えてみる．この電子の運動量 p_e は $p_e = \hbar k_e$ であり，波長 λ_e で考えてみると，$k_e \sim 0$ であるとい

3.3 半導体発光材料の物理

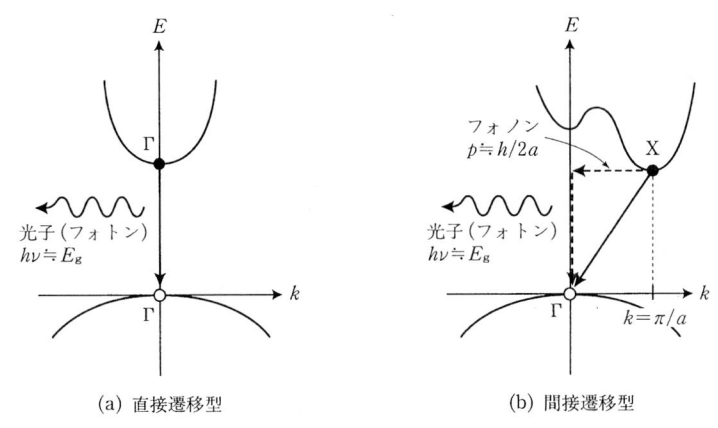

図3.18 (a) 直接遷移型と (b) 間接遷移型のエネルギーバンド構造

うことは波長 $\lambda_e=2\pi/k_e$ であるので,$\lambda_e\sim\infty$ を意味する.すなわち,電子を粒子として考えたときに電子は静止していることを意味する.価電子帯の Γ 点にある自由正孔に関しても同様なことがいえる.一方,発光する光を考えてみる.GaAsにおいては,この Γ 点-Γ 点間の発光エネルギー $h\nu\sim E_g$ は,$E_g=1.4\,\mathrm{eV}$ であるので,それに対応する波長 λ_p は $\lambda_p\sim 900\,\mathrm{nm}$ となる.すなわち,発光する光子の運動量は次のようになる.

$$p_\mathrm{photon}=h/\lambda_p=7\times 10^{-28}\ [\mathrm{N\cdot s}] \tag{3.23}$$

一方,電子の運動量について考えると,電子波の波長としては,静止状態 ($\lambda_e\sim\infty$) から運動を始めると考えるので,図3.18(a)に示すように,容易に,光子の運動量 p_photon と同程度の値をもつようになる.

この範囲では p_photon を考えるとき,運動量はほぼ0と考えてよい.すなわち,光の運動量は,電子や正孔の運動量に対してはほぼ無視できる.Γ 点 ($k=0$) の近傍にある電子と正孔の再結合するとき,電子と正孔の運動量が同程度の大きさで逆の方向(符号)をもつ場合,電子-正孔対としての全運動量は,ほぼ0となる.したがって,電子と正孔は直接再結合し光子を放出する.このとき,エネルギー保存則,運動量保存則が成り立つ.このように,伝導帯の Γ 点と価電子帯の Γ 点の間で遷移が起こる場合を直接遷移型のバンド構造という.

b. 間 接 遷 移

間接遷移型の半導体においては,図3.18(b)に示すように発光は,たとえば,

伝導帯のX点にある電子と価電子帯のΓ点にある正孔が再結合する際に生ずる．いま，このX点にある電子が，ブリルアンゾーンのほぼ端にあるとすると，これに対応する電子の波数 k_e は，$k_e \sim \pi/a$，すなわち，その運動量 p_e は，$p_e = \hbar k$ となるので $p_e = h/2a$ となる．いま，この a は半導体結晶の格子間隔である．すなわち，運動量 $p_e = h/\lambda$ であるので，このX点の電子は波長 $2a$ をもつ．この a は，考えている半導体の格子間隔であり，GaPでは 5.45 Å である．GaPでは，X点とΓ点のエネルギーギャップ $E_g = 2.26$ eV である．X点の電子とΓ点の正孔が，再結合して光を放出するとすると，この光の波長 λ_p は $\lambda_p = 550$ nm となる．ここで，この発光に関与した電子と光の運動量の比を考えてみると，次のようになる．

$$\frac{p_{photon}}{p_{electron}} = \frac{\lambda_{electron}}{\lambda_{photon}} = \frac{2 \times 5.45 \text{ Å}}{5500 \text{ Å}} = \frac{1}{500} \tag{3.24}$$

すなわち，$p_{electron}$ のほうが p_{photon} に比較して 500 倍も大きい．この光と電子の運動量の大きな差のために，運動量の保存則が成立しない．このため，間接遷移型の半導体は発光しにくい．もしも，間接型で発光を生じようとすれば，別の運動量の関与が必要である．間接遷移型の半導体では，この運動量はフォノンすなわち格子振動の運動量の関与を考えることになる．この様子は，図 3.18 (b) に示してある．すなわち，次のような状態を考える．

$E_{electron} + E_{hole} = E_{photon} + E_{phonon}$
　（発光前）　　　　　　（発光後）

$p_{electron} + p_{hole} (\sim 0) = p_{photon} (\sim 0) + p_{phonon}$
　（発光前）　　　　　　　　　　（発光後）

フォノンはフォトンと比べると，大きな運動量をもつが，逆にそのエネルギーは小さく 30 meV 以下である．したがって，間接遷移型の半導体における発光では，発光前の電子がもっていた大きな運動量は発光後はフォノンがもつようになる．これに対して電子-正孔対がもっていた大部分のエネルギーはフォトンのエネルギーになり，一部はフォノンのエネルギーとして失われる．

　間接遷移型の半導体の電子-正孔の発光再結合には，このようなフォノンの関与が必要になるので，その遷移確率は小さくなり，一般に発光しにくくなる．SiやGeは間接遷移型のエネルギーバンド構造をもっているので，これが，SiやGeが発光デバイスに使用されない理由である．

┌─ **[3.3.3 まとめ]** ─────────────────────────────
│ ・半導体のエネルギーバンド構造には直接遷移型と間接遷移型がある．
│ ・光(photon)は大きなエネルギーをもつが，その運動量は小さく，ほぼ無視できる．直接遷移型のバンド構造をもつ半導体では，電子と正孔がともに小さな運動量しかもたないので，フォノンの関与がなくても遷移が生じる．一方，間接遷移型のバンド構造をもつ半導体では，遷移前の電子は大きな運動量をもっており（正孔の運動量は小さい），運動量保存則を満たすためにはフォノンの関与が必要である．すなわち，遷移前の電子がもつ運動量を遷移後にフォノンの運動量として持ち去ることにより運動量保存則を満たす．これは小さなエネルギーのフォノンでも大きな運動量をもつことから可能になる．
│ ・直接遷移型の半導体では，電子と正孔の再結合が高い確率で生じるので，発光デバイスをつくるのに適している．特に半導体レーザダイオードをつくるには必須の条件である．
└───

3.3.4 半導体からの発光

半導体からの発光は伝導帯にある電子と価電子帯にある正孔の再結合により生じるが，バンド間の直接再結合のほかに，いろいろな発光過程がある．たとえば，電子は負の電荷，正孔は正の電荷をもつので，クーロン力で互いに束縛された状態，いわゆる励起子を構成し，励起子が消滅するさいに発光する．また，半導体には，ドナーやアクセプターが添加されており，それらに捕獲された電子や

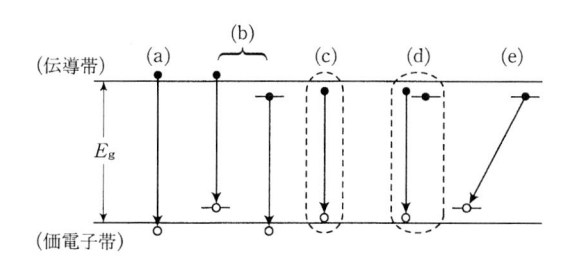

図 3.19 半導体中における発光過程の例
(a) 自由電子と自由正孔の再結合
(b) 自由電子とアクセプターに捕獲された正孔の再結合，自由正孔とドナーに捕獲された電子の再結合
(c) 自由励起子
(d) 中性ドナーに束縛された励起子
(e) ドナーに捕獲された電子とアクセプターに捕獲された正孔の再結合（ドナー－アクセプター対発光）

正孔も発光に寄与する．これらの発光過程のいくつかの例を表すエネルギーバンド図を，図3.19に示す．(a)は自由電子と自由正孔の直接再結合による発光，(b)は自由電子とアクセプターに捕獲された正孔，または自由正孔とドナーに捕獲された電子の再結合による発光，(c)は励起子による発光，(d)は中性ドナーや中性アクセプターに束縛された励起子の発光，(e)はドナーに捕獲された電子とアクセプタターに束縛された正孔との再結合による発光，いわゆるドナー(D)-アクセプター(A)対発光の過程を示している．ここでは，半導体の発光の基礎的研究，またデバイスへの応用の観点からも重要な，励起子による発光と，ドナー-アクセプター対発光について説明する．

a. 励起子による発光

まず，励起子についてもう少し詳しく考えてみる．半導体中には，いろいろな励起子がある．光物性的に興味のあるもの，また，応用として重要なものなどさまざまである．励起子を考えるときには，大きく分類して2つの状態，すなわち，(1)半導体中を自由に動く，自由励起子や励起子分子と，(2)半導体中の不純物準位に捕まった，束縛励起子の状態がある．図3.20(a),(b)には，これらの励起子の様子とそれに対応するエネルギー図が示してある．

自由励起子　図3.20(a)(ⅰ)に自由励起子を模式的に示す．1つの励起子はクーロン力で結びついた1対の自由電子と自由正孔からできている．電子の有効質量に比べて，正孔の有効質量が重いと考えると，自由励起子は水素原子(H)に類似したものとして取り扱うことができる．励起子は移動しているが，この移動に伴う重心の運動量をP，また，波数をKとする．すると，自由励起子のエネルギー E_{ex} は次のように書ける．

$$E_{ex} = E_g - G_{ex} + \frac{\hbar^2 K^2}{2(m_e + m_h)} = E_g - G_{ex} + \frac{P^2}{2(m_e + m_h)} \quad (3.25)$$

ここで，第1項 E_g はエネルギーギャップ，第2項 G_{ex} は励起子の結合エネルギー，第3項は励起子の重心の運動エネルギーとなる．m_e, m_h はそれぞれ電子および正孔の質量である．

第2項の励起子の結合エネルギーは，水素原子と類似の系列で次のようになる．

3.3 半導体発光材料の物理

$$G_{ex} = \frac{me^4}{8\varepsilon_0^2 h^2} \cdot \frac{(m_r/m)}{\varepsilon_r^2} \frac{1}{n^2} = 13.6 \frac{(m_r/m)}{\varepsilon_r^2} \cdot \frac{1}{n^2} \,[\text{eV}] \; (n=1,2,3,\cdots) \quad (3.26)$$

ここで，m_r は還元質量と呼ばれ次式で与えられる．

$$\frac{1}{m_r} = \frac{1}{m_e} + \frac{1}{m_h} \tag{3.27}$$

励起子のエネルギーをプロットすると図 3.20 (c) のようになる．エネルギーは重心の運動量 P すなわち，$\hbar K$ に依存するので，波数ベクトル K の値が増加するとともに，増大する．

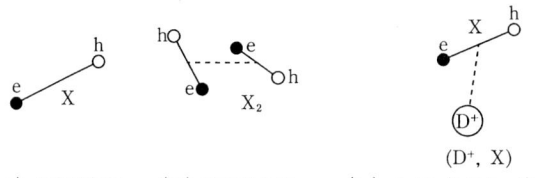

(ⅰ) 自由励起子　(ⅱ) 励起子分子　(ⅳ) イオン化ドナー束縛励起子

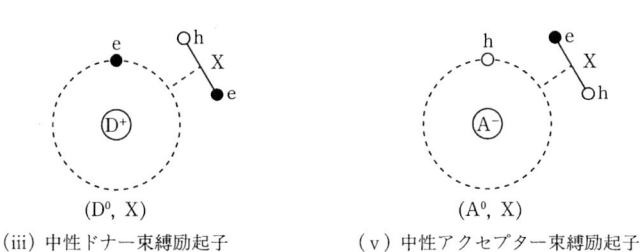

(ⅲ) 中性ドナー束縛励起子　(ⅴ) 中性アクセプター束縛励起子

(a) 励起子の様子

(b) エネルギー図　(c) 自由励起子のエネルギーの K 依存性

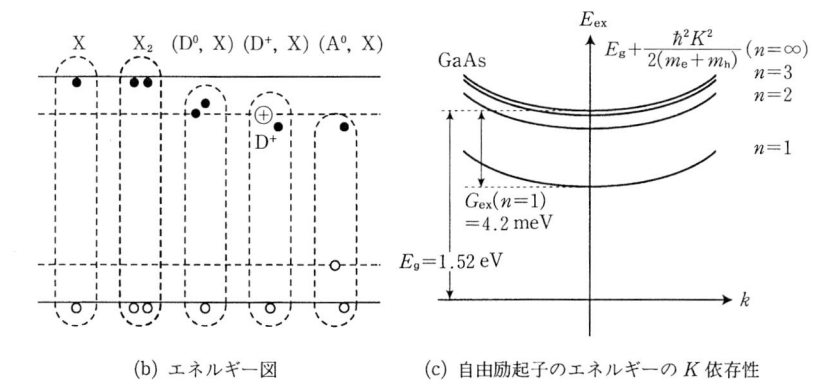

図 3.20　いろいろな励起子の様子とエネルギー図

いま，$K=0$，すなわち，励起子が静止している状態を考えてみる．すると，$E_{ex}=E_g-G_{ex}$ となり，$n=1, 2, \cdots, \infty$ に対応して，E_{ex} は図に示すように，水素原子と類似のエネルギー準位となり，$n=1$ のときに，E_{ex} は，最もエネルギーが低くなる．すなわち，これが励起子の基底状態である．自由励起子は，水素原子と類似したものと考えることができるが，その結合エネルギー G_{ex} は，水素原子のイオン化エネルギー 13.6 eV と比較すると非常に小さい．すなわち，式 (3.26) に示すように，電子，正孔の有効質量を用いた還元質量 m_r で考える必要があり，また，クーロン力を考えるさいにも半導体の静電誘電率 $\varepsilon\,(=\varepsilon_r\varepsilon_0)$ を考える必要がある．通常の半導体では，比誘電率 $\varepsilon_r\sim 10$，還元質量 $m_r\sim 0.1$ の程度であるから，励起子の結合エネルギー G_{ex} は，水素原子のイオン化エネルギーの 1/1000 程度，10 meV 程度となり，室温の熱エネルギーと比較しても同程度もしくは小さくなる．表 3.4 には，代表的な III-V，II-VI 化合物半導体のバンドギャップエネルギー，励起子束縛エネルギーなどを示してある．

自由励起子を構成している電子-正孔対が再結合すると発光が生じる．運動量保存則を考慮すると，このような自由励起子による発光は，直接遷移型の半導体で観測することができるが，間接遷移型の半導体では観測されにくいことがわか

表 3.4 主要な II-VI，III-V 化合物の半導体的性質

	結晶構造[1]	バンドギャップの型[2]	バンドギャップエネルギー (eV)	有効質量 電子	有効質量 正孔	励起子結合エネルギー (meV)
ZnO	W	直	3.44	~0.2		~60
ZnS	ZB / W	直	3.84 / 3.912	0.34		37
ZnSe	ZB	直	2.82	0.17	~0.7	19
ZnTe	ZB	直	2.39			10
CdS	W	直	2.583	0.205		29
CdSe	W	直	1.84	0.13		16
CdTe	ZB	直	1.61	0.096	~0.4	10
AlAs	ZB	間	2.24			
AlSb	ZB	間	1.6	0.11	0.39	
GaN	W	直	~3.5			
GaP	ZB	間	2.339	0.13	0.8	10
GaAs	ZB	直	1.520	0.07	0.5	4.2
InP	ZB	直	1.42	0.07	0.40	~4

1) ZB：閃亜鉛鉱，W：ウルツ鉱．
2) 直：直接遷移型，間：間接遷移型．

る．また，自由励起子の発光は，励起子の運動エネルギーがほとんど0の場合に起こるといえる．したがって，自由励起子の消滅（電子-正孔対の再結合）による発光線のエネルギーは次式で与えられる．

$$E_{ex} = h\nu_{ex} = E_g - G_{ex} \tag{3.28}$$

主として，$n=1$の基底状態にある励起子からの発光が観測されるが，$n=2$の励起状態にある励起子による発光が観測される場合がある．このような場合の発光スペクトルを模式的に図3.21に示す．この場合には励起子の結合エネルギーG_{ex}が正確に求められ，さらにバンドギャップエネルギーE_gも正確に求められることになり，半導体の基礎的な定数を求めるという立場からは重要である．

励起強度が強くなり，励起子の密度が高くなると，2つの励起子が衝突するような現象が起こる．衝突により，1つの励起子が発光再結合により消滅し，他方の励起子は電子と正孔に解離するような過程を考えると，励起子がもっていた運動量を，残された電子，正孔が受け取ることにより，運動量保存則を満たすことができ，自由励起子の発光再結合よりも高い確率で起こるようになる．この発光のエネルギーは次式で与えられる．

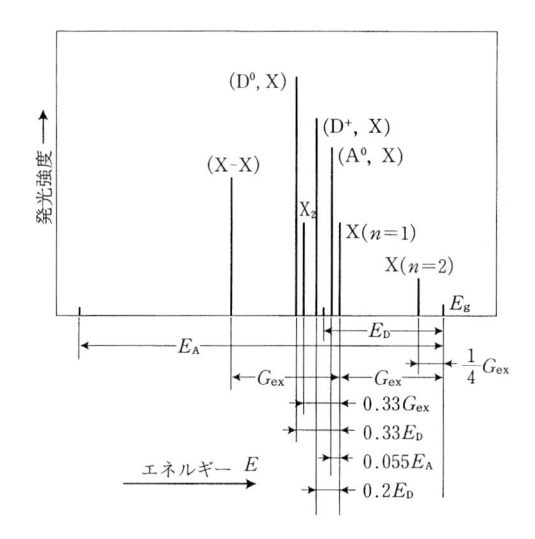

$$E_{ex-ex} = h\nu_{ex-ex} = E_g - G_{ex} - G_{ex}(励起子の解離) = E_g - 2G_{ex} \tag{3.29}$$

図 3.21 自由励起子，励起子分子，束縛励起子からの発光
$E_D/G_{ex}=1.1$，$m_h/m_e \sim \infty$，$E_A/E_D=3$と仮定した．発光強度は任意．

この過程による発光も GaAs をはじめ,多くの半導体で観測されており,詳しく研究されている.

励起子分子 ここまでは自由励起子を水素原子(H)に類似したものとして取り扱ってきた.ここでもう少し話を進めると水素原子は共有結合して水素分子(H_2)となる.これと同様に,ある種の半導体では,2個の励起子が結合して,水素分子に類似した励起子分子を形成することがある.この場合の結合エネルギー G_m は,電子の有効質量 m_e と正孔の有効質量 m_h の比に依存する.m_e/m_h 比が十分小さいときには,水素分子(H_2)類似となるので,その解離エネルギー 4.5 eV を考慮すると G_m は次式で与えられる.

$$G_m = E[(\bullet\circ)-(\bullet\circ)] = (4.5/13.6)G_{ex} = 0.33\,G_{ex} \qquad (3.30)$$

ここで●は電子,○は正孔を表し,(●○)はそれらが結びついた励起子を表す.$E[(\bullet\circ)-(\bullet\circ)]$ という表記により,励起子と励起子が結びついて励起子分子を形成するさいの結合エネルギー(束縛エネルギー)を表す.また,励起子分子は,それぞれ2個ずつの電子と正孔とで構成されているが,そのうちの1組の電子-正孔対が発光再結合により消滅し,自由励起子が1つ残されるような過程がある.そのさいの発光エネルギーは次式で表される.

$$E_m = h\nu_m = E_g - G_{ex} - G_m \qquad (3.31)$$

CdS や ZnSe では,このような励起子分子による発光が観測されている.

不純物に束縛された励起子 発光の研究には,高純度の半導体を使用するが,そのような半導体でも,$10^{15} \sim 10^{16}$ cm^{-3} 程度の不純物を含んでいる.このため,励起子に関する発光は,先に述べた自由励起子より,むしろ不純物に束縛された励起子からの発光のほうが強く観測される.このように励起子を捕獲,束縛する不純物としてはドナーやアクセプター,また等電子的トラップなどがあり,これらが重要である.

ドナーおよびアクセプターに束縛された励起子 ドナーおよびアクセプターに束縛された励起子の様子を図3.20(a)に示す.自由励起子を水素原子(H)と類似のものと考えると,中性のドナーもしくはアクセプターに束縛された状態は水素分子(H_2)類似型である.また,イオン化されたドナーもしくはアクセプターに束縛された状態はイオン化水素分子類似型(H_2^+)と考えることができる.

自由励起子の結合エネルギーを考えるさいにはこれを水素原子に類似のものと

して考えた．これと同様に励起子の束縛エネルギー E_b を考えるさいには，水素分子の解離エネルギーやイオン化水素の解離エネルギーをもとにして考える．水素原子や水素分子に関しては，電子の質量 m_e（真空中）と陽子の質量 M との比は M/m_e（真空中）$=1836$ で，ほぼ無限大とみなせる．一方半導体中では正孔の有効質量 m_h と電子の有効質量 m_e の比 m_h/m_e は $m_h/m_e=0.1\sim10$ 程度であるので，その束縛エネルギーは正孔と電子の有効質量の比に依存する．

まず，中性ドナーに励起子が束縛された状態 (D^0, X) の束縛エネルギー $E_b = E[(D^+ \bullet) - (\bullet \circ)]$ を考えよう．ここで，D^+ はイオン化ドナーを表す．$m_h/m_e = \infty$ の極限では H_2 分子と同様になる．H 原子のイオン化エネルギーは 13.6 eV，H_2 分子の解離エネルギーは 4.5 eV であるから，束縛エネルギー E_b は，ドナー準位の深さ E_D を用いて，次式で与えられる．

$$E_b = E[(D^+ \bullet) - (\bullet \circ)] = (4.5/13.6) E_D = 0.33 E_D \tag{3.32}$$

一方，$m_h/m_e = 0$ の極限に対しては，励起子が束縛された状態 $(D^+ \bullet \bullet \circ)$ から正孔を取り去り，次いで電子を取り去り，さらにそれらを結合して励起子をつくる（結果的には，中性ドナーに束縛された状態から励起子を取り去るのと等価）過程を考えればよい．すなわち，束縛エネルギーは次式で与えられる．

$$E_b = E[(D^+ \bullet) - (\bullet \circ)] = E[(D^+ \bullet \bullet) - \circ] + E[(D^+ \bullet) - \bullet] - G_{ex} \tag{3.33}$$

ここで，正孔の質量が軽い，すなわち，正孔の波動関数はより広がっていると考えているので，$E[(D^+ \bullet \bullet) - \circ]$ は $E[(D^+ \bullet \bullet)^- - \circ]$，すなわち励起子の束縛エネルギー G_{ex} とほぼ等しく，$E_b = E[(D^+ \bullet) - \bullet]$ と考えてよい．中性ドナーに電子が付着した状態 $(D^+ \bullet \bullet)$ は，H^- イオンと類似であるから，H^- イオンの電子付着エネルギー 0.75 eV を用いて，束縛エネルギーは次式で与えられる．

$$E_b \sim E[(D^+ \bullet) - \bullet] = (0.75/13.6) E_D = 0.055 E_D \tag{3.34}$$

m_h/m_e が中間の場合は，この間の束縛エネルギーをもつことになるが，m_h/m_e 比が $4\sim5$（多くの半導体がこの程度の値をもつ）の場合には，$E_b = 0.15\sim0.2 E_D$ 程度になる．

中性アクセプターへの束縛エネルギー $E_b = E[(A^- \circ) - (\bullet \circ)]$（$A^-$ はイオン化アクセプター）を求める場合は，電子と正孔を逆にして，すなわち，m_e と m_h を逆にして考えればよい．束縛エネルギーはアクセプター準位の深さ E_A を用い

て次式で表される.

$$E_b = E[(A^- \circ) - (\bullet \circ)] = \begin{cases} (4.5/13.6)E_A = 0.33 E_A & (m_e/m_h = \infty) \\ (0.75/13.6)E_A = 0.055 E_A & (m_e/m_h = 0) \end{cases} \quad (3.35)$$

次に,励起子がイオン化ドナーに束縛された状態 $(D^+ \bullet \circ)$ を考えよう.この場合の束縛エネルギーを求めるには,励起子が束縛された状態から正孔を取り去り,次いで電子を取り去り(この過程は中性ドナーのイオン化過程),それらを結合して励起子を形成すると考えるとよい.すなわち,束縛エネルギー E_b は次式で与えられる.

$$\begin{aligned} E_b &= E[D^+ - (\bullet \circ)] = E[(D^+ \bullet) - \circ] + E[D^+ - \bullet] - G_{ex} \\ &= E[(D^+ \bullet) - \circ] + E_D - G_{ex} \end{aligned} \quad (3.36)$$

ドナーのイオン化エネルギー E_D は $m_h = \infty$ すなわち $m_h/m_e = \infty$ として求められるが,励起子の結合エネルギー G_{ex} は $m_h/m_e =$ (有限値) すなわち還元質量を用いて求められる.したがって,$E_D > G_{ex}$ となるから,$E_b > E[(D^+ \bullet) - \circ]$ となる.しかし,その差は小さく,励起子の束縛エネルギーは中性ドナーが正孔を束縛するエネルギー $E[(D^+ \bullet) - \circ]$ によってほぼ決まる.$m_h/m_e = \infty$ の極限では,$(D^+ \bullet \circ)$ 状態はイオン化水素分子 H_2^+ と類似であるから,H_2^+ の解離エネルギー $2.6\,\mathrm{eV}$ を用いて,束縛エネルギー E_b は次式で与えられる.

$$E_b = (2.6/13.6)E_D = 0.20\,E_D \quad (3.37)$$

一方,正孔が軽い場合には,その運動エネルギーが大きいために,正孔は中性ドナーに束縛されなくなる.理論的な計算から,$m_h/m_e < 1.4$ であれば,正孔は中性ドナーに束縛されないことが示されている(同様に,$m_e/m_h < 1.4$ であれば電子は中性アクセプターに束縛されない).このことから,ある半導体において,励起子がイオン化されたドナーとアクセプターの両方に束縛されることはないといえる.さらに,電子と正孔の質量がほぼ等しい場合 $(m_e \sim m_h)$ には,励起子はどちらにも束縛されないと結論できる.

以上のような,不純物に束縛された励起子は,その重心の運動による運動量をもたないので,光の放出の際に運動量保存則が満たされやすく,比較的強い発光を示す.その発光のエネルギー E_{xb} は,次式で与えられる.

$$E_{xb} = h\nu_b = E_g - G_{ex} - E_b \quad (3.38)$$

これは，自由励起子発光の第3項，すなわち励起子の運動エネルギーを0，すなわち，$K=0$とし，さらに束縛エネルギーE_bを引いたものである．

実際の半導体結晶中には，多くの不純物や格子欠陥などが存在する．したがって励起子は，まず，これらに捕らえられ，その後発光する．例えば，中性アクセプターに捕獲された励起子によるものは(A^0, X)またはI_1，中性ドナーに捕獲された励起子によるものは(D^0, X)またはI_2，イオン化ドナーに捕獲された励起子によるものは(D^+, X)またはI_3などと名付けられている．これらの様子とエネルギーは模式的に図3.20(b)に示してある．これらの発光線は，励起子がE_bのエネルギーで束縛されているので，自由励起子よりも低いエネルギー位置で観測される．これら束縛励起子からの発光は，半導体中のアクセプターやドナーの種類や不純物準位を直接反映するものであり，半導体の光学的特性を決定するだけではなく，その電気的特性も反映する．このために種々の半導体について非常に詳細に調べられており，半導体中に含まれる不純物の種類を決定し，またそのエネルギー準位を評価する，有用な手段となっている．図3.22に，一例としてCdSの吸収端付近の発光スペクトルを示す．自由励起子や束縛励起子による発光線が観測されている．さらに，フォノン放出を伴った発光線も観測され，複雑

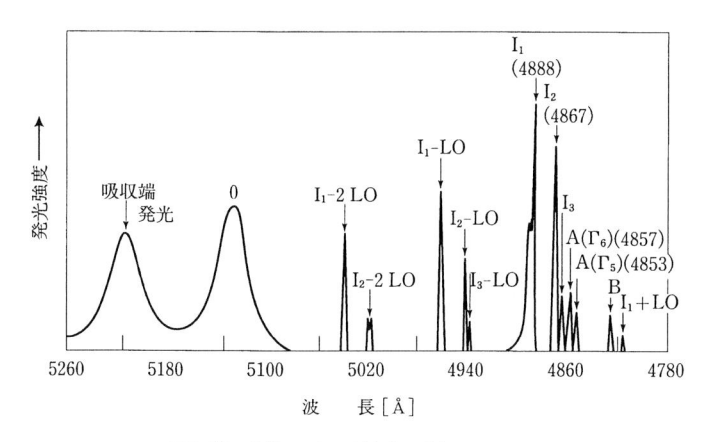

図3.22 CdSの吸収端付近の発光スペクトル
$A(\Gamma_6)$, $A(\Gamma_5)$, BはA, B自由励起子の発光．ウルツ鉱型構造のため価電子帯が分離したことによる．I_1, I_2, I_3はそれぞれ中性アクセプター，中性ドナー，イオン化ドナーに束縛された励起子．-LO, -2LOとあるのはLOフォノンの放出を伴った発光．
(P. J. Dean らによる．参考図書24), p.179 より)

なスペクトルとなっている．

等電子トラップに捕われた束縛励起子　等電子トラップに捕われた束縛励起子は，基礎的にみても，光物性的な観点から考えても興味深いし，応用的にみても重要である．ここでは，一例としてGaPにおける等電子トラップによる発光として，GaP:N(緑色発光)とGaP:Zn-O(赤色発光)を取り上げる．これらの材料は，GaP発光ダイオードとして，実際に広く応用されている．

　まず，等電子トラップがどのようなものかを説明する．半導体にその構成元素と周期表で同じ列に属する元素を添加した状態を考えよう．例えばGaPにNを添加した場合，構成元素P(V族元素)の格子位置にN(V族元素)が置換したような状態である．構成元素と添加した不純物は，価数は同じ(等電子的)であるが，母体元素との電子親和力の違いのために，電子または正孔を引きつける．これを等電子トラップと呼び，電子を引きつけるものを等電子的ドナー，正孔を引きつけるものを等電子的アクセプターと呼ぶ．トラップ自身は構成元素と同じ価数をもつので，等電子トラップとなる不純物を添加しても，トラップそのものはドナーやアクセプターのような電荷はもたない．このため，電子(正孔)がトラップされると，トラップの近傍は負(正)に帯電し，それに引き続いて，クーロン力により正孔(電子)を捕獲し，結果的には，等電子トラップは励起子を捕獲，束縛したことになる．束縛された励起子が消滅するさいに発光が生じる．

　このような等電子トラップは，直接遷移型の半導体でも，また間接遷移型の半導体でも存在するが，次に述べる理由から，間接遷移型の半導体の場合に特に重要になる．等電子的トラップに束縛された励起子による発光は，先に述べたドナーやアクセプターに束縛された励起子の場合と大きな相違がある．ドナーやアクセプターが遠距離型のクーロン力で電子または正孔を引きつけるのに対し，等電子トラップは電子親和力の差という近距離型の力で電子または正孔を引きつける．このため，等電子トラップの状態は有効質量近似では取り扱うことができず，ブリルアンゾーン全体のバンド構造を考慮する必要がある．また，このことは，GaPのような間接遷移型の半導体では非常に重要な意味をもってくる．等電子的トラップに捕らえられた電子または正孔の波動関数は，近距離型の引力によって，実空間ではきわめて局在しており($\Delta x \sim 0$)，反対に，不確定性原理($\Delta x \cdot \Delta k > h$)より$k$空間では大きな広がりをもつ．GaP:Nの束縛励起子の場合

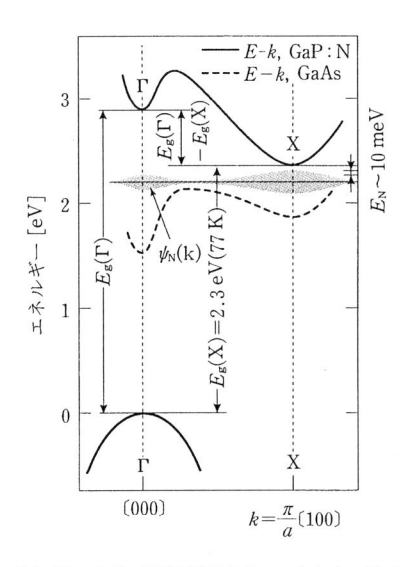

図 3.23 GaP:N(等電子トラップ)からの発光
(N. Holonyak らによる. 参考図書 24), p. 149 より)

について考えると, 図 3.23 のバンド図に示すように, N に捕らえられた電子は X_1 点の伝導バンドの底の少し下に相当するエネルギーをもっており, その波動関数は, 前述のように k 空間では大きな広がりをもち, Γ 点でもかなりの分布をもつ. したがって, Γ 点の正孔との間にかなりの大きさの再結合確率をもつようになり, 発光の際の運動量保存則を満たす遷移が可能となるので, 間接遷移型のバンド構造であるにもかかわらず, 発光が生じることになる. この点がドナーに束縛された励起子との大きな相違である. 実際, GaP での S(中性ドナー)に束縛された励起子の振動子強度は約 0.001 であるのに対し, N(等電子トラップ)に対する振動子強度は約 0.1 となり, 100 倍も遷移確率が大きくなることが知られている.

等電子トラップに束縛された状態の励起子を考えると, 励起子を形成する電子と正孔だけで, 第 3 の粒子(電子または正孔)をもたない. したがって, オージェ非放射過程(励起子が再結合するさいのエネルギーが第 3 の粒子のバンド内の高い状態への励起に使われ, 非発光過程となる. バンドの高いエネルギー状態に励起された粒子は, フォノンを放出して非放射的に緩和する)は起こらず, 高

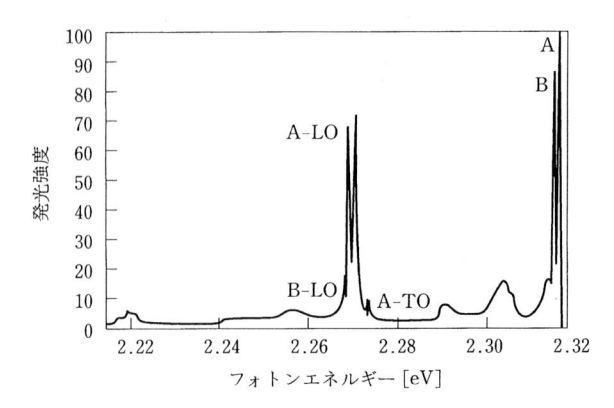

図 3.24 GaP:N ($\sim 5\times 10^{16} \text{cm}^{-3}$) の低温 (4.2 k) での発光スペクトル
(D. G. Thomas らによる. 参考図書 24), p. 150 より)

い効率の発光が期待できる. このように, 等電子的トラップは, 遷移確率の小さい間接遷移型の半導体において, 遷移確率が比較的大きな放射再結合のルートを与える. さらにオージェ非放射再結合過程も存在しないので, 実用的な高効率の発光を得るのにきわめて効果的である. GaP:N 発光スペクトルを図 3.24 に示す. 非常に鋭い A 線 (2.3171 eV), B 線 (2.6136 eV) がゼロフォノン線であり, 低エネルギー側に LO フォノン, TO フォノンが結合した線が見られる. A 線, B 線はともに N トラップに束縛された励起子による発光である. 詳しい研究により, 励起子を形成する, 電子の角運動量 j と正孔の角運動量 j の結合状態により 2 つのエネギー状態を生じ, これが A 線, B 線の起源となっていることが示されている. A, B 状態の重心のエネルギーは 2.317 eV, バンドギャップエネルギー E_g は 2.339 eV, 励起子の結合エネルギーは 10 meV であるから, 励起子の N 等電子的トラップに対する束縛エネルギーは 12 meV となる.

N の添加量を増やしていくと, 近接した N のペア (対) が形成される. このような N ペアも等電子的トラップとして働き, 孤立した N トラップよりもより強く電子すなわち励起子を束縛する. このような N ペアに束縛された励起子の発光は, 2.18〜2.31 eV の間に多数の発光線となって観測される.

GaP:N の等電子トラップに束縛された励起子による発光は, 緑色領域にあり, 緑色発光ダイオードとして実用化されている. このような等電子的トラップによる発光は, GaP:N のほかにも GaP:Bi, 直接遷移型の II-VI 化合物半導体

ではZnTe:O, ZnS:Te, CdS:Teなどでも観測されている.

　次に,半導体に等電子的元素を添加すると,常にトラップになり,電子または正孔の束縛状態をつくるだろうかという問題を考えよう. 後で3.3.5で述べるように, GaPにAs(Pと等電子的)を添加していくとGaP$_{1-x}$As$_x$混晶をつくり, 等電子トラップとはならない. II-VI族半導体でも, ZnS$_{1-x}$Se$_x$, CdS$_{1-x}$Se$_x$などは混晶をつくり,等電子トラップとはならない.むしろ,等電子的な元素を加えると,不純物となるより,母体構成元素の一部となって混晶を形成するほうが一般的であるといえる.この問題についても,理論的な考察が行われ,次のように考えられている.実験的な事実として, N, Oのような小さな原子や, Bi, Teのような大きな原子の場合にのみ束縛状態ができる.したがって,不純物を添加したさいに,その周辺の格子の緩和が大きなとき,束縛状態をつくると考えられる.電子親和力の相違によって生じる不純物のポテンシャルをJ,ブリルアンゾーン全体のエネルギーバンド$E(k)$のエネルギーの平均値E(バンドの幅に相当する)とすると,トラップとなる基準は次式で与えられる.

$$1+(J/E) \leq 0 \tag{3.39}$$

ここでJは負の値であり,不純物のポテンシャルJが,バンドの幅の平均値と同程度または,それより大きな場合にトラップとなることがわかる.また,不純物のポテンシャルが大きいほど,バンド幅が狭いほど束縛状態ができやすいといえる.

　GaPにOを添加すると, Pと置換するが, Oはクーロン力で電子を束縛するとともに,その電子親和力が大きいので,電子親和力でも電子を引きつけ,深いドナーをつくる.このとき,同時にZnまたはCdを添加すると,それらは浅いアクセプター準位をつくる.ここで, Zn(Cd)とOが最近接位置に会合すると, Zn(Cd)$_{Ga}$-O$_P$は全体としてみると等電子的であり,深い等電子トラップとして働く.このような状態を図3.25(a)に示す. Oドナー準位の深さは0.893 eVである.この1s状態はA$_1$状態とE状態に分裂しており,低温では, Aで示す遷移による発光が赤外で観測される.また, Bで示すOドナーに束縛された電子と価電子帯の自由正孔との発光も観測される. OとCdが会合して生じた電子に対する等電子的トラップの電子束縛エネルギーは0.396 eVである. N等電子トラップの束縛エネルギー0.012と比較すると約30倍の深さである.この深いCd

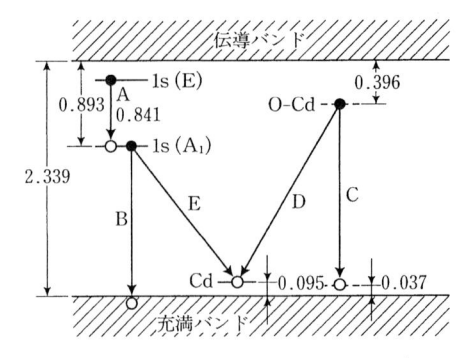

(a) GaP:O, GaP:Cd, O の各種のルミネッセンス（単位：eV）

(b) GaP:Cd, O の発光スペクトル，1.6 K

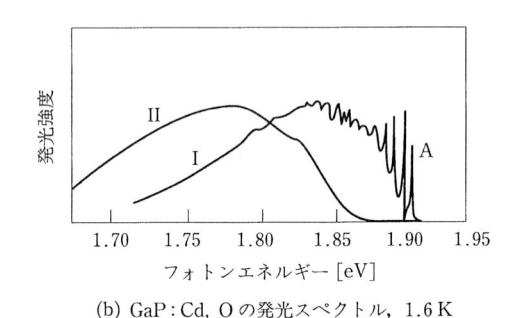

図 3.25 (a) GaP:Cd, O のエネルギーバンド図と (b) 発光スペクトル
(P. J. Dean, C. H. Henry, J. M. Dishman らによる．塩谷による解説論文「応用物理」41 巻 p. 869, 1972 より）

-O 等電子的トラップに束縛された電子はクーロン力で正孔を束縛し（束縛エネルギー 0.037），結果として励起子を束縛する．この励起子が消滅するときに，図 3.25 (b) の I に示すような発光が観測される．1.90 eV にピークをもつ A の発光線がゼロフォノン線であり，その低エネルギー側に多数のフォノン線とバンド状の発光が観測される．これは，O に捕獲された電子が局在しているため，電子－フォノン相互作用が強くなり，ゼロフォノン線よりフォノン線（電子遷移と同時にフォノンの放出を伴う発光）が強くなることによる．励起が弱い場合には，図 3.25 (b) の II に示すような発光が観測される．この発光は，O-Cd 等電子的トラップに捕獲された電子と Cd アクセプターに捕獲された正孔との再結合による発光である．この発光は，次節で述べるドナー－アクセプター発光と類似である

が，電子トラップが電気的には中性であるため，発光スペクトルの励起強度の増大によるシフトや，励起後の時間分解スペクトルの低エネルギー側へのシフトなどは観測されない．また，孤立したOドナーと孤立したCdアクセプターのドナー-アクセプター対 (D-A ペア) による発光も観測される．ドナー-アクセプター対による発光の性質については次節で述べる．

GaP:Zn(Cd), Oの Zn(Cd)-O 等電子トラップに束縛された励起子による発光は，赤色領域にあり，赤色発光ダイオードとして実用化されている．

b. ドナー-アクセプター対発光

ドナーに捕らえられた電子とアクセプターに捕らえられた正孔の波動関数が重なり合うようになると，電子と正孔の再結合による発光過程が存在するようになる．この発光は，ドナー-アクセプター対 (D-A ペア) 発光と呼ばれている．この型の発光は，SiC (IV-IV族), GaP, GaAs (III-V族), ZnS, ZnSe, CdS (II-VI族) など，ほとんどすべての半導体で知られている．ドナー-アクセプター対発光を考えるときには，ドナーに捕獲された電子の波動関数の広がりやドナー準位の深さ，また，アクセプター準位の深さが問題となる．そして，その深さに応じて，浅いものは"浅い"ドナー-アクセプター対と呼ばれ，深いものは"深い"ドナー-アクセプター対と呼ばれている．"浅い"ドナー-アクセプター対は，問題とするエネルギーが，例えば GaAs ではドナー準位の深さが 4 meV 程度，GaP でも 50～100 meV 程度と小さいので，一般に，低温でしか観測されない．物理的には興味のある現象も多いが，応用の立場からみると，室温では，ほとんど観測されないので，オプトエレクトロニクスデバイスとしては興味がない．一方"深い"ドナー-アクセプター対は，物理的にみると不明な問題も多く，"浅い"ドナー-アクセプター対ほどその詳細はわかっていない．しかし，室温でも明るく発光し，応用上はたいへんに重要である．その代表的なものに，3.2.2 で触れた，ZnS:Ag, Cl 青色蛍光体，ZnS:Cu, Al 緑色蛍光体があり，カラーテレビジョン用陰極線管 (ブラウン管) の青色，緑色発光材料として利用されているために，その重要性はいうに及ばない．

ドナー-アクセプター対発光の概念は Williams らによって，ZnS:Cu における緑色発光を説明しようとして提案されたが，この発光は，後で述べる"深い"ドナー-アクセプター対による発光であったので，はっきりとした結論は得られな

かった．その後，HopfieldとThomasらが，GaPにおける吸収端近くの発光が"浅い"ドナー-アクセプター対発光であることを示した．理論と実験結果は，きわめてよい一致を示し，ドナー-アクセプター対発光であるとの確証が得られた．

ドナー-アクセプター対の発光エネルギーと発光遷移確率　図3.26に示すような，距離 r 離れた位置に存在するドナー-アクセプター対を考えよう．発光が生じる前には，電子はドナーに束縛され，正孔はアクセプターに束縛されているので，電気的には中性である．一方，発光後には，正にイオン化したドナーと負にイオン化したアクセプターが残されるので，クーロンエネルギー（$-e^2/4\pi\varepsilon_0\varepsilon_r r$）分，エネルギーが低下していると考えることができる．このエネルギー分は，電子と正孔の再結合により生じる光子(発光)に付与される．したがって，ドナー-アクセプター対の電子-正孔が放射再結合したさいのエネルギーは，距離 r に依存し，次式で表される．

$$E(r) = h\nu(r) = E_g - (E_D + E_A) + e^2/(4\pi\varepsilon_0\varepsilon_r r) \tag{3.40}$$

ここで，

$$E_D = \frac{(m_e/m)}{\varepsilon_r^2} \cdot 13.6 \quad [\text{eV}]$$

$$E_A = \frac{(m_h/m)}{\varepsilon_r^2} \cdot 13.6 \quad [\text{eV}]$$

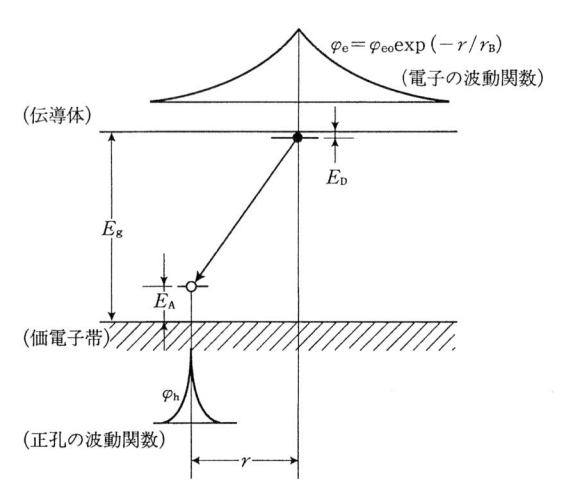

図3.26　距離 r 離れた位置に存在するドナー-アクセプター対

E_g はバンドギャップエネルギー，E_D と E_A は，それぞれ孤立したドナーとアクセプターの束縛エネルギー（エネルギー準位の深さ），ε_r は比静電誘電率である．結晶内では，ドナーまたはアクセプターは格子位置にあるので，r のとりうる値は，離散的であり，1つ1つの対からの発光が分離できれば，発光スペクトルは多数の鋭い線状になると期待できる．

ドナー–アクセプター対発光の遷移確率は，電子と正孔の波動関数の重なり合いの2乗に比例すると考えてよい．ここで，正孔はアクセプターに強く束縛されており（深い準位），一方，電子はドナーに弱く束縛されている（浅い準位）とすると，正孔の波動関数はあまり広がっておらず，電子の波動関数がより広がっていると考えられる．このような場合には，波動関数の重なりは，電子の波動関数の距離 r の位置での値に比例するとみなせる．したがって遷移確率も距離 r に依存し，次式で表される．

$$W(r) = W_\mathrm{max} |\exp(-r/r_\mathrm{B})|^2 = W_\mathrm{max} \exp(-2r/r_\mathrm{B}) \tag{3.41}$$

ここで，r_B は電子の波動関数のボーア半径である．電子がドナーに強く束縛され，すなわち電子の波動関数があまり広がっておらず，正孔がアクセプターに弱く束縛されている場合も同様な議論が成り立ち，式 (3.41) の r_B を正孔の波動関数のボーア半径とすればよい．

以上のように，ドナー–アクセプター対の発光では，発光エネルギー，遷移確率ともにドナー–アクセプター間の距離 r に依存し，距離 r が小さいほど発光は高エネルギー側（短波長側）に現れ，またその遷移確率が大きい．すなわち，発光の減衰が早い．このことから，個々のドナー–アクセプター対の発光が分離できず，バンド状になっている場合でも，ドナー–アクセプター対発光は次のような性質をもつ．

(1) パルス状に励起した後の発光の減衰中のスペクトル（時間分解スペクトル）を観測すると，r が小さく短波長側にあるドナー–アクセプター対の発光ほど早く減衰するので，発光バンドは時間とともに長波長側（低エネルギー側）にシフトする．

(2) 同じ距離 r をもつドナー–アクセプター対の発光は指数関数的に減衰するが，励起直後には近い距離 r のドナー–アクセプター対（遷移確率が大きい）による発光が支配的であり，減衰時定数は短い．一方，時間の経過とともに，残され

た遠い距離 r のドナー-アクセプター対(遷移確率が小さい)による発光が支配的になるので,減衰が遅い.したがって,発光バンド全体としては,指数関数的には減衰せず,長い尾を引く.発光強度 $I(t)$ の減衰は,近似的には $I(t) \sim t^{-n}$ ($n \sim 1$) と表される.

(3) 励起強度を強くしていくと,遠い距離 r のドナー-アクセプター対の発光は遷移確率が小さいため,近い距離 r のドナー-アクセプター対の発光より早く飽和する.十分な数の電子-正孔が生成されており,発光によりイオン化したドナー,アクセプターが生じると,直ちに電子または正孔が捕獲されるとする.このとき,距離 r のドナー-アクセプター対の発光は遷移確率に比例する.したがって,励起強度を強くしていくと,発光バンドのピークは短波長(高エネルギー側)にシフトする.

"浅い"ドナー-アクセプター対による発光

Hopfield, Thomas らは,比較

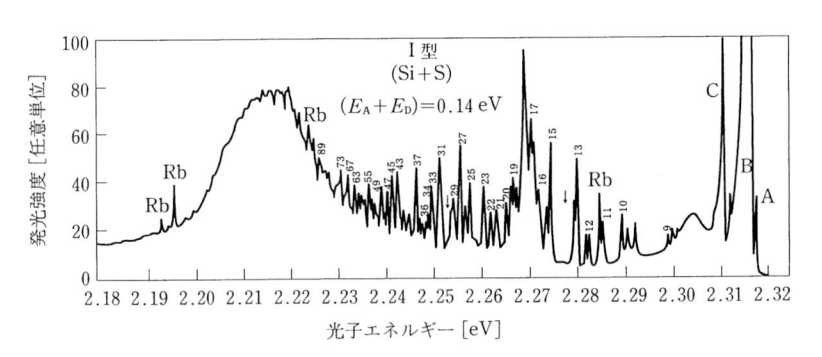

(a) GaP:Si, S の発光スペクトル

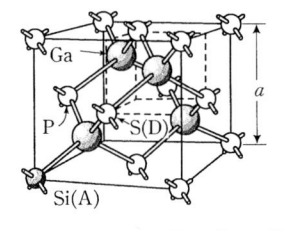

(b) GaP:Si, S における Si と S の置換位置

図 3.27 GaP:Si, S におけるドナー-アクセプター対発光(タイプ I)
(J. J. Hopfield らによる.参考図書 24), p.153 より)

的純度の高い GaP の吸収端発光のバンド状のスペクトルの短波長のすそに，図 3.27 (a) に示すように，多数の鋭い発光線が存在することを見いだした．この発光が，"浅い"ドナー–アクセプター対によるものであることは，次の事実により確認された．このような発光は，吸収端に近い波長領域すなわち"浅い"ドナー，アクセプター準位をもち，電子，正孔と格子振動との相互作用が弱いようなドナー–アクセプター対から観測されるので，"浅い"ドナー–アクセプター対 (D-A ペア) による発光と呼ばれる．

まず，GaP におけるドナーとアクセプターの格子位置を考えよう．図 3.27 (b) に示すように，P (V族元素) 位置を S などのVI族元素が置換してドナーとなり，同時に Si などのIV族元素が置換してアクセプターとなっている場合を考える．GaP は閃亜鉛鉱型 (zincblende) の結晶構造を有しているが，ドナーとアクセプターはともに P の格子位置にあるので，面心立方格子をつくっている．このような場合をタイプ I という．このとき，ある格子位置にあるドナーからみて，どのような距離 r にアクセプターがくるかを考えると (ドナーとアクセプターを入れ換えて考えてもまったく同じ)，その距離は r は，格子定数を a とすると $\{m/2\}^{1/2}a$ で与えられる．m はシェル数であり自然数である．このとき，$m=1, 2, \cdots, 12, 13, 15, 16, \cdots$ に対しては格子点 (アクセプター) は存在しうるが，$m=14, 30, 46, \cdots$ に対しては格子点 (アクセプター) は存在しえないことがわかる．また，シェル数 m の場合の等価な格子点も m による．たとえば，$m=1$ (最近接) の場合は各面心位置に原子がくるので等価な格子位置は 8, $m=2$ の場合は 6 となり，順次，数え上げることができる．図 3.27 (a) に示す，GaP : Si, S からの発光スペクトルは，各発光線の位置が式 (3.40) に従い，r がこのように与えられるとし，$E_D + E_A = 0.14$ eV ととると，各発光線に対して図に示すようなシェル数を決定することができる．理論的な予想と実験結果の一致はきわめてよく，$m=14, 30, \cdots$ に対応する発光線は存在せず，また，発光線の強度比も，シェル数が近いものについては，シェル数 m の場合の等価な格子点の数，すなわち，アクセプターが存在する確率に比例する．r が大きくなるにつれ，各発光線は分離できなくなり，2.21 eV 付近にピークをもつバンド状の発光となる．このバンドのパルス状の励起後の時間分解スペクトルを測定すると，前述の予測のように，長波長側にシフトする．

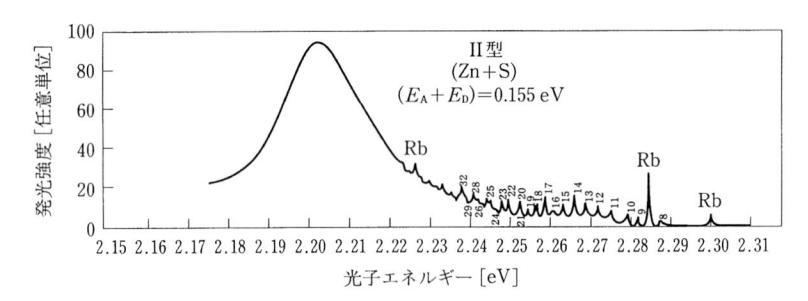

(a) GaP:Zn, Sの発光スペクトル

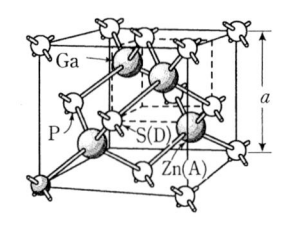

(b) GaP:Zn, SにおけるZnとSの置換位置

図 3.28 GaP:Zn, Sにおけるドナー-アクセプター対発光（タイプII）
(J. J. Hopfield らによる．参考図書24), p. 153 より）

ドナーとアクセプターの格子位置についてもうひとつの場合がある．図 3.28 (b) に示すように，P (V族元素) 位置を S などのIV族元素が置換してドナーとなり，一方，Ga (III族元素) 位置を Zn などのII族元素が置換してアクセプターとなっている場合がある．このように，ドナーとアクセプターは，異なる格子位置にある場合をタイプIIという．このとき，ある格子位置にあるドナーからみて，アクセプターまでの距離 r は，原点を $(1/4, 1/4, 1/4)$ ずらして，そこから面心立方格子を考えればよいから，格子定数を a として $\{(8m-5)/16\}^{1/2}a$ で与えられる (m はシェル数であり自然数). このような，タイプIIのドナー-アクセプター対をもつ GaP:Zn, S の発光スペクトルを図 3.28 (a) に示す．同様に，線状の発光スペクトルが観測され，シェル数に対応した発光が予測される強度で観測される．

"浅い"ドナー-アクセプター対による発光は，GaP 以外でも SiC, GaAs, ZnSe など，多くの半導体で観測されている．

ドナーまたはアクセプターのエネルギー準位が室温の熱エネルギー ($kT=25$ meV) と比較してそれほど大きくないので,"浅い"ドナー-アクセプター対による発光は低温でしか観測されず,発光デバイスへ応用することは困難であり実用上の興味は小さい.しかし,"浅い"ドナー-アクセプター対による発光スペクトルを解析することにより,ドナー準位の深さ E_D や,アクセプター準位の深さ E_A を正確に決定できるので,発光デバイスに用いる半導体の評価に欠かせない分光測定方法のひとつとなっており,幅広く研究されている.

"深い"ドナー-アクセプター対による発光 ドナーあるいはアクセプター準位が深い場合でも,ドナー-アクセプター対による発光が生じるが,この場合,発光スペクトルの様子は"浅い"ドナー-アクセプター対による発光とはずいぶん異なる.一般に不純物準位が深くなると電子-格子相互作用が強くなり,その結果,"浅い"ドナー-アクセプター対の場合に観測されるような,ゼロフォノン線

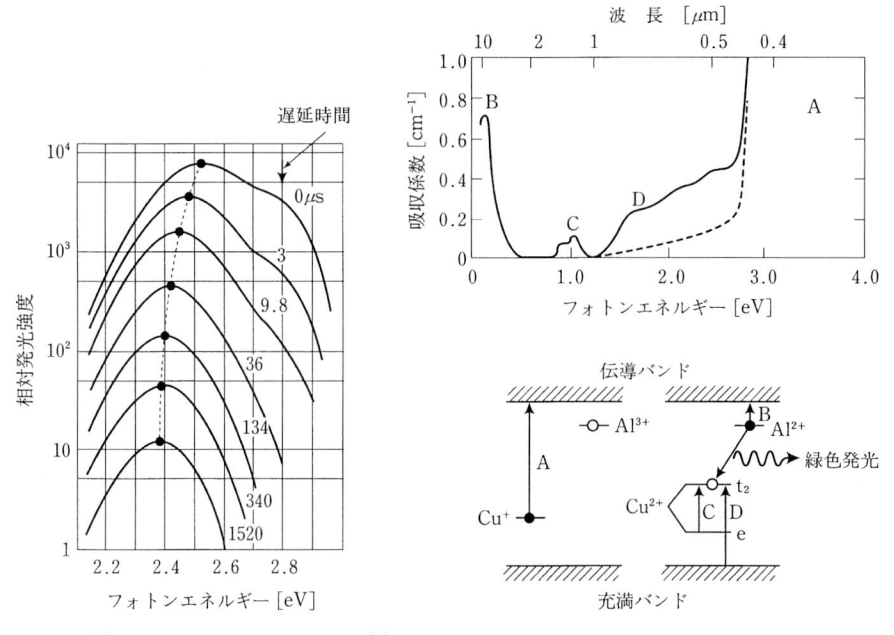

(a) 時間分解発光スペクトル　　(b) 吸収スペクトル.点線は励起前,実線は励起中のスペクトル

図 3.29 ZnS:Cu, Al の (a) 時間分解発光スペクトルと (b) 吸収スペクトルおよび対応する遷移 (K. Era らによる.参考図書 28), p.152 より)

の発光は弱くなり，発光の大部分はフォノン放出を伴ったものになる(前述の"浅い"ドナー–アクセプター対による発光ではゼロフォノン線の発光強度が強く，シェル数による鋭い発光線はすべてフォノンの関与しない遷移による発光である)．このとき，発光スペクトルは，非常に幅広い，ベル型のものに変わっていく．

室温においても，ZnS:Ag, Cl は青色，ZnS:Cu, Al は緑色の高効率の発光を示すことが古くから知られており，蛍光体として実用されてきた．この発光が"深い"ドナー–アクセプター対による発光である．Ag や Cu(I 族元素)が Zn(II 族元素)と置換して"深い"アクセプター(0.7~1.2 eV)となり，一方，Cl(VII 族元素)は S(VI 族元素)，Al(III 族元素)は Zn と置換してドナー(0.1 eV)となり，ドナー–アクセプター対を形成する．

ZnS:Cu, Al の緑色発光のスペクトルは，約 2.4 eV にピークをもつ半値幅約 0.3 eV のベル型のバンドである．図 3.29 (a) に，パルス励起後の減衰中の発光の時間分解スペクトルを示す．発光スペクトルは，時間の経過とともに低エネルギー側にシフトすることがわかる．また，発光バンド全体の強度 $I(t)$ は $I(t) \sim t^{-n}$ に従って減衰する．さらに，励起強度を強くしていくと，発光スペクトルのピーク波長は短波長側にシフトする．これらの実験結果は，発光がドナー–アクセプター対による発光であることを強く示唆している．しかし，このような実験事実はドナー–アクセプター対発光に対する直接的な証拠ではない．電子-格子相互作用が強く，ゼロフォノン線の発光強度は弱く，その構造を観測することは期待できない．ZnS:Cu, Al の発光がドナー–アクセプター対による発光であることは，いろいろな実験結果から結論された．その1つは，図 3.29 (b) に示すように，励起前と励起後に，価電子帯から Cu^{2+} への電子遷移による吸収(Cu アクセプターに正孔が捕獲されると吸収が生じる)，Al^{2+}(電子を捕獲した状態の中性ドナー)から伝導帯への電子遷移の吸収の測定，また，吸収強度の励起後の時間変化を測定し，発光の減衰速度と光励起により生じた Cu および Al の吸収の減衰速度が一致するとの結果から"深い"ドナー–アクセプター対による発光と結論された．

"深い"ドナー–アクセプター対による発光スペクトルはフォノン放出を伴っているので，その解析よりドナー準位の深さ E_D やアクセプター準位の深さ E_A を

正確に決定するのは困難であり，半導体の評価に対しては意味のある情報を得ることは困難である．一方，"浅い"ドナー-アクセプター対による発光が低温でしか観測されず，実用上の興味が少ないのに対し，"深い"ドナー-アクセプター対による発光は，室温においても高い効率で発光するので，発光材料としては非常に重要である．この発光の蛍光体としての応用は 3.2.2 で述べた．

> **[3.3.4 まとめ]**
> - 半導体からの発光の主なものには次のようなものがあり，発光のエネルギー $h\nu$ は次のような式で与えられる．
>   (a) 自由電子と自由正孔のバンド間直接再合による発光
> $h\nu = E_g$ (E_g はバンドギャップエネルギー)
>   (b) 自由励起子発光
> $h\nu = E_g - G_{ex}$ (G_{ex} は励起子束縛エネルギー)
>   (c) 束縛励起子発光
> $h\nu = E_g - G_{ex} - E_b$ (E_b は励起子を不純物に束縛しているエネルギー)
>   (d) ドナー-アクセプター対発光．
> $h\nu = E_g - (E_D + E_A) + e^2/(4\pi\varepsilon_0\varepsilon_r r)$
>   (E_D, E_A はそれぞれドナー，アクセプター準位のエネルギー，r はドナー，アクセプター間の距離)

3.3.5 混晶半導体

半導体の光学的性質は，その半導体の，(1) 禁制帯幅 (バンドギャップエネルギー) E_g, (2) 遷移型 (直接遷移，間接遷移)，(3) 結晶構造，(4) 格子定数 a, (5) 誘電率 ε, (6) 屈折率 n, などで決定される．したがって，1つの半導体を決めてしまうとすべてが決定され，E_g や遷移型を変えることはできない．そこで，2種の半導体を組み合わせ，その両者の中間的な性質をもつ半導体をつくり出したものが混晶である．2種だけでなく，3種，4種，等々と組み合わせたものもある．名称は構成元素種の数により3元混晶，4元混晶と呼ばれる．例えば，AlGaAs は AlAs と GaAs の2種類の半導体の混晶であり，3元混晶と呼ばれる．これらの半導体は，基礎的研究や応用的研究からみても重要である．特に，近年光エレクトロニクスへの応用がより重要となりつつある．そのなかで，発光ダイオード (light emitting diode : LED) やレーザダイオード (laser diode : LD) はそ

の中心をなすが，そのさいにこれらの混晶である3元，4元の混晶半導体がその主役をなしている．たとえば，光情報処理分野で重要なIII-V族半導体の混晶 $(Al_xGa_{1-x})_{0.5}In_{0.5}P$ は4元混晶である．その割合は x を $x=0\sim1$ まで変化させることができる．この混晶を用いることにより，発振波長 $\lambda=0.63\sim0.68\ \mu m$ のレーザダイオードが実現されており，気体ガスレーザであるHe-Neレーザの波長 $0.63\ \mu m$ と同じ波長での発振も可能になっている．このほか(AlGa)Asの $0.7\ \mu m$，$0.8\ \mu m$ 波長帯レーザは3元の混晶半導体である．光通信用半導体レーザダイオードにも混晶半導体を用いる．これには4元の混晶である(InGa)(AsP)が用いられている．この通信用のレーザダイオードの波長 λ は，光ファイバーの損失の小さい波長に合わされており，$\lambda=1.3\ \mu m$ または $\lambda=1.55\ \mu m$ である．

a. III-V族化合物半導体とII-VI族化合物半導体

混晶半導体に関しては，すでに多くの基礎的な研究がなされている．特に，III-V族化合物半導体(III族：Al, Ga, In, V族：N, P, As, Sb)の混晶は，応用上，光通信や光情報処理の分野で重要であるために多くの基礎研究や開発，応用研究がなされてきた．これらの材料では，レーザダイオードでは赤外から赤色発光($2\ \mu m\sim630\ nm$)の波長域での発振が可能であり，最近では，紫色(400 nm)のレーザ発振も実現されている．発光ダイオードとしては赤，黄，緑，青色の全可視領域での発光が可能である．

II-VI族化合物半導体(II族：Mg, Zn, Cd, Hg, VI族：S, Se, Te)の混晶も興味深い特徴をもっている．蛍光体の母体材料として，また，近赤外領域でのデ

表 3.5 主なII-VI，III-V族化合物半導体の物理的性質

	GaAs	AlAs	GaP	InP	ZnSe	ZnS	ZnS
結晶構造	閃亜鉛鉱	閃亜鉛鉱	閃亜鉛鉱	閃亜鉛鉱	閃亜鉛鉱	閃亜鉛鉱	ウルツ鉱
格子定数 [Å]	5.653	5.660	5.451	5.869	5.668	5.409	$a=3.820$ $c=6.260$
バンドギャップ (室温) [eV] (Γ-Γ) 直接 (X-Γ) 間接	1.428 1.86	2.95 2.153	2.78 2.268	1.34 2.06	2.7	3.7	3.8
遷移型	直接	間接	間接	直接	直接	直接	直接
比誘電率	12.9	10.1	11.0	12.6	8.7	8.6	8.3

バイスの材料として使用されている．また最近，青緑発光レーザダイオードが報告され，盛んに研究されている．

表 3.5 には，代表的な III-V 族と II-VI 族化合物半導体の物理的性質をまとめてある．混晶をつくる場合には，組み合わせようとする半導体の結晶構造，格子定数，禁制帯幅，遷移型，誘電率，屈折率などを考慮に入れなければならない．たとえば，III-V 族の混晶で考えてみる．結晶構造はほとんどすべて閃亜鉛鉱構造であるので，いずれの組合せも基本的には可能である．

バンドギャップエネルギー幅は狭いものから広いものがある．一般的には混晶をつくるとその 2 種類のものの間，例えば GaAs と AlAs の組合せでは，$E_g(\mathrm{GaAs})=1.43$ [eV] から $E_g(\mathrm{AlAs})=2.15$ [eV] まで変化できる．

遷移型には，直接遷移と間接遷移のものがある．発光の観点から考えると，一般に直接型のものは発光効率がよく，間接型のものはわるい．また，発光の寿命は，直接型は短く，間接型は長い．直接遷移と間接遷移の半導体で混晶をつくると，組成比を変えていくに従って，直接遷移から間接遷移へ（間接遷移から直接遷移へ）変わる．

誘電率 ε はおおよそ 10 前後の値である．光エレクトロニクスで考えるさいには，ε が大きければ光のエネルギーを多く蓄積できることを意味する．すなわち，光閉じ込めが可能である．このため，レーザダイオードをつくるさいには，たいせつな光学定数である．

b. 格子定数とバンドギャップ，遷移型（直接遷移，間接遷移）

図 3.30 には，混晶のバンドギャップエネルギー E_g と格子定数 a の関係を示す．混晶をつくるさいに最もたいせつである．最近では，半導体の薄膜をつくるさいにエピタキシャル法と呼ばれる成長法が用いられる．これは，ある半導体基板の上に，それと同じ格子定数や結晶構造をもつ半導体膜を成長させるものである．この成長法は基板の性質を記憶して半導体膜が成長するので，成長した半導体膜は欠陥が少ない．そのような半導体膜を用いると特性のよいデバイスができる．たとえば，半導体レーザを GaAs 基板上にエピタキシャル成長させて作製する場合を考えてみる．GaAs の格子定数 a は $a(\mathrm{GaAs})=5.653$ Å である．この上に GaP を成長させようとすると，格子定数 a は $a(\mathrm{GaP})=5.451$ Å であり，$a(\mathrm{GaP}) < a(\mathrm{GaAs})$ であり，一致していない．そこで，図 3.30 に示すように，

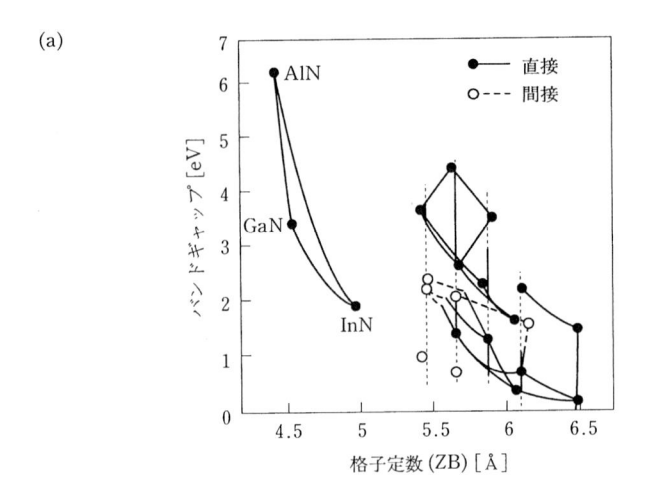

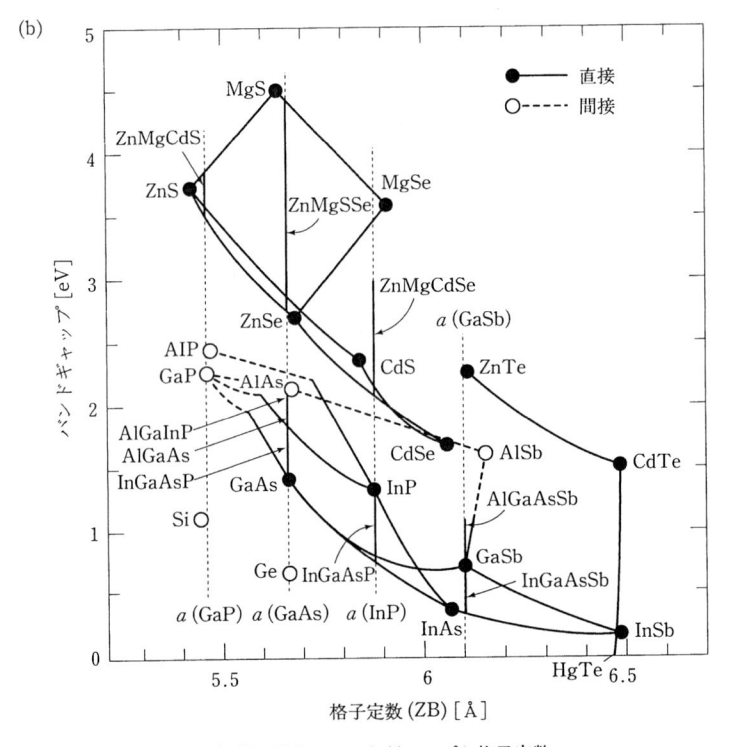

図 3.30 混晶のバンドギャップと格子定数
(a) 窒化物と全体図, (b) 窒化物以外. 主な基板に格子整合する混晶を太線で示す.

GaAsより小さな格子定数をもつ GaP, AlP と, GaAs より大きな格子定数をもつ InP, InAs の混晶をつくり, GaAs と同じ格子定数をもつ混晶をつくる. 図に示すように, それらは (AlGaIn)P, (InGa)(AsP) などの4元混晶半導体である. また, AlAs と GaAs の格子定数は, ほとんど等しいので, (AlGa)As の3元混晶をつくることができる. 基板には, GaAs のほかには InP が用いられている. この場合, InP の格子定数 a は a(InP)=5.869 Å であり, それと同じ格子定数をもつものには, (InGa)(AsP) がある. これら格子定数 a が同じものは, 格子整合がとれているという. バンドギャップエネルギー E_g は, それぞれの組成比で決まる. それは, 縦軸の E_g をみるとわかる. GaAs 基板に格子整合する3元, 4元混晶は近赤外 (0.8 μm) から赤色 (600 nm) のレーザダイオードや発光ダイオードを作製するのに使用される. また, InP 基板に格子整合する4元混晶 (InGa)(AsP) を用いると 1.5〜1.3 μm の, 光ファイバーの低損失波長でのレーザダイオードをつくることができ, 光通信用のレーザダイオードの材料として欠かせないものである.

　III-V族やII-VI族化合物半導体のなかで直接遷移型のものは, 伝導帯の最低点 Γ 点にある電子と価電子帯の最高点 Γ 点にある正孔の再結合で発光を生ずる. 混晶をつくった場合, たとえば ZnSe と ZnS ではいずれも直接遷移型であるので, Zn(SSe) は直接遷移型であり, バンドギャップは E_g(ZnSe)=2.7 eV から E_g(ZnS)=3.7 eV まで変化するが, その遷移型は直接遷移であり変わらない. これに対して, GaAs と GaP との混晶 Ga(AsP) では様子が異なる. GaAs は Γ-Γ 間の直接遷移型である. 一方, GaP の伝導帯の最低点は X 点にあり, 価電子帯の最高点は Γ 点である. したがって, GaP は間接型である. Ga(As$_{1-x}$P$_x$) は, $x=0$ では GaAs そのものであり直接遷移型であり, x〜0.45 において, 直接型から間接型へと変化する (伝導帯の X 点のエネルギーが Γ 点のエネルギーより低くなる). $x=1$ では GaP であり間接型である. 図では, 直接遷移の組成領域を実線で, 間接遷移の組成領域を破線で示してある.

　3元, 4元混晶を用いると, 格子定数が同じで, バンドギャップの異なる組合せを得ることができる. これらの混晶の組合せを利用して, ヘテロ (異種) 接合をつくることにより, 電子・正孔の閉じ込めが可能となり半導体レーザが実現された. また最近では, さらに進んで, 3.4 で説明する量子効果を用いた半導体材

料を実現する基礎にもなっている．

　混晶は，半導体レーザや発光ダイオードばかりでなく，蛍光体においても利用されている．3.2.2で深いドナー–アクセプター対による発光を用いた(ZnCd)S:Cu, Al蛍光体にふれたが，この蛍光体では，混晶を用いることによりバンドギャップエネルギーを変え，必要な発光波長を得ている．

［3.3.5　まとめ］

- 2つの半導体がIII-V族半導体どうし，またはII-VI族半導体どうしであり，その結晶構造が同じであれば，2つの半導体が混じり合った混晶をつくることができる．
- 混晶半導体の物理量である，(1)バンドギャップエネルギー，(2)格子定数，(3)誘電率，(4)屈折率などは，もとの2つの半導体の値の間で連続して変化させることができる．
- 2つの半導体が直接遷移型，間接遷移型のバンド構造をもっているときは，その混晶の遷移型は，ある混晶比で直接から間接遷移へ，あるいは間接から直接遷移へと変化する．

3.3.6　電子密度，正孔密度と発光

　半導体からの発光においては，電子の数や正孔の数が重要な物理量となる．ここではGaAsを例にとり説明する．この理由は，GaAsを例として取り上げて説明すれば，この説明を他の半導体にも適用できるからである．また，GaAsは半導体発光の物理として重要であるとともに，応用としても発光ダイオード(light emitting diode : LED)や，半導体レーザ(laser diode : LD)としても重要である．

a.　半導体(GaAs)の原子数とキャリア(電子，正孔)数

　半導体中の電子–正孔対からの発光を考える場合には，その密度 $N_{e,h}$ [個/cm^3] を考える必要がある．たとえば，一例としてGaAsを考えてみる．図3.31にGaAs半導体の結晶構造を示す．GaAs半導体は，Ga原子とAs原子とからなる．その密度[個/cm^3]をそれぞれ $N(\mathrm{Ga})$, $N(\mathrm{As})$ とすれば，それらは等しく $N(\mathrm{Ga})=N(\mathrm{As})$ である．また，その数は $N(\mathrm{Ga})=N(\mathrm{As})=2.2\times10^{22}$ [個/cm^3] となる．次に，Ga原子とAs原子の距離 $d(\mathrm{Ga\text{-}As})$ を考えてみる．これは，$d=2.45$ Å $=0.245$ nm である．Ga原子とAs原子とは，主に共有結合で結ばれており，電子軌道でいえばsp^{3}混成軌道と呼ばれるものである．その結果，GaAs

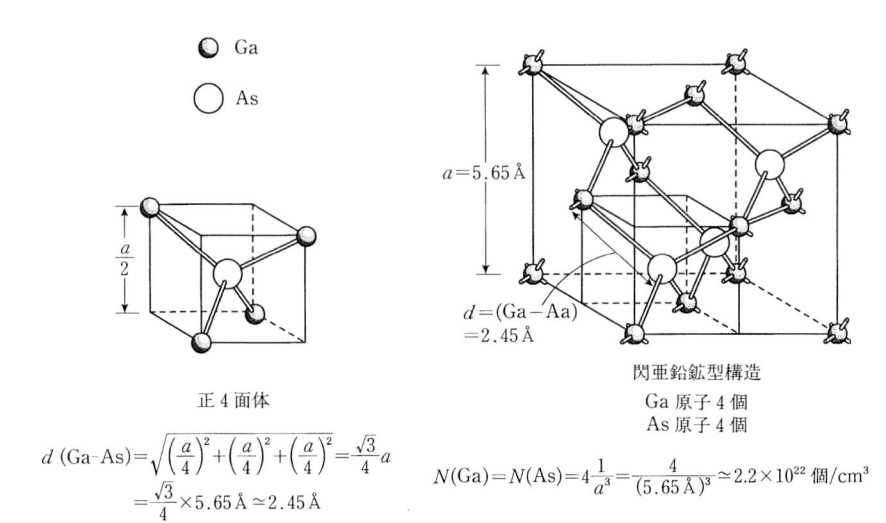

図 3.31 GaAs の結晶構造 (閃亜鉛鉱型構造)
電子軌道は sp³ 混成軌道であり各結合には 2 個の電子 (1 個の共有電子対) がある.

$$d(\text{Ga-As}) = \sqrt{\left(\frac{a}{4}\right)^2 + \left(\frac{a}{4}\right)^2 + \left(\frac{a}{4}\right)^2} = \frac{\sqrt{3}}{4}a = \frac{\sqrt{3}}{4} \times 5.65\,\text{Å} \approx 2.45\,\text{Å}$$

$$N(\text{Ga}) = N(\text{As}) = 4\frac{1}{a^3} = \frac{4}{(5.65\,\text{Å})^3} \approx 2.2 \times 10^{22}\,\text{個/cm}^3$$

は閃亜鉛鉱 (zincblende) 型構造となる. もしも, Ga と As を結びつけている電子 (価電子) が光などで励起され, 全部が自由電子となり伝導電子となったとすると, その数 N_e は $N_e = 1.8 \times 10^{23}$ [個/cm³] となる. この場合には結晶が壊れるので, 実際には, 全部が自由電子となることはありえない. 次に, 3 次元的に Ga-As の結合のうち 2 個に 1 個の割合で結合電子が自由電子になったとすると, 3 次元的には, $2 \times 2 \times 2 = 8$, ほぼ 10 個の結合に 1 個の割合で自由電子が生成するので, 自由電子の数 N_e は $N_e = 10^{22}$ [個/cm³] となる. 同様に, 5 個に 1 個の割合で自由電子ができるとすると, $5 \times 5 \times 5 = 125$, ほぼ 100 個に 1 個の割合となるので, $N_e = 10^{21}$ [個/cm³] となる. 以下同様に考えると, 1000 個 ($= 10 \times 10 \times 10$) に 1 個の割合であれば $N_e = 10^{20}$ [個/cm³] となる. いわゆる ppm (parts per million) であれば $1/10^6 (= 1/100 \times 1/100 \times 1/100)$ となるので, $N_e = 10^{17}$ [個/cm³] となる. 参考のために, ガス気体を考え, それと比較してみる. たとえば, 気体レーザを考えよう. この場合, 気体圧力は 1 Pa 程度なので, その中性原子数やイオン化原子数または電子数 N は, $N = 10^{14} \sim 10^{15}$ [個/cm³] である. これは GaAs と比較してみると $10^9 (= 1000 \times 1000 \times 1000)$ 個の共有結合に 1 個の割合で自由電子ができたことに対応する.

電子数ならびに正孔数(密度)は，単に数が多い少ないだけの問題ではない．数が多いということは，電子と正孔，また電子と電子，または正孔と正孔間の距離 d が近いということになる．電子と正孔または電子と電子は，互いにクーロン力を通じて引き合うか反発するかの相互作用を行っている．電子と正孔の数が小さい，すなわちその平均距離 d が大きいとき，温度によって，電子と正孔が互いに独立に運動する場合(高温のとき)と，クーロン力によって励起子またはエキシトン (exciton) と呼ばれる電子-正孔対を形成する場合(低温のとき)に分けられる．次に，電子と正孔の数が大きくなると，互いの距離 d が小さくなり，クーロン力はおおいに変形されてしまう．それはスクリーニング効果とも呼ばれている．その結果，プラズマ状態と呼ばれるものとなる．ここでは，これら電子と正孔の数または密度 [個/cm^3] の問題，また電子と正孔の距離の問題，それに伴う自由電子(正孔)，励起子，また電子・正孔プラズマについて，その基本的考え方を説明する．

b. キャリア(電子，正孔)密度と発光

図 3.32 には，電子と正孔の密度に着目したときの図がまとめてある．以下には，その密度 $N_{e,h}$ が小さい順に説明してある．

(1) N が小さいとき(低密度)： GaAs 中で電子や正孔の密度が小さいとき，すなわち $N_{e,h} < 10^{16} \sim 10^{17}$ [個/cm^3] の場合を考えてみる．この場合，さらに温度が低い場合と高い場合に分けて考える必要がある．低温の場合，電子と正孔はクーロン力で互いに引きつけあい，励起子(エキシトン)と呼ばれる対を形成する(図 3.32 (a))．励起子は，電子と正孔が結びつき，お互いはその重心を中心に回転している．そして，その重心は移動する．3.3.3 で説明したように，励起子のエネルギー準位は水素原子，またドナーやアクセプターの場合と同様に考えることができ，電子と正孔とに分かれて存在する状態と，励起子の基底状態とのエネルギー差は，GaAs の場合 4～5 meV である．したがって，励起子が，これ以上のエネルギーを受け取ると，電子と正孔に解離する．つまり高温の場合，例えば室温では熱エネルギーは 25 meV であるので，励起子はすぐに電子と正孔に分かれるので，図 3.32 (b) に示すように電子，正孔はそれぞれ独立に運動している．これらは自由電子 (free electron) または自由正孔 (free hole) と呼ばれている．自由電子または自由正孔はそれぞれ伝導帯と価電子帯を移動する．

3.3 半導体発光材料の物理

N [cm^{-3}]

- 10^{24}
- 1.8×10^{23}
- 10^{23} — 金属のプラズマ振動(光の反射) ($N_e \sim 10^{23}$ cm^{-3})

Ga と As の結合電子が全部とれた場合．これは現実的でない．

- 10^{22}
- 10^{21}
- 10^{20}
- 10^{19} (c) プラズマ
- 10^{18} (高温，室温) — 2重縮退した半導体(レーザ利得) (半導体レーザ) ($N_{e,h} \sim 10^{18} \sim 10^{19}$ cm^{-3})
- $d \lessapprox 130$ Å
- 10^{17} (b) 自由電子と自由正孔 — 自由電子と自由正孔の再結合 (発光ダイオード) ($N_{e,h} \sim 10^{17}$ cm^{-3})
- 10^{16}
- (低温 <50 K) — 深いドナー---アクセプター対の発光 (ZnS:Cu, Al 蛍光体) ($N_{e,h} \sim 10^{16}$ cm^{-3})
- 10^{15}
- (a) 励起子(エキシトン) — 〈気体ガスレーザ中の励起原子〉 ($N \lessapprox 10^{14} \sim 10^{15}$ cm^{-3})

電子と正孔が結びついている．

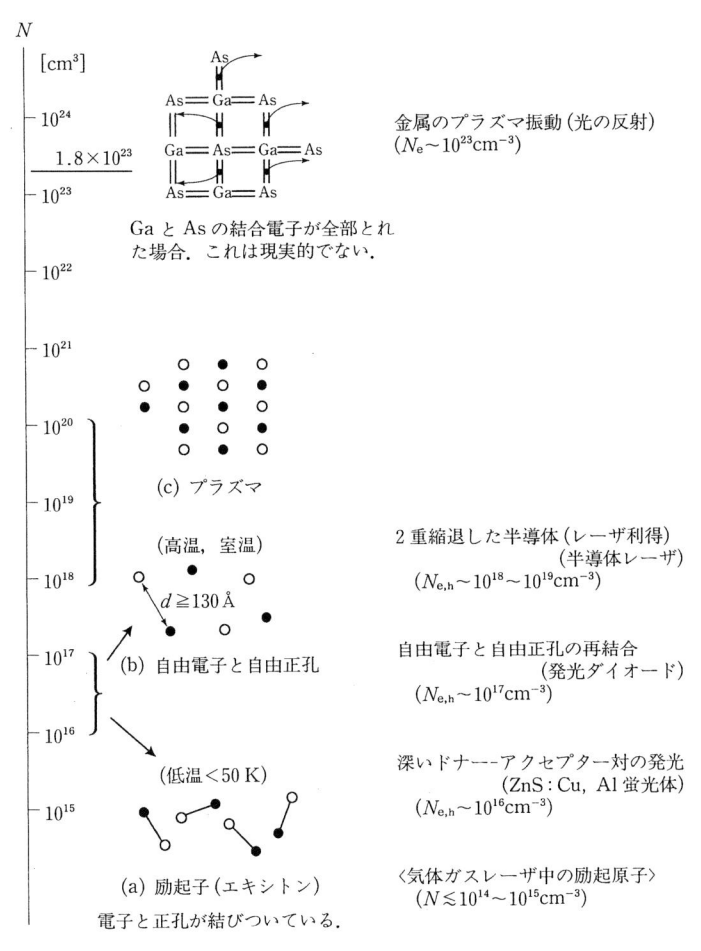

図 3.32 キャリア(電子，正孔)密度と発光

(2) $N_{e,h}$ が大きいとき(高密度)： 電子と正孔の密度 $N_{e,h}$ が，10^{17} [個/cm^3] 以上に増加したとする．この場合，電子と正孔の距離 d は，GaAs では $d \lessapprox 130$ Å となる．この状態になると，電子のすぐ近くには正孔が，そしてまた，正孔のすぐ近くに電子が存在するようになる．このため，電子の負電荷($-e$)のすぐ近くにはクーロン力のために正孔が集まり，電子の負電荷を弱めてしまう．このために見かけ上，弱い負の電荷となる．この状態は正孔にも起こる．この効果は，スクリーニング効果と呼ばれている．その結果，図 3.32 (c) に示すように

電子や正孔はそれぞれ独立して存在する状態を失い，集団としての性質を有するようになる．この状態は，プラズマ状態と呼ばれている．プラズマ状態のひとつの特徴は，プラズマ振動の ω_p で特徴づけられる．そのエネルギーは，励起子のように波数 k に対する分散はもたず，次のようにただ1つの振動数 ω_p をもつ．

$$\omega_p = \sqrt{\frac{N_e e^2}{\varepsilon m_e}} \tag{3.42}$$

ここで，m_e は電子の質量，e は電子の電荷，ε は GaAs の誘電率である．プラズマ振動は N_e に比例する．すなわち，密度 N_e が大きければ大きい振動数となる．また，m_e に反比例する．すなわち，質量が重いとゆっくりとした振動となる．誘電率 ε が大きいと ω_p は小さくなる．これは，ε が大きいとスクリーン効果が大きいので，見かけの電荷が小さくなり，その相互作用が小さくなることによる．

c. 発光デバイスと電子密度，正孔密度

図 3.32 には密度 $N_{e,h}$ に伴う発光現象を，物理的な問題とエレクトロニクスデバイスという立場で考えた場合についても示してある．問題は必ずしも半導体に限っていない．

(1) 金属中の電子密度(プラズマ振動)： 電子密度 $N_e = 10^{23}$ [個/cm³] の状態は，半導体では存在しない．しかし，金属では，それぞれの原子から1個ずつの電子が放出されるので，$N_e = 10^{23}$ [個/cm³] の状態が普通の状態である．これらの電子はプラズマ振動を生じ，その振動数は紫外線領域の光の振動数に達する．金属に光を当てると反射するのは，光の振動数がこのプラズマ振動数より小さいことも関係している．

(2) 縮退した電子・正孔プラズマ状態(レーザダイオード)： 半導体のキャリア(電子，正孔)密度が最も大きな状態は，半導体レーザの場合である．この場合は，後で述べるように反転分布を生じるために，すなわち電子と正孔が縮退した状態を実現するために，大きなキャリア密度が必要になる．

半導体レーザは p-n 接合を通じて電子と正孔を同時に多数再結合させることで生ずる．最近では，新しい概念である量子井戸(quantum well)や超格子(super lattice)構造の各種半導体レーザが開発されつつある．しかし，いずれにおいても電子と正孔を再結合させることにはかわりない．半導体レーザでは，活

性領域では電子-正孔対の密度は $N_{e,h} \geq 10^{18} \sim 10^{19}$ [個/cm³] である．電子も正孔も縮退している．すなわち，2重縮退をしている．発光は電子・正孔プラズマ状態から生じ，その発光が増幅されることによりレーザ発振に至る．

気体ガスレーザにおける励起された原子の密度は，$N = 10^{14} \sim 10^{15}$ [個/cm³] 程度である．いま，これをレーザという立場で考えてみる．半導体レーザでは，$N_{e,h} = 10^{18} \sim 10^{19}$ [個/cm³] である．すなわち，誘導放出となる電子遷移が，半導体レーザのほうが1000倍も大きい．これは単に数というだけでなくデバイスという立場からは，たいへんな進歩を生じた．すなわち，たとえば気体レーザの長さは1m程度である．これに対して，半導体レーザは 0.3～1 mm 程度である．この理由の主たる原因は，この電子-正孔対(半導体レーザ)と励起原子数(気体レーザ)の1000倍の差によっている．

(3) 高密度電子・正孔状態(発光ダイオード)： 発光ダイオードも，p-n接合を用いて電子と正孔を発光再結合させる．いま，n⁺-p接合をもつ発光ダイオードを考えよう．そのさいのn型領域の電子密度 N_e は $N_e \geq 10^{17} \sim 10^{18}$ [個/cm³] であり，p型領域の正孔濃度は $N_h \sim 10^{17}$ [個/cm³] である．縮退状態になっていない点を除けば，半導体レーザに近い状態である．

(4) 束縛励起子(発光ダイオード)： 自由励起子の結合エネルギーは 10～30 meV 程度であるから，その発光は低温でしか観測されず，発光デバイスに利用されることはない．しかし，3.3.3で説明したように，GaP中の等電子トラップに束縛された励起子からの発光は，室温でも強く観測され，GaP:Zn, O発光ダイオードとして用いられている．このときは，自由励起子が等電子トラップに束縛されるわけではなく，まず，電子が捕獲され，次いで，そのクーロン力により正孔を捕獲し，結果として励起子を束縛(トラップ)した状態をつくり，発光する．したがって，電子，正孔の密度が基本的に重要と考えなくてよく，その濃度は $N_{e,h} \sim 10^{17}$ [個/cm³] 程度である．

(5) ドナー-アクセプター対発光：ドナー-アクセプター対発光は，GaAs中では，低温で，$N_{e,h} < 10^{14} \sim 10^{16}$ で生ずる．この発光を考えるときには，ドナーに捕まった電子のボーア半径やドナー準位の深さ，また，アクセプター準位の深さが問題となる．問題とするエネルギーが，たとえばGaAsではドナー準位の深さが 6 meV と小さいので，液体ヘリウム温度(4.2 K)や液体窒素温度(77 K)

の低温でしか観測されない．このような発光は，"浅い"ドナー-アクセプター対発光と呼ばれ，物理的には興味深い問題があるが，オプトエレクトロニクスデバイスへの応用という観点からは興味がない．一方，"深い"ドナー-アクセプター対による発光は，応用上はたいへんに重要である．その代表的なものは，カラーテレビジョンのブラウン管の青色および緑色発光である．このときのキャリア密度は $N_{e,h} \sim 10^{16}$ 程度である．

[3.3.6 まとめ]

- 半導体のキャリア (電子, 正孔) 密度は重要な物理量である．
- 高いキャリア密度であっても，その密度は半導体を構成する原子密度と比較すると十分小さな値である．例として，GaAs の場合を考えると次のようになる．
  GaAs を構成する原子 (Ga, As) 密度： $N = 2.2 \times 10^{22}$ 　[cm^{-3}]
  キャリア (電子, 正孔) 密度： $n, p \sim 10^{19}$ 　[cm^{-3}]
  高キャリア密度でも $(n, p) < N/10^4$
- 発光デバイスである発光ダイオード，半導体レーザダイオードの動作時のキャリア密度はほぼ次の値である．
  発光ダイオード　　　： $10^{17} \sim 10^{18}$ 　[cm^{-3}]
  半導体レーザダイオード： $10^{18} \sim 10^{19}$ 　[cm^{-3}]
- 金属では原子密度とキャリア (電子) 密度が等しく ($N = n \sim 10^{23}$ cm^{-3})，電子密度は半導体の電子密度と比較すると 10^4 倍以上である．この多数の電子のためにプラズマ振動が生じるが，その周波数は紫外線の周波数に相当する．
- ガスレーザの場合，ガスの圧力を 1 Pa とすると，その密度は $10^{14} \sim 10^{15}$ 程度であり，半導体レーザダイオードのキャリア密度と比較すると 10^{-4} 程度である．これが，ガスレーザに比べて，半導体レーザダイオードのサイズを小さくできる主な原因である．

3.4　量子効果を用いた半導体材料の物理

量子力学は，水素原子の電子の運動を解明するために誕生したものであった．その後，この量子力学は半導体の分野にも適用され，今日の半導体の分野が誕生した．量子力学は，大きさ (サイズ) が小さい世界を支配する力学であるといえる．たとえば水素原子の直径は 1 Å ($=10^{-8}$ cm) = 0.1 nm のオーダーである．今日の半導体の分野では，その加工精度が上がり，マイクロメーター (μm) からナ

ノメーター (nm) へと進みつつある．1 ナノメーター (nm) は 10 Å であるが，このことは，半導体の微細加工の精度が 5～10 原子の程度となっていることを意味する．その結果，電子はこれらのサイズを感じ，その量子効果を顕著に示すようになる．

今日では，半導体の製作方法，特に極薄膜 (ナノメータ程度) の成長技術やその微細加工技術が進み，量子効果を積極的に用いてデバイスをつくろうとする研究分野が急速に進みつつある．これらの分野の半導体材料として量子薄膜，量子細線，量子箱と呼ばれているものがある．ここではこれらについて説明する．

3.4.1 量子薄膜 (量子井戸)，量子細線，量子箱 (量子ドット)
a. 自由度の低下 (次元の低下) とエネルギー状態，状態密度

図 3.33 には，(a) 結晶 (バルク) (電子の運動の自由度：3 次元)，(b) 量子薄膜 (量子井戸) (2 次元)，(c) 量子細線 (1 次元)，(d) 量子箱 (量子ドット) (0 次元) の半導体の様子と対応する電子の状態密度がまとめて描いてある．図には，箱や薄膜，細線が描かれているが，これは，ポテンシャル障壁によって，電子がそれらの領域に閉じ込められていることを表しており，実際の半導体では，あるバンドギャップエネルギーをもつ半導体薄膜，細線，箱が，それより大きなバンドギャップをもつ半導体のなかに埋め込まれているような構造で実現されている．正孔についても，エネルギーを逆にとれば，同じように考えることができる．ここで，最も興味ある現象や物理は，問題とするデバイスのサイズ (寸法) の減少とともに量子効果が顕著となることである．それと同時に，問題とするデバイスの形状が問題となることである．これはいいかえると，3 次，2 次，1 次，0 次と電子の運動の次元を下げていく問題となる．電子はこれに対応して量子化されていく．ここでは，そのうちでそのエネルギー状態と状態密度について説明する．

b. 結晶中の状態密度 — 電子の運動の自由度：3 次元，x, y, z 方向

図 3.33 (a)) に示すように，結晶 (バルク) は十分に大きく (1 辺の長さ L は 1000 nm 以上)，電子はこの箱の中に閉じ込められてはいるが，箱の中では 3 次元 (x 方向，y 方向，z 方向) の方向に自由に運動することができる．1 辺の長さ L 自体には，十分大きいという以上に特に意味はない．すなわち，単位体積あたりの状態密度を考えると，状態密度は L の大きさに依存しないので，電子の

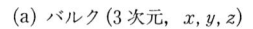

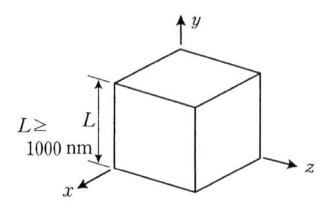

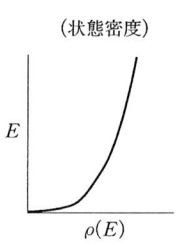

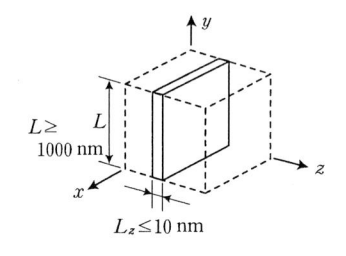

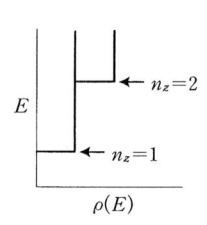

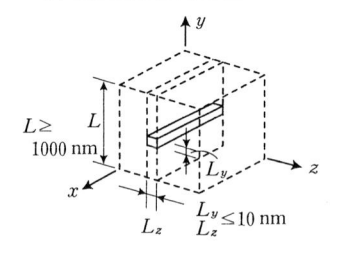

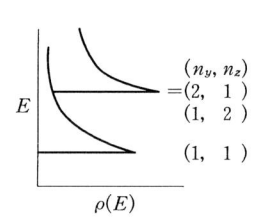

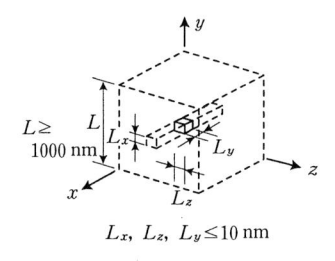

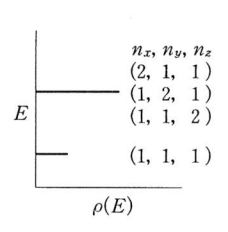

図 3.33 (a) 結晶 (バルク), (b) 量子薄膜, (c) 量子細線, (d) 量子箱と状態密度

3.4 量子効果を用いた半導体材料の物理

波動関数に周期的境界を適用してシュレディンガーの波動方程式を解くと，電子の波動関数と固有エネルギーは次式で与えられる．

$$\varphi = \left(\frac{1}{L}\right)^3 e^{i\frac{2\pi}{L}(n_x x + n_y y + n_z z)} \tag{3.43a}$$

$$E = \frac{\hbar^2}{2m}\left(\frac{2\pi}{L}\right)^2 (n_x^2 + n_y^2 + n_z^2) = \frac{\hbar^2}{2m} k^2 \tag{3.43b}$$

電子波の波数 k の各成分は，周期的境界条件から決まり，離散的な値となっているが，この場合には L の値は十分大きいと考えているので，波数ベクトル k は連続していると見なせ，その結果，電子のエネルギーも連続していると見なせる．

次に，バルク半導体での状態密度 $\rho(E)$ を考えよう．状態密度 $\rho(E)$ は，あるエネルギー E を考えたさいに，エネルギー $E \sim E + \Delta E$ の間に電子の量子状態が

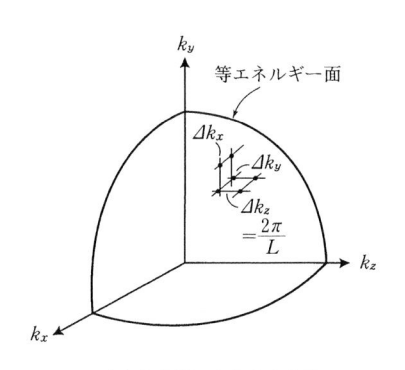

(a) k 空間でとりうる状態

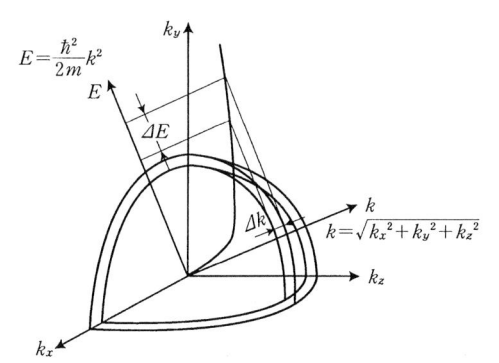

(b) k が $k \sim k + \Delta k$ まで変化したときのエネルギー ΔE の変化

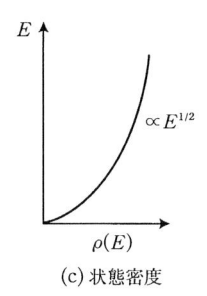

(c) 状態密度

図 3.34 結晶（バルク）中の電子の k 空間における状態と状態密度

いくつあるかで定義する．すなわち，状態密度 $\rho(E)$ は，エネルギー E をもつ電子が，単位エネルギー，単位体積あたり，いくつ存在しうるかを表す量である．状態密度はある意味でわかりにくい物理量である．そこで，量子井戸，量子細線の状態密度を考える基礎にもなるので，バルク結晶の状態密度をどのように考えるかを少し詳しく述べる．図3.34には，電子がエネルギー0の状態からエネルギー E の状態まで詰まっているときの，波数ベクトル $\boldsymbol{k}=(k_x, k_y, k_z)$ 空間の状態が描いてある．k 空間の各格子点に対応して，独立した波動関数があり，電子のスピンを考慮すると，各格子点には，2個の電子が存在することが可能である．電子のエネルギーは先の式(3.43b)で与えられるので，エネルギー E が一定の面は k 空間で球面となる．このエネルギーを $E+\varDelta E$ にすると，この球面は半径が $\varDelta k$ だけ大きい外側の球となる．$E=(\hbar k)^2/2m$ であるから，次の関係が得られる．

$$dE = \frac{\hbar^2}{m}kdk, \quad dk = \frac{m}{\hbar^2}\cdot\frac{1}{k}dE \tag{3.44}$$

すなわち，図3.34に示すように，k 空間でみたとき，エネルギーの幅 $dE(=\varDelta E)$ を一定と考えると，$dk(=\varDelta k)$ は，k の増加に反比例して狭くなる．この関係は，次に議論する，量子薄膜，量子細線でも同じである．$\varDelta k$ の幅に含まれる状態の数 $Z(k)dk$ は，k 空間で占める球殻の体積を1つの格子点が占める体積 $(2\pi/L)^3$ で割ったものであり，次式で与えられる（体積の次元が実空間と逆であることに注意）．

$$Z(k)dk = \frac{4\pi k^2 dk}{\left(\dfrac{2\pi}{L}\right)^3} = \frac{L^3}{2}\cdot\frac{k^2}{\pi^2}dk \tag{3.45}$$

1つの状態にはスピンを考慮すると2個の電子が収容できるから，単位体積あたりの状態密度 $\rho(E)$ は，$2Z(k)dk/V=(1/\pi^2)k\cdot kdk$ より，次式で与えられる．

$$\rho(E)dE = \frac{1}{2\pi^2}\cdot\frac{(2m)^{3/2}}{\hbar^3}E^{1/2}dE \;[\mathrm{cm^{-3}\cdot eV^{-1}}] \tag{3.46}$$

ここで，$V=L^3$ を用いた．このようにバルク結晶では，状態密度 $\rho(E)$ はよく知られているように $E^{1/2}$ に比例する．この様子を図3.34にあわせて示す．

c. 量子薄膜の状態密度 ── 電子の運動の自由度：2次元，x, y 方向

量子薄膜では，電子波はある一方向には閉じ込められており，その方向では運

3.4 量子効果を用いた半導体材料の物理　　121

動の自由度を失うことになる．この方向を z 方向とした例を図 3.33 (b) に示してある．ここでは x と y 方向の長さは，十分大きな値 L ($L > 1000$ nm) とする．これに対して，L_z は十分薄く ($L_z < 10$ nm) する．この場合の電子の波動関数と固有エネルギーは，次式で与えられる．ここで，x, y 方向には電子は自由に運動できるので周期的境界条件を適用し，z 方向については，$\varphi_{0,L_z} = 0$ との境界条件を用いた．

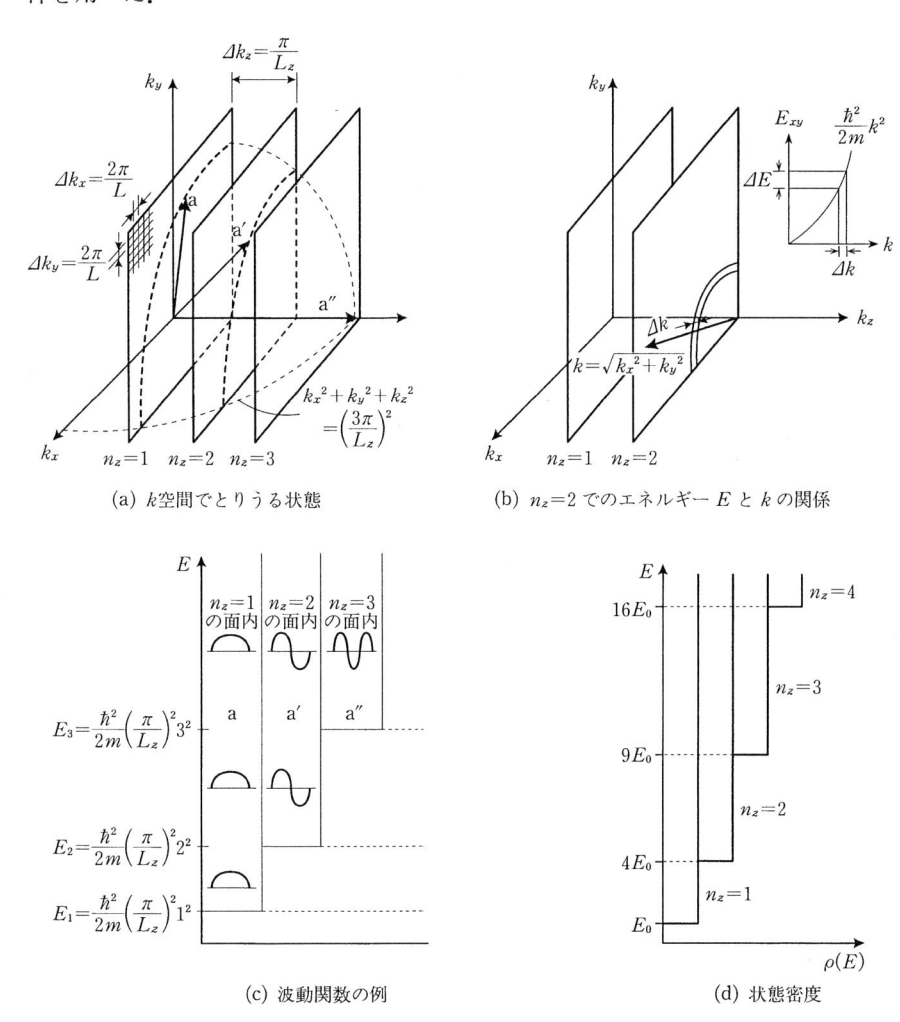

(a) k 空間でとりうる状態

(b) $n_z = 2$ でのエネルギー E と k の関係

(c) 波動関数の例

(d) 状態密度

図 3.35　量子薄膜中の電子の k 空間における状態と状態密度

$$\varphi \propto e^{i\frac{2\pi}{L}(n_x x + n_y y)} \cdot \sin\left(\frac{\pi}{L_z} n_z z\right) \qquad (3.47\mathrm{a})$$

$$E = \frac{\hbar^2}{2m}\left(\frac{2\pi}{L}\right)^2 (n_x^2 + n_y^2) + \frac{\hbar^2}{2m}\left(\frac{\pi}{L_z}\right)^2 n_z^2 = \frac{\hbar^2}{2m}k^2 + \frac{\hbar^2}{2m}\left(\frac{\pi}{L_z}\right)^2 n_z^2 \quad (3.47\mathrm{b})$$

ここで，たいせつなのは n_x, n_y また n_z が1だけ変化したときの k_x, k_y, k_z の変化，Δk_x, Δk_y, Δk_z の大きさの関係である．L が十分大きいと考えているので Δk_x と Δk_y は，3次元の場合と同様非常に小さく $(2\pi/L)$, k_x, k_y は連続的にかわると考えてよい．これに対して，Δk_z は (π/L_z) で与えられるが，L_z が小さいので，Δk_z は Δk_x, Δk_y に比較してずっと大きい．したがって，k_z は連続とは見なせず，$n_z = 1$, $n_z = 2$, … に対応する離散値をとり，エネルギーも離散的に考える必要がある．

次に，量子薄膜（量子井戸）の状態密度 $\rho(E)$（この場合はエネルギー E をもつ電子が，単位エネルギー，単位面積あたり，いくつ存在しうるかを表す量）を考えよう．図3.35に，量子薄膜に対応する k 空間での状態を示す．量子薄膜では，L_z が小さいので z 方向の波数 k_z は離散的な値をとっている．いま，n_z を1つ与えたとして，これに対応する $k_z = n_z \pi / L_z$（一定）の面での状態密度を考えてみる．k_x, k_y は連続して変化すると考えているので，ある n_z に対応する面内では電子は自由に運動しており，同じエネルギー E をもつ電子は，半径 $k = (k_x^2 + k_y^2)^{1/2}$ の円周上に分布することになる．Δk の幅に含まれる状態の数 $Z(k)dk$ は，この場合，k 空間で占める幅をもった円周の面積を1つの格子点が占める面積 $(2\pi/L)^2$ で割ったものであり，次式で与えられる．

$$Z(k)dk = \frac{2\pi k dk}{\left(\frac{2\pi}{L}\right)^2} = \frac{L^2}{2\pi} k dk \qquad (3.48)$$

バルクの場合と同様に，1つの状態にスピンを考慮して2つの電子が入るから，単位面積あたりの状態密度 $\rho(E)$ は，$2Z(k)dk/S = kdk/\pi$（ここで $S = L^2$ を用いた）より，エネルギー E と波数 k の関係式(3.44)を用いると次式で与えられる．

$$\rho(E)dE = \frac{1}{\pi} \cdot \frac{m}{\hbar^2} dE \quad [\mathrm{cm}^{-2} \cdot \mathrm{eV}^{-1}] \qquad (3.49)$$

つまり，図3.35示すように，ある1つの n_z に対して状態密度 $\rho(E)$ は一定となる．いいかえれば，式(3.44)の関係から，エネルギーが大きくなったとき，

同じ ΔE の変化に対して，Δk の変化は $1/k$ で小さくなるが，同じエネルギー E をもつ状態数は k に比例して増加し，この2つの関係が打ち消しあうことによって，結果的に状態密度が一定になると考えることができる．

電子のエネルギーは式 (3.47b) で与えられるので，電子のとりうる最低エネルギーは $n_z=1$ として次式で表される．

$$E_{\min}=E_1=\frac{\hbar^2}{2m}\left(\frac{\pi}{L_z}\right)^2=E_0 \tag{3.50a}$$

このとき，$k_x=k_y=0$ である．電子のエネルギー E は，k_x または k_y の増加とともに増加する．このとき，対応する状態密度 $\rho(E)$ は，上述のように，$\rho(E)=m/\pi\hbar^2$ と一定である．また，$n_z=2$ に対応する最低エネルギー ($k_x=k_y=0$) は次式で与えられる．

$$E_2=\frac{\hbar^2}{2m}\left(\frac{\pi}{L_z}\right)^2 2^2=4E_1=4E_0 \tag{3.50b}$$

電子のエネルギーが，このエネルギー E_2 より大きくなると，$n_z=1$ ($k_z=\pi/L_z$) 内で引き続き電子のエネルギーが増加すると同時に，$n_z=2$ ($k_z=2\pi/L_z$) の面内にも電子が存在できるようになるので，状態密度はちょうど2倍になる．すなわち，図3.35に示すように，階段状に増加する．同様なことは $n_z=3, 4$ に対応するエネルギーで次々と起こり，そのつど，状態密度が大きくなる．これらの状態密度 $\rho(E)$ はそれぞれ $\rho_1(E_1\sim\infty)$ ($n_z=1$)，$\rho_2(E_2\sim\infty)$ ($n_z=2$), $\cdots$, $\rho_n(E_n\sim\infty)$ ($n_z=n$) となるが，いずれも式 (3.49) で与えられ，同じ一定値である．その結果，状態密度 $\rho(E)$ は，エネルギー E が $E_1, E_2, \cdots$ と増加していくと，そのたびにその前の状態密度に新たな状態密度が加えられ，図3.35に示すようになる．図には，この量子薄膜のエネルギー状態と波動関数の関係をもう少し詳しく描いてある．$n_z=1$ に対しては，量子薄膜中で z 方向に，半波長が L_z の電子波が存在することを意味する．$n_z=2$ に対しては，1波長が L_z の電子波が存在する．$n_z=3$ については，3/2波長が L_z の電子波に対応する．そして，それぞれ別に k_x, k_y が変化する．各 n_z の状態におけるエネルギー E の増加は，この k_x, k_y の増加によるものである．なお，各状態に対応する波数ベクトルを図3.35に示す．a, a′, a″ などは同じエネルギーであるが，k の状態は異なることに注意されたい．

d. 量子細線の状態密度 —— 電子の運動の自由度：1次元，x 方向

量子細線では，電子波は2つの方向から閉じ込められており，その方向の運動

の自由度を失う．残りの一方向に対しては自由に運動できるが，この方向を x 方向とした例を図3.33(c)に示してある．ここでは $L_y=L_z=L_{y,z}<10$ nm とする．これに対して x 方向の長さは十分大きな値 L ($L>1000$ nm) とする．この場合の電子の波動関数と固有エネルギーは，次式で与えられる．x 方向には電子は自由に運動できるので，周期的境界条件を適用し，y, z 方向については，$\varphi_{0,L_y}=0, \varphi_{0,L_z}=0$ との境界条件を用いた．

$$\varphi \propto e^{i\frac{2\pi}{L}n_x x} \cdot \sin\left(\frac{\pi}{L_y}n_y y\right)\sin\left(\frac{\pi}{L_z}n_z z\right) \tag{3.51 a}$$

$$E=\frac{\hbar^2}{2m}\left(\frac{2\pi}{L}\right)^2 n_x{}^2+\frac{\hbar^2}{2m}\left(\frac{\pi}{L_{y,z}}\right)^2(n_y{}^2+n_z{}^2) \tag{3.51 b}$$

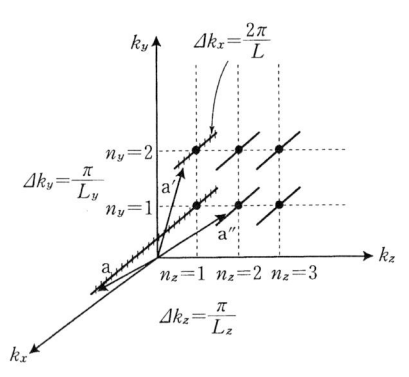

(a) k 空間でとりうる状態

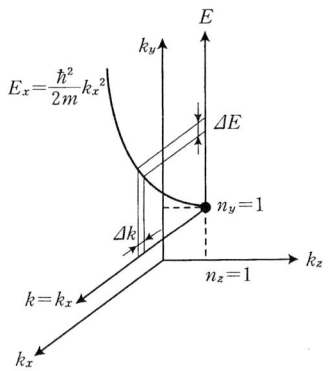

(b) $(n_y, n_z)=(1,1)$ でのエネルギー E と k_x の関係

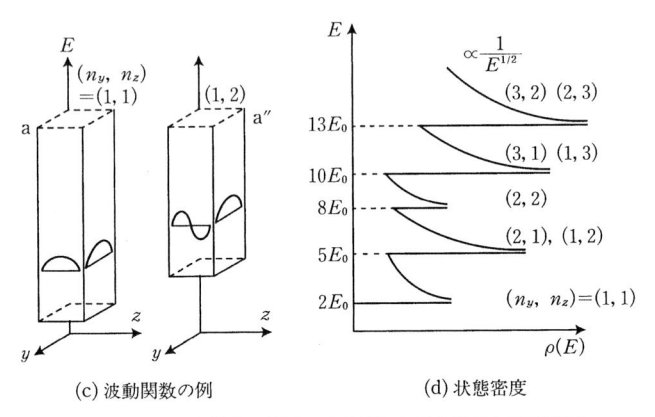

(c) 波動関数の例

(d) 状態密度

図 3.36 量子細線中の電子の k 空間における状態と状態密度

ここで，L が十分大きいと考えているので Δk_x は，3次元の場合と同様非常に小さく $(2\pi/L)$，k_x は連続的にかわると考えてよい．これに対して，Δk_y，Δk_z は $(\pi/L_y, \pi/L_z)$ で与えられるが，L_y，L_z が小さいので Δk_y，Δk_z は Δk_x に比較してずっと大きい．したがって，k_y，k_z は連続とは見なせず，$n_y=1,2,\cdots$，$n_z=1,2,\cdots$ に対応する離散値をとり，エネルギーも離散的に考える必要がある．

次に，量子細線の状態密度 $\rho(E)$（この場合はエネルギー E をもつ電子が，単位エネルギー，単位長さあたり，いくつ存在しうるかを表す量）を考えよう．図3.36に，量子細線に対応する，k 空間での状態を示す．量子細線では，L_y，L_z が小さいので k 空間の k_y，k_z 面内で (n_y, n_z) で指定される点に離散的な値をとっている．いま，(n_y, n_z) を1組与えたとして（図では $(1, 1)$）これに対応する，$k_y=n_y\pi/L_y$，$k_z=n_z\pi/L_z$（一定）の線上での状態密度を考えてみる．k_x は連続して変化すると考えているので，ある (n_y, n_z) に対応する線上では電子は自由に運動しており，エネルギー E をもつ電子は，$k=k_x$ の点に分布することになる．Δk の幅に含まれる状態の数 $Z(k)dk$ は，この場合，k 空間（k_x 線上）で占める幅 Δk_x を1つの格子点が占める幅 $(2\pi/L)$ で割ったものであり，次式で与えられる．

$$Z(k)dk = \frac{dk}{\left(\frac{2\pi}{L}\right)} = \frac{L}{2\pi}dk \tag{3.52}$$

バルクの場合と同様に，1つの状態にスピンを考慮して2つの電子が入るから，1本の量子細線の単位長さあたりの状態密度 $\rho(E)$ は，$2Z(k)dk/L=dk/\pi$ より，エネルギー E と波数 k の関係式 (3.44) を用いると次式で与えられる．

$$\rho(E)dE = \frac{1}{2\pi} \cdot \frac{(2m)^{1/2}}{h} \cdot \frac{1}{E^{1/2}}dE \quad [\text{cm}^{-1}\cdot\text{eV}^{-1}] \tag{3.53}$$

つまり，図3.36に示すように，ある1つの (n_y, n_z) に対して状態密度 $\rho(E)$ は，エネルギー E の増加とともに減少する．いいかえれば，式 (3.44) の関係から，エネルギーが大きくなったとき，同じ ΔE の変化に対して，Δk の変化は $1/k$ で小さくなるが，同じエネルギー E をもつ状態数は k に対して一定なので，状態密度が減少することになると考えることができる．この近似では，$k_x=0$ で状態密度 $\rho(E)$ は無限大になるように見えるが，実際には，k_x は有限の最小値 $2\pi/L$ をとるので $\rho(E)$ が発散することはない．

電子のエネルギーは式 (3.51b) で与えられるので，電子のとりうる最低エネルギーは $(n_y, n_z)=(1,1)$ として次式で表される．ここで，$L_y=L_z=L_{y,z}$ とした．

$$E_{\min}=E_{11}=\frac{\hbar^2}{2m}\left(\frac{\pi}{L_{y,z}}\right)^2(1^2+1^2)=2E_0 \qquad (3.54\,\mathrm{a})$$

このとき，$k_x=0$ である．電子のエネルギー E は，k_x の増加とともに増加する．このとき，対応する状態密度 $\rho(E)$ は，上述のように，$\rho(E)\propto E^{-1/2}$ で減少する．また，$(n_y, n_z)=(1,2)$ または $(2,1)$ に対応する最低エネルギー ($k_x=0$) は次式で与えられる．

$$E_{12}=E_{21}=\frac{\hbar^2}{2m}\left(\frac{\pi}{L_{y,z}}\right)^2(1^2+2^2)=5E_0 \qquad (3.54\,\mathrm{b})$$

電子のエネルギーが，このエネルギー E_2 より大きくなると，$(n_y, n_z)=(1,1)$ ($k_y=k_z=\pi/L_{y,z}$) の k_x 線上で引き続き電子のエネルギーが増加すると同時に，$(n_y, n_z)=(1,2)$ または $(2,1)$ (($k_y=\pi/L_y, k_z=2\pi/L_z$) または ($k_y=2\pi/L_y, k_z=\pi/L_z$)) の k_x 線上にも電子が存在できるようになるので，状態密度は大きくなる．すなわち，図3.36に示すように，次のピークをもつ．このとき状態密度は2倍になる．同様なことは，$(n_y, n_z)=(2,2), (1,3)$ に対応するエネルギーで次々と起こり，そのつど，状態密度がピークをもち，加算されることになる．これらの状態密度 $\rho(E)$ はそれぞれ $\rho_1(E_1\sim\infty)$ $(n_y, n_z)=(1,1), \rho_2(E_2\sim\infty)$ $(n_y, n_z)=(1,2)$ or $(1,2), \cdots$ となるが，縮重度 (ρ_1 では1，ρ_2 では2) に比例することを除くと，いずれも，式 (3.53) で与えられる．その結果，状態密度 $\rho(E)$ は，エネルギー E が $E_1, E_2, \cdots$ と増加していくと，そのたびにその前の減少した状態密度に新たに状態密度が加えられ，図3.36に示すような多くのピークをもつ．図には，この量子細線のエネルギー状態と波動関数の関係をもう少し詳しく描いてある．$(n_y, n_z)=(1,1)$ に対応しては，量子細線中で y 方向と z 方向では，半波長が L_y, L_z の電子波が存在することを意味する．$(n_y, n_z)=(1,2)$ に対しては，L_y については半波長，L_z については1波長の電子波が存在する．そして，それとは別に k_x が変化する．各 (n_y, n_z) の状態におけるエネルギー E の増加は，この k_x の増加によるものである．なお，各状態に対応する波数ベクトルを図3.36に示す．a, a′, a″ などは同じエネルギーであるが，k の状態は異なることに注意されたい．

e. 量子箱の状態密度 ── 電子の運動の自由度：0次元

量子箱では，電子波は3つの方向，すなわちすべての方向から閉じ込められて

おり，運動の自由度を失う．その例を図 3.33(d) に示してある．ここでは $L_x=L_y=L_z=L_{x,y,z}<10\,\mathrm{nm}$ とする．この場合の電子の波動関数と固有エネルギーは，次式で与えられる．電子は量子箱の中に閉じ込められているので，$\varphi_{0,L_x}=0$，$\varphi_{0,L_y}=0$，$\varphi_{0,L_z}=0$ との境界条件を用いた．

$$\varphi = A\sin\left(\frac{\pi}{L_x}n_x x\right)\sin\left(\frac{\pi}{L_y}n_y y\right)\sin\left(\frac{\pi}{L_z}n_z z\right) \tag{3.55a}$$

$$E = \frac{\hbar^2}{2m}\left(\frac{\pi}{L_{x,y,z}}\right)^2(n_x^2+n_y^2+n_z^2) \tag{3.55b}$$

ここで，Δk_x, Δk_y, Δk_z は $(\pi/L_x, \pi/L_y, \pi/L_z)$ で与えられるが，L_x, L_y, L_z が小さいので Δk_x, Δk_y, Δk_z は Δk_x は連続とは見なせず，$n_x=1,2,\cdots$, $n_y=1,2$, $\cdots$, $n_z=1,2,\cdots$ に対応する離散値をとり，エネルギーも離散的に考える必要があ

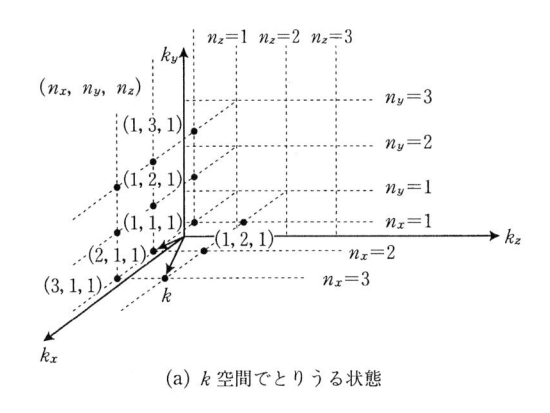

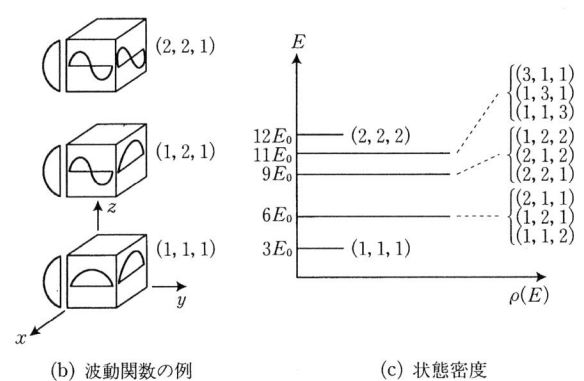

(a) k 空間でとりうる状態

(b) 波動関数の例　　　(c) 状態密度

図 3.37　量子箱中の電子の k 空間における状態と状態密度

る．これを3.4.1b項で述べた結晶（バルク）の電子の場合と比較してみる．量子箱中の電子に対する式(3.55a, b)の形は，結晶（バルク）中の電子に対する式(3.43a, b)と同じだが，量子箱ではL_x, L_y, L_zがバルクの場合の大きさLに比較して非常に小さいので，n_x, n_y, n_zの変化に対して，波数ベクトルk，そして，エネルギーEは連続とは見なせなくなる．したがって，状態密度も図に示すように離散的となり，特定のエネルギーに対する状態数で表される．この場合のk空間での波動ベクトルの様子，状態密度を図3.37に示す．また，波動関数の例も示してある．

電子のエネルギーは式(3.55b)で与えられるので，電子のとりうる最低エネルギーは$(n_x, n_y, n_z)=(1, 1, 1)$として次式で表される．ここで，$L_x=L_y=L_z=L_{x,y,z}$とした．

$$E_{\min}=E_{111}=\frac{\hbar^2}{2m}\left(\frac{\pi}{L_{x,y,z}}\right)^2(1^2+1^2+1^2)=3E_0 \tag{3.56}$$

電子のエネルギーは，E_0を単位として，低いほうから，$3E_0:(1,1,1)$, $6E_0:(2,1,1)$, $9E_0:(2,2,1)$, $11E_0:(3,1,1)$, $12E_0:(2,2,2)$, …となる．対応する状態数nは，1, 3, 3, 3, 1, …となる．単位体積あたりN個の量子箱が含まれているときには，特定のエネルギー準位に対して状態密度は$nN[\mathrm{cm}^{-3}]$で与えられる．

3.4.2 量子薄膜，量子細線，量子箱とレーザ利得

量子薄膜や量子細線，また量子箱は，特に半導体レーザをつくるさいに興味深く重要である．半導体レーザについては，4章の4.3.2で詳しく述べるが，レーザ利得$g(E)$は状態密度に依存し次式で与えられる．

$$g(E)\propto\rho_c(E)f_c(E)\cdot\rho_v(E)(1-f_v(E)) \tag{3.57}$$

ここで，$\rho_c(E)$は伝導帯での電子の状態密度，$f_c(E)$は電子に対するフェルミ分布関数であり，$\rho_v(E)$は価電子帯での正孔の状態密度，$(1-f_v(E))$は正孔の分布関数である．図3.38には，状態密度とレーザ利得について，それぞれ，(a)バルク，(b)量子薄膜（量子井戸），(c)量子細線，(d)量子箱について描いてある．ここでは結果のみを示し，その詳細な理論や計算についてはふれない．図からもわかるように，量子化が進むにつれて利得のピーク値が大きくなる．それと同時にまた，利得スペクトル幅が狭くなる．このような現象は，これまでに詳しく述

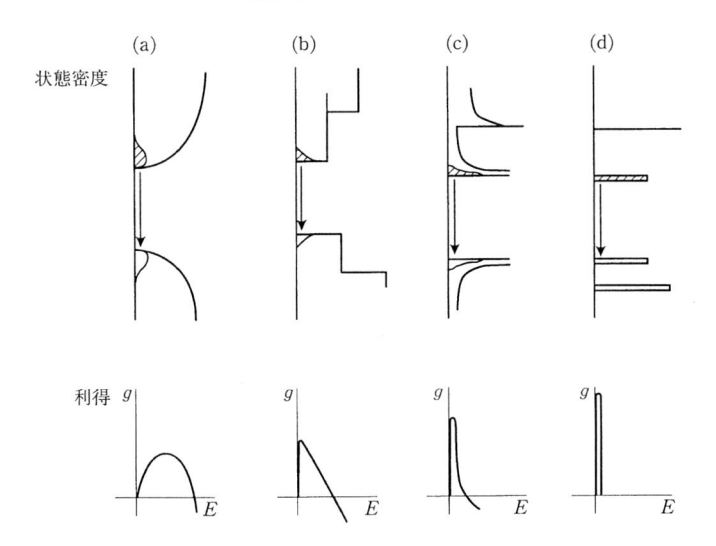

図 3.38 (a) バルク, (b) 量子薄膜, (c) 量子細線, (d) 量子箱の状態密度とレーザ利得
量子化 (次元の低下) が進むにつれて, 利得のピーク値が大きくなり, また利得スペクトル
幅が狭くなる.

べたように, 状態密度の幅が量子化により狭くなることが本質的な理由である.

半導体レーザを考えるときには利得とともに光の閉じ込めが重要である. 量子効果を用いて利得スペクトルを制御できるが, そのさい, 電子波を閉じ込めるために, サイズを 10 nm 程度と小さくした. しかし, この値は, 光を閉じ込めるサイズとしては小さすぎる. いま, 波長 1 μm の光を閉じ込めると考えてみる. 問題としている半導体の屈折率を n_s とすると, 半導体中での光の半波長 $\lambda_s/2$ は次式で与えられる.

$$\frac{\lambda_s}{2} = \frac{1}{2}\left(\frac{\lambda}{n_s}\right) \tag{3.58}$$

n_s は 3~4 程度であるから $\lambda_s/2 = 130$~170 nm と, 量子構造のサイズより 1 桁以上大きい. いいかえると光は, キャリア (電子・正孔) 閉じ込め領域からはみ出してしまい光閉じ込めができない. このため, 量子薄膜, 量子細線, 量子箱と光を閉じ込める構造を別にして考慮しなければならない. キャリアの閉じ込めと光の閉じ込めを同時に実現することを工夫した量子薄膜 (量子井戸) レーザの例を図 3.39 に示す.

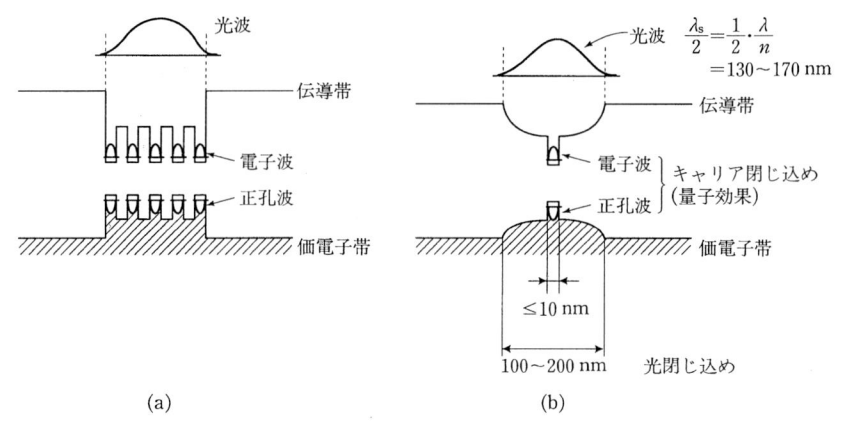

図 3.39 キャリアの閉じ込めと光の閉じ込め
(a) 多重量子薄膜(井戸)(MQW)構造と (b) GRIN-SCH 構造

(1) 多重量子薄膜(井戸)： 多重量子井戸 (multiple quantum well : MQW) では，それぞれの井戸にキャリアを閉じ込める．さらに，これら全体として光を閉じ込めるようにする．すなわち，個々の量子井戸のサイズは 10 nm 程度であり，井戸を 10 個つくれば全体として 100 nm 程度となり，光閉じ込めも可能となる．

(2) graded index separate confinement heterostructure (GRIN-SCH)： この構造のものは，図からもわかるように電子波を閉じ込める量子井戸は 1 個である．これに対して光波はバンドのくぼんだ領域全体にわたって閉じ込めるようにする．この図では描いていないが，屈折率 n が量子井戸のところで最も大きく，それから外れるにしたがって次第に小さくなるようにしてある．光波は量子井戸からはみ出しているが，屈折率が連続して変化している領域に閉じ込められている．

3.4.3 歪量子井戸レーザ

最近，新しい量子井戸レーザとして歪量子井戸レーザと呼ばれるものが多く研究されている．異なる材料を組み合わせてダブルヘテロ構造や量子井戸構造をつくる場合，従来は格子定数が同じ材料の組合せで使うことが必要とされてきた．これは，格子定数が違えば，結晶格子に不連続な部分，すなわち欠陥ができ，その結果，半導体レーザの発光効率や寿命に重大な悪影響を与えるためである．し

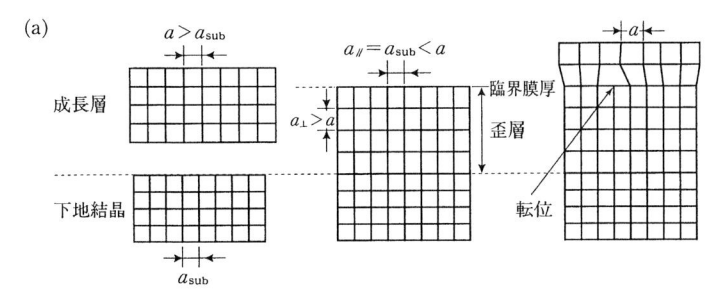

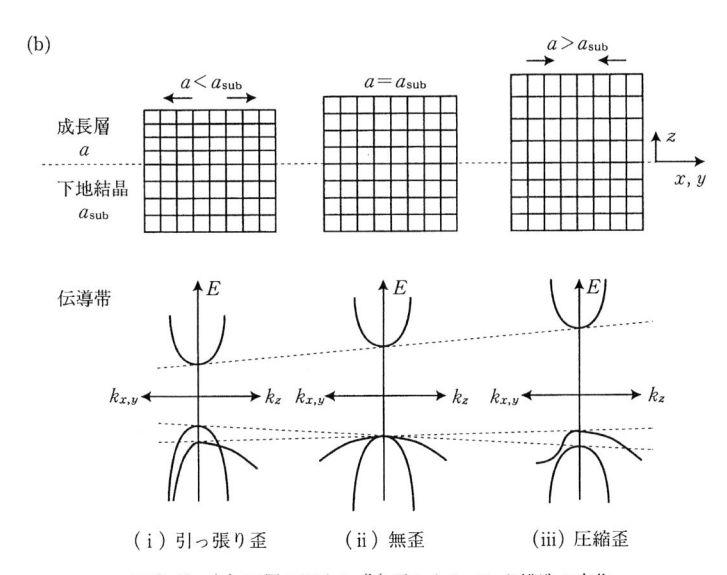

3.4 量子効果を用いた半導体材料の物理

図 3.40 (a) 歪層の概念と (b) 歪によるバンド構造の変化

(a) (ⅰ) 下地結晶と格子定数の違う成長層　(ⅱ) 歪層が薄い場合　(ⅲ) 歪層が厚い場合 (転移の発生)

(b) (ⅰ) 引っ張り歪　(ⅱ) 無歪　(ⅲ) 圧縮歪

かし，その後，格子定数が違う組合せでも，欠陥を生じることなく積層構造をつくることができる場合もあることがわかってきた．すなわち，下地層の上に格子定数の異なる材料を積層していく場合に，結晶成長する薄膜結晶は，最初は自らの結晶格子の横の間隔を下地にあわせるように変形して（歪んで）成長していく．そして，歪のエネルギーが限界に達して欠陥が発生する厚さ（臨界膜厚）までは，この歪んだ状態が保たれるというものである．この様子を図 3.40(a) に示す．いいかえれば，臨界膜厚以内の厚さであれば，格子定数が異なる材料について

も，欠陥の発生を防ぐことができる．その結果として，悪影響なしに歪層を半導体レーザ材料として用いることができるということである．量子薄膜(井戸)の厚さがこの臨界膜厚より薄いので，量子井戸構造レーザをつくるさいに，この歪層を利用することができる．これにより，半導体レーザとして歪層を積極的に用いる研究が行われるようになった．これについて，考えられる利点として次の2点がある．

(1) 格子整合の制約にとらわれず，新しい材料の組合せを用いることができる．その結果，格子整合材料では実現不可能な波長域で動作する半導体レーザをつくることができる．

(2) 歪が半導体結晶に加わると，対称性が変化するためバンド構造が変化する．これを利用して，半導体レーザの高性能化，すなわち低しきい電流化や，高効率化，高出力化が可能である．

前者については，すでにInGaAs歪量子井戸を活性層としたレーザが開発されており，希土類ドープファイバーアンプの励起光源として用いられている．これは，それまでのGaAs/AlGaAsレーザでは実現できなかった波長約 $1\,\mu\mathrm{m}$ での発振が可能となっている．後者については，半導体結晶に積極的に歪を加え，その性能向上を図ろうとするものであり，従来の格子整合材料ではできなかったことである．図3.40(b)には，歪がある場合とない場合の結晶格子の変形の様子とバンド構造の変化を示す．バンド構造の変化の特徴としては，バンドギャップ

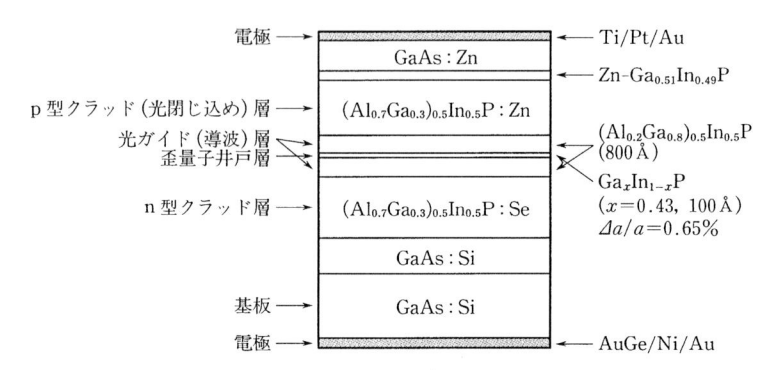

電極 →		← Ti/Pt/Au
	GaAs:Zn	
		← Zn-Ga$_{0.51}$In$_{0.49}$P
p型クラッド(光閉じ込め)層 →	(Al$_{0.7}$Ga$_{0.3}$)$_{0.5}$In$_{0.5}$P:Zn	
光ガイド(導波)層 ⇒		← (Al$_{0.2}$Ga$_{0.8}$)$_{0.5}$In$_{0.5}$P (800 Å)
歪量子井戸層 →		← Ga$_x$In$_{1-x}$P ($x=0.43$, 100 Å) $\Delta a/a=0.65\%$
n型クラッド層 →	(Al$_{0.7}$Ga$_{0.3}$)$_{0.5}$In$_{0.5}$P:Se	
	GaAs:Si	
基板 →	GaAs:Si	
電極 →		← AuGe/Ni/Au

図3.41 AlGaInP単一歪量子井戸レーザの構造
(林らによる．「電子情報通信学会技術報告」ED91-115(1991)，p.37より)

が変化すると同時に価電子帯が分裂することである．結晶の単位格子が立方体から縦に延びたり縮んだりすると，対称性が変化し，もともと縮退していた2つの価電子帯が分裂し，バンドの曲率も変化する．このことは，価電子帯頂上の状態密度を下げることになり，反転分布を起こすため必要なキャリア密度を減少させるため，低しきい電流化につながる．また，価電子帯内の光の吸収損失を減少させるので，高効率化，高出力化につながる．これらのことは，0.6 μm 帯の赤色レーザ，1.3 および 1.5 μm 帯の通信用レーザで研究が進められている．なお，歪層を用いる場合，臨界膜厚以下で用いなければならないという制約から，薄い井戸層，すなわち量子井戸として用いられることが多い．図3.41にこのような歪量子井戸レーザの構造例を示す．

[3.4 まとめ]

- 半導体の薄膜成長技術や微細加工技術が進歩し，1 nm (10 Å) 以下の精度の加工が可能になっている．このサイズは，原子数にすると5～10原子に対応し，このようなサイズ領域では量子効果が顕著に現れる．
- サイズを小さくすることによって，電子運動の自由度の次元を低下させることができる．これらには，次のようなものがある．また，それぞれに対応して量子状態があり，それを反映した特徴あるエネルギー状態や状態密度が生じる．

	電子運動の自由度	状態密度
(a) 結晶（バルク）	3次元	$E^{1/2}$ に比例して増加
(b) 量子薄膜（量子井戸）	2次元	エネルギーによらず一定
(c) 量子細線	1次元	$E^{-1/2}$ に比例して減少
(d) 量子箱（量子ドット）	0次元	離散した準位

- 半導体レーザの利得は状態密度に依存し，量子効果を利用することにより大きな利得が期待できる．このことを利用して単一量子井戸レーザや多重量子井戸レーザがつくられている．
- 格子歪を積極的に利用したものとして歪量子井戸レーザがある．

4. 発光デバイスの物理

4.1 さまざまな発光デバイス

今日, 多くのエレクトロニクスデバイスが発光現象を利用している. これらのうち, 人間が直接発光 (可視光) を見るデバイスとしては, 照明デバイスとディスプレイデバイスがある. 一方, 光通信で代表される情報伝送の分野, また, 光ディスクやレーザプリンターなどに代表される信号の蓄積・読み出しなどの信号処理に光を用いる分野では, その光源として半導体レーザが広く使用されている. これに対して照明デバイスやディスプレイデバイスでは, 可視光としての特性が重要であること, また, 広い面積の発光を利用することなど共通点が多い. その一方, 光通信では, 光ファイバーの低損失波長帯を利用するために, 近赤外線 ($1.3\,\mu$m, $1.5\,\mu$m) 半導体レーザを利用すること, また光記録用には短波長レーザが要求されることなど, 必ずしも可視光の発光が利用されるわけではない. また, 半導体レーザ素子のサイズは小さく, 基本的には半導体 p-n 接合ダイオードが用いられている. ここでは, これらの発光デバイスに特徴的な物理と, 利用されている発光現象について説明する. なお, 発光ダイオードは, 可視光の発光を利用するという点ではディスプレイデバイスに近いが, その動作は p-n 接合からの発光という点で半導体レーザと共通であるので, ここでは半導体レーザダイオードとあわせて説明する.

4.2 照明デバイスとディスプレイデバイス

4.2.1 蛍 光 灯

蛍光灯はわれわれの日常生活において最も身近な照明であることはいうまでもない. 照明の使用目的に応じて多種多様のものが開発されている. また, 液晶

ディスプレイ (LCD) のバックライトとしても広く用いられている．

a. 蛍光灯の動作原理

図 4.1 に蛍光灯の概略図を示す．蛍光灯の動作は次のような一連の過程に基づく．

(1) 電子の放出： 電源が入ると，まずヒータが点灯し，加熱され，それに伴い熱電子が放出される．

(2) 電子の加速： この熱電子は蛍光管中を電界により加速される．

(3) プラズマの生成： 蛍光管中には低圧 (270～400 Pa (2～3 Torr)) のアルゴン (Ar) ガスと水銀 (Hg) ガスが封入されている．この Ar ガスや Hg 蒸気の一部は，加速された電子の衝突によりイオン化され，プラズマ状態となる．イオン化によって生じた電子は電界で加速され，さらに次の Ar や Hg をイオン化し，放電電流が流れる．

(4) Hg 原子の励起と紫外線の放出： 同時に，一部の Hg 原子は，電子衝突により励起状態となり，基底状態に戻る際に紫外線 (UV) を放出する．Hg 原子からの紫外線の放出は，3.2.1 a 項で説明した s^2-sp 電子遷移による．この紫外線は，253.7 nm の発光線が最も強いが，さらにその 10% の強度の 185 nm の発光線とからなる．

(5) 蛍光体の励起と発光： 蛍光管の内面に塗布されている蛍光体が，紫外線で励起され，発光する．これが，蛍光ランプからの発光である．

蛍光管中のガス圧は，270～400 Pa (2～3 Torr) であり，Ar ガスと Hg ガスとの混合ガスである．Hg のガス圧はそのごく一部であり，0.8 Pa (6×10^{-3} Torr) 程度である．Ar ガスの役割は重要であり，プラズマ状態の維持や，Ar から Hg

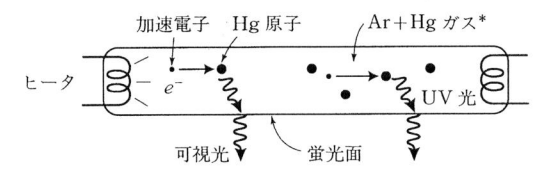

図 4.1 蛍光灯の構造の概略図
*放電ガス
　種類　Hg, Ar
　気圧　Ar 270～400 Pa (2～3 Torr)
　　　　Hg 0.8 Pa　　(6×10^{-3} Torr)

へのエネルギー伝達を行う．

蛍光灯のような放電現象，すなわちプラズマ状態を利用したデバイスでは，プラズマパラメータと呼ばれる物理量が重要である．ある電界 E で加速された電子が平均自由行程 λ 進むあいだに得るエネルギー E_0 は次式で与えられる．

$$E_0 = eE\lambda \tag{4.1}$$

E_0 が，いま着目している原子の衝突励起に必要なエネルギー E_{exc} に等しくなったときに，原子は効率よく励起される．一方，平均自由行程は，衝突する原子数，すなわち圧力 p に反比例する．衝突断面積に比例する定数を C とすると，次式が得られる．

$$E_{exc} = E_0 = eEC/p$$
$$E/p = E_{exc}/eC \quad (最適値) \tag{4.2}$$

加速電界 E と圧力 p の比は，プラズマパラメータと呼ばれており，励起原子とその励起遷移に対して，ある最適値をもつ．一定の電圧で動作する放電などを考えると，電界 E の強さは放電長に反比例する．このため，プラズマパラメータを一定に保つためには，圧力 p を低くする必要があることがわかる．

b. 蛍光灯用の蛍光体

（1） ハロりん酸カルシウム蛍光体 一般的な蛍光灯の発光スペクトルを図 4.2(a) に示す．蛍光体は，ハロりん酸カルシウム蛍光体と呼ばれるもので $Ca_5(PO_4)_3(F, Cl):Sb^{3+}, Mn^{2+}$ である．480 nm にピークをもつ青緑色のブロードな発光は，3.2.1a 項で説明した Sb^{3+} イオンの s^2-sp 遷移による発光であり，580

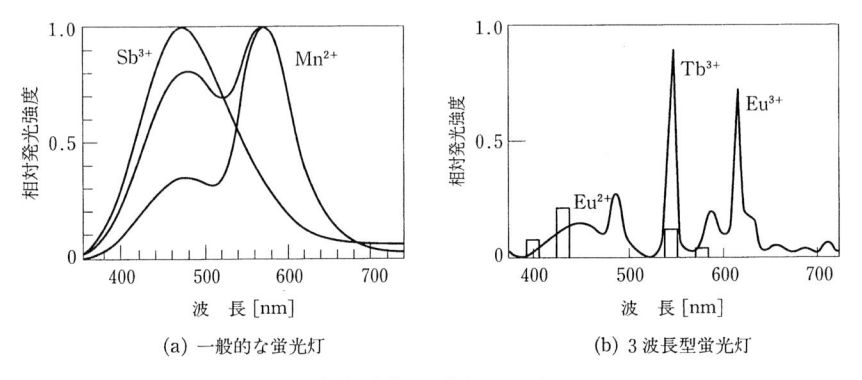

(a) 一般的な蛍光灯

(b) 3波長型蛍光灯

図 4.2 蛍光灯の発光スペクトル

nm にピークをもつ黄橙色の発光は，3.2.1b 項で説明した Mn^{2+} イオンの $3d^5$-$3d^5$ 遷移による発光である．Sb^{3+} イオンの s^2-sp 遷移による励起帯は 253.7 nm の紫外線のエネルギーとよく一致しており，効率よく励起される．これに対して，Mn^{2+} イオンは紫外線では直接励起されず，励起された Sb^{3+} イオンからの非放射エネルギー伝達によって励起される．このため，Sb と Mn の濃度比を変えることにより，その発光強度比を変えることができる．図に示すように，適当な濃度比をもつ蛍光体の発光スペクトルは，青緑色の発光成分と黄橙色の発光成分が重なった可視域全体にわたったブロードなスペクトルであり，全体として白色に見える．

(2) 3波長型蛍光体　よく知られているように，白色光は，光の3原色である青，緑，赤色の重ね合せで再現できる．この原理に基づく蛍光体に3波長型蛍光体と呼ばれるものがある．これは，希土類発光中心をもつ，青色，緑色，赤色の蛍光体を混合した蛍光体であり，その混合比を選ぶことにより，優れた演色性（色再現性）と高い効率をもつ蛍光灯を実現できる．演色性（Ra）とは，あるものが（特に人の顔とか果物）照明されたときに，それがいかに自然のままに再現されるかをいう．この3波長型蛍光体の Ra は 84 であり，効率は 80 lm/W 程度である．また，3波長型蛍光体の発光は，カラーフィルターによって効率よく3原色に分離することができるので，カラー液晶ディスプレイのバックライト光源としても広く用いられている．

3波長型蛍光体用の青，緑，赤色蛍光体としてはいくつかの組合せがある．代表的な3波長型蛍光体を用いた蛍光灯の発光スペクトルを図 4.2(b) に示す．青色蛍光体には $BaMgAl_{10}O_{17}:Eu^{2+}$ 蛍光体，緑色蛍光体には $(Ce,Tb)MgAl_{11}O_{19}$ または $LaPO_4:Ce^{3+},Tb^{3+}$，赤色蛍光体には $Y_2O_3:Eu^{3+}$ が用いられている．青色 (450 nm) は Eu^{2+} からの発光，緑色 (540 nm) は Tb^{3+} からの発光，赤色 (610 nm) は Eu^{3+} からの発光である．これらの原子はいずれも希土類原子であり，その発光はいずれも $(4f)^n$ 電子配置に基づくものである．Eu^{2+} 発光中心の発光は，3.2.1d 項で説明した，$4f^7$-$4f^{7-1}5d$ 遷移によるものであり，5d 電子の軌道が結晶場の影響を受けるのでブロードな発光となっている．一方，Tb^{3+}，Eu^{3+} の発光は，3.2.1c 項で説明した，それぞれ $4f^8$-$4f^8$，$4f^6$-$4f^6$ 遷移によるものであり，$4f^n$ 内殻電子からの発光であるために発光スペクトルは鋭い．それぞれの蛍光体は，

青，緑，赤色にピークをもっている．そして，これらのスペクトル成分が合成され白色として見える．

4.2.2 陰 極 線 管

陰極線管 (cathode ray tube：CRT，ブラウン管) は Braun によって，1897 年に発明され，100 年の歴史を有する．陰極線管は物理学やエレクトロニクスの多くの分野で重要な役割を果たしてきた．陰極線管は，まず，時間とともに変化する現象を観測するのに用いられ，その後，テレビジョンのディスプレイ装置として進展し，最近ではコンピュータのディスプレイ端末装置として欠かせないものになっている．ここでは，カラーディスプレイ用 CRT の動作と，それに用いられている蛍光体 (発光材料) について説明する．

a. 陰極線管の構造と動作原理

図 4.3 (a) に陰極線管の構造を示す．陰極線管は，(1) 電子銃，(2) 偏向板または偏向ヨーク，(3) 蛍光スクリーンから構成されている．電子銃は，熱カソードと電子レンズで構成されており，電子は熱カソードから放出され，電子レンズで集束されて電子線 (陰極線) となる．この電子線は，偏向板または偏向ヨークにより，上下，左右に走査される．その後，電子線は 20,000～30,000 V の加速電圧により加速され，蛍光スクリーンを励起する．その結果，蛍光スクリーンのある点が発光し，その発光を見ることになる．これが，陰極線管の動作原理である．

(1) 電子銃：電子はカソードから熱電子として放出される．大きな電子電流を得るため，傍熱型カソードが用いられる．陰極線管をディスプレイとして用いるさいには，必要な輝度に応じて電子線の強度を変化させる必要があるが，これはコントロールグリッドに印加する信号電圧 (負電圧) を変えることにより制御する．電子線は，静電ポテンシャルを用いた電子レンズにより集束する．精細度の高い画像や文字を表示するためには，電子レンズによる電子線の集束度が問題になる．

(2) 偏向板 (電界) または偏向ヨーク (磁界)：電子線を偏向して走査する方法には，電界による偏向と磁界による偏向がある．計測装置 (オシロスコープ) に用いる陰極線管では，電界による偏向を用いる．これは，信号電圧を偏向板に加

え，信号電圧に正確に比例して，蛍光スクリーン上の輝点を変位させるためである．一方，テレビジョンやコンピュータのディスプレイデバイスとして用いられる陰極線管では磁界偏向が用いられる．磁界は，偏向ヨークに巻かれたコイルによりつくられ，コイルに流す電流を変えることにより磁界の強さを変える．ディスプレイ用の陰極線管では，大面積の蛍光スクリーンを走査する必要があり，偏向角度が大きくとれる磁界偏向が用いられている．電子線の偏向角度は，電界偏向では +5〜10 度であるのに対し，磁界偏向では +45〜50 度に達する．

(3) 蛍光スクリーン：蛍光スクリーン面，すなわち，画面が現れる陰極線管の内側には蛍光体が塗布されている．計測用や白黒テレビジョン用の陰極線では，1種類の蛍光体を均一に塗布したスクリーンでよい．しかし，カラーテレビジョン用の陰極線管では，図 4.3(b) に示すように，青，緑，赤色の微小な領域

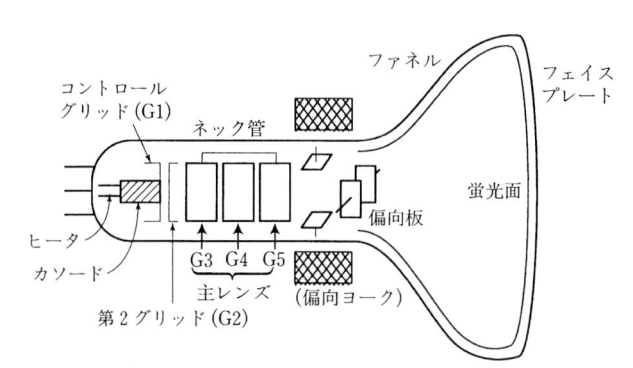

注：偏向板と偏向ヨークのどちらか一方を用いる
(a) 陰極線管（ブラウン管）の構造

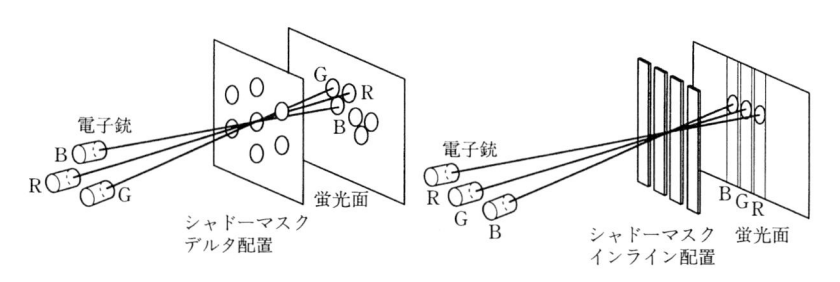

(b) カラーブラウン管の電子銃，シャドーマスク，蛍光体の配置

図 4.3

に蛍光体を塗り分ける必要がある．さらに，各発光色に対応して，3本の電子銃を用いる必要があり，それぞれの電子銃からの電子線がそれに対応する蛍光体だけを励起するように，シャドーマスクと呼ばれるものが用いられる．これは電子線を空間的に分離する働きをする．コンピュータ用のカラー陰極線管も，テレビジョン用のものと基本的な構造は同じである．しかし，コンピュータ用のディスプレイのほうが，一般に高い精細度が必要であるために，精度の高いものが必要になる．

b. 陰極線管用の蛍光体

（1）**白黒陰極線管用蛍光体**　白黒陰極線管用の蛍光体の発光スペクトルを図 4.4 (a) に示す．発光色として白色が必要であるため，そのスペクトルは波長 450 から 600 nm の可視光領域のほぼ全域をカバーする必要がある．現在，使用されている最も代表的な蛍光体は，P4 蛍光体と呼ばれる，ZnS：Ag 蛍光体と (Zn, Cd)S：Cu, Al 蛍光体を混合した蛍光体である．ZnS：Ag からの青色発光 (450 nm) と，(Zn, Cd)S：Cu, Al からの黄緑色発光 (550 nm) が重なり合って白色となる．

ZnS：Ag 蛍光体，$(Zn_xCd_{1-x})S$：Cu, Al 蛍光体は，ともに 3.2.2 で説明した，深いドナー–アクセプター対による電子–正孔対の再合による発光を利用している．発光のエネルギー E は，ZnS 母体のバンドギャップエネルギー E_g とドナー準位の深さ E_D，アクセプター準位の深さ E_A で次式のように与えられる．

$$E = E_g - (E_D + E_A) + e^2/(4\pi\varepsilon_0\varepsilon_r r) \tag{4.3}$$

ドナー準位の深さに比べ，アクセプター準位の深さが深いので，発光のエネルギーはほぼアクセプター準位の深さで決まると考えてよい．ZnS 母体に Ag アクセプターを添加した蛍光体では，その発光が青色になる．アクセプターとして Cu を用いると，アクセプター準位がさらに深くなり，緑色の発光が得られる．白黒陰極線管用の蛍光体として用いるためには，さらに長波長の発光が必要である．このため，3.3.5 で説明したように，ZnS と，それより狭いバンドギャップエネルギーをもつ CdS との混晶を用い，E_g を減少させることにより，黄緑色に発光する蛍光体を得ている．

（2）**カラー陰極線管用蛍光体**　カラー陰極線管用の蛍光体の発光スペクトルを図 4.4 (b) に示す．光の 3 原色である青，緑，赤色に発光する蛍光体が必要

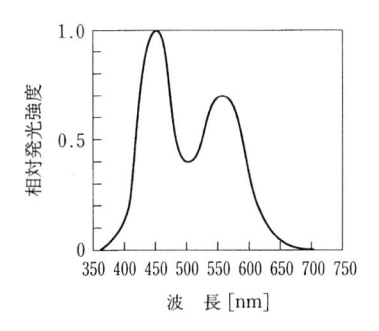

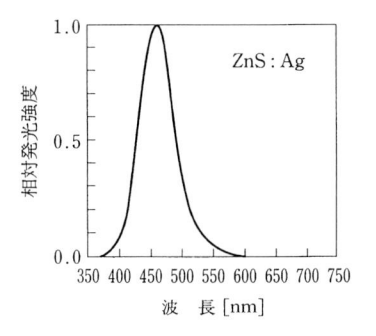

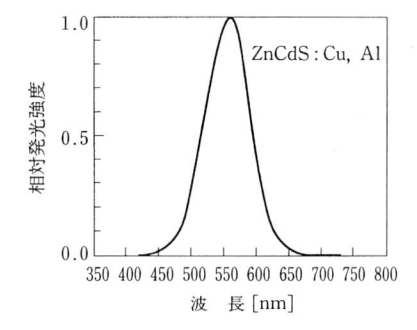

(a) 白黒陰極線管用蛍光体の発光スペクトル
下段は ZnS：Ag（青色要素）と $Zn_{1-x}Cd_xS$：Cu, Al（黄緑色要素）蛍光体の発光スペクトル

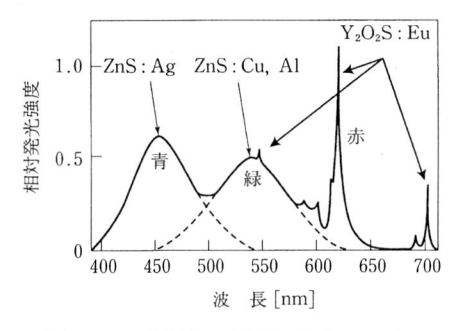

(b) カラー陰極線管用蛍光体の発光スペクトル

図 4.4

である．

(a) ZnS：Ag 青色発光蛍光体： 青色発光蛍光体としては ZnS：Ag が用いられている．白黒陰極線管用の P4 蛍光体の青色成分と同じであり，Ag アクセ

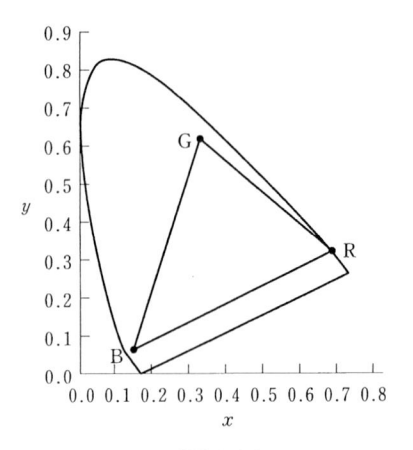

図 4.5 CIE 色度座標図
図中の R, G, B はカラー陰極線管用蛍光体の色度座標値を示す.

プターによる深いドナー–アクセプター対発光を利用した蛍光体である.

(b) ZnS:Cu, Au, Al 緑色発光蛍光体: 緑色発光蛍光体としては ZnS:Cu, Au, Al が用いられている. Cu アクセプターと Al ドナーを用いた, 深いドナー–アクセプター対発光を用いた蛍光体である. Au はアクセプターとなり色調を調節するために添加されている.

(c) $Y_2O_2S:Eu^{3+}$ 赤色発光蛍光体: 赤色発光蛍光体としては $Y_2O_2S:Eu^{3+}$ が用いられている. 発光は Eu^{3+} イオンの $4f^6$ 内殻電子の遷移により生じる. この発光は, 3.2.2 c 項で説明したように, 4f 電子が結晶場の影響をあまり受けないので, 線状の鋭いスペクトルとなる.

青, 緑, 赤色の 3 原色に発光する蛍光体を組み合わせることにより, どの程度の色を再現できるかを定量的に表すために色度座標図が用いられている. 図 4.5 に色度図を示す. 近似的には x 軸が赤色の程度, y 軸が緑色の程度, 原点が青色の程度を表すと考えてよい. また, 白色は, この図の中心に位置する. 現在, 使用されているカラー陰極線管用の青 (B), 緑 (G), 赤 (R) 蛍光体の色度座標を図に示してある. 3 種の蛍光体による発光の組合せで再現できる色の範囲は, B-G-R の 3 角形で囲まれた範囲である. 画面の発光色は, その色度座標値が, この色度図のどこに位置するかによって検討することができる.

4.2.3 プラズマディスプレイパネル

プラズマディスプレイパネル (plasma display pannel：PDP) は長い研究・開発の歴史をもっており，最近になって，対角1mを超えるようなカラーPDPが開発され，大型の「壁掛けテレビジョン」として急速に実用化されつつある．ここではPDPの動作原理を簡単に述べ，さらに，カラーPDPに使用されている蛍光体について説明する．

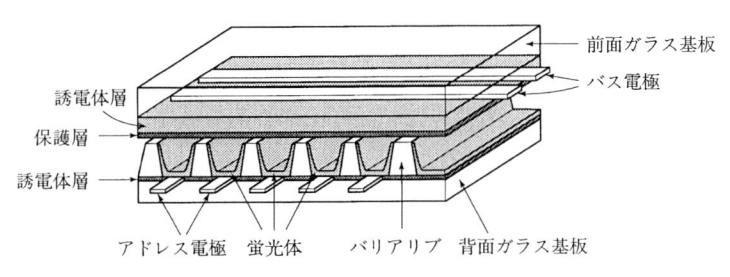

(a) 3電極面放電型カラー AC-PDP の構造

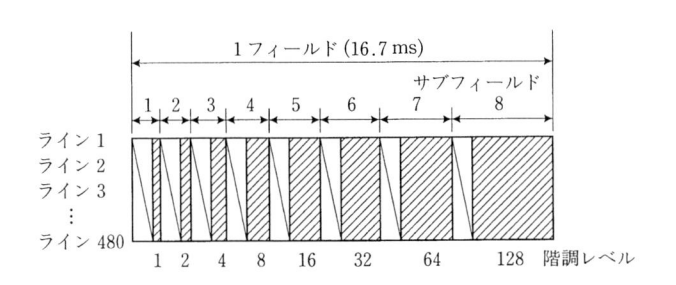

1サブフィールド内の各放電セルの駆動原理

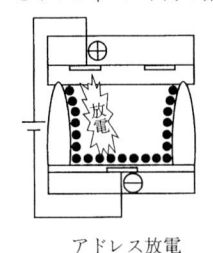

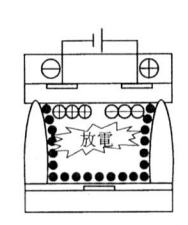

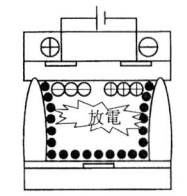

アドレス放電 ／ 壁電荷が発生→放電開始電圧低下 ／ サステインパルスを印加→面放電が発生 ／ 逆極性のサステインパルスを継続的に印加→放電を維持

(b) カラー AC-PDP の動作課程と階調表示

図 4.6

a. プラズマディスプレイパネルの構造と動作原理

PDPには，交流(AC)放電を利用したものと，直流(DC)放電を利用したものがある．いずれのタイプのPDPでも大型のディスプレイが開発されているが，現在，主流となっている面放電型 AC-PDP について，その構造と動作を説明する．3電極面放電型カラー AC-PDP の構造を図 4.6(a) に示す．1つの画素は2枚のガラス板と隔壁(リブ)で構成されている．前面側のガラス板には，1組(2本の平行電極)のバス電極があり，バス電極は誘電体膜および MgO 保護膜で覆われている．背面のガラス板には，バス電極と直交した方向にアドレス電極(データ電極)が配置され，誘電体層で覆われたアドレス電極と隔壁には蛍光体が塗布されている．2枚のガラス板と隔壁で囲まれた領域は Xe ガスで満たされ，放電空間となる．このカラー PDP の動作過程を図 4.6(b) に示すように時間順に説明する．

(1) 初期化およびアドレス放電による潜像の形成： PDP セルの初期化のために，まず，パネル全面の放電を行い，セル内の電荷を消去する．次に，バス電極のうちの1本とアドレス電極の間に 200 V 程度の電圧を印加し，アドレス放電を行う．このときバス電極には一定の電圧(たとえば 180 V)が印加されるが，アドレス電極には，発光あるいは非発光のデータによって，異なる電圧(たとえば-40 V (発光) と 0 V (非発光))を印加する．2つの電極の間には，合成した電圧(上記の例では 220 V または 180 V)が印加されるので，アドレス放電が生じるセルと生じないセルを選択することができる．そしてアドレス放電が生じたセルには壁電荷が形成される．1本のバス電極に対して，直交するデータ電極は 600〜1000 (×3) 本あり，同時にアドレス放電を行う．放電に必要な時間は 1〜2 μs 程度であり，500 本程度のバス電極に対して，順次，放電を行うことにより，壁電荷の有無として，画像データに対応する潜像を形成する．この過程に必要な時間は 500 μs〜1 ms である．

(2) サステイン(維持)パルスの印加と発光： 次に，PDP パネル全体の2本のバス電極の組に，パルス電圧(200 V 程度)を印加し，主放電を起こさせる．壁電荷が蓄積されているセルは放電開始電圧が低下しているので主放電が生じる．一方，壁電荷が蓄積されていないセルは放電開始電圧に達しないので放電は起こらない．放電ガスとしては，He や Ne と Xe の混合ガスが使用されており，

Xe の共鳴線 (147 nm) が励起紫外線として利用される．この放電は，逆の極性の壁電荷が生じ，その逆電界により放電が停止するまで続く．この過程は数 μs 程度である．ガスの圧力は，4.2.1 の蛍光灯の動作で説明したように，プラズマパラメータを考慮して決定される．PDP セルの寸法は小さいので，圧力は高くなり，ほぼ大気圧に近いような圧力のガスが用いられる．図に示すように放電空間は蛍光体を塗布した障壁層で囲まれており，蛍光体は，この 147 nm の紫外線で励起され，発光する．

引き続いて，逆極性のパルス電圧を印加する．このときも壁電荷が形成されているセルは放電するが，壁電荷が形成されていないセルは放電しない．MgO 層は，この壁電荷を保持する役割をもっている．

このようにして，正負のパルス電圧を交互に印加することにより，放電が維持される．このため，この電圧パルスはサステイン（維持）パルスと呼ばれている．

このように 3 電極 AC-PDP の主放電は，1 組のバス電極の間で生じる，すなわち，ガラス基板の表面付近で生じるので，面放電型と呼ばれる．

(3) アドレス放電とサステイン放電（維持放電）： 主放電は，バス電極に印加される電圧の極性が反転するたびに起こる，すなわち，AC 放電が維持されるので，サステイン放電とも呼ばれる．セルの輝度を変化させるのは，主としてサステイン放電の回数を変えることによる．図に示すように，輝度情報をディジタル化し，各重み（輝度）ごとにデータの書き込み（アドレス放電による潜像の形成）とサステイン放電による発光を行う．この過程を 1/60 秒の間に 8 回（256 階調の場合）繰り返すことにより動画像を再現する．

このほかにも，いろいろな工夫がなされているが，AC-PDP は基本的には，このような原理によって動作している．

b. プラズマディスプレイパネル用の蛍光体

カラー PDP の動作原理は紫外線による蛍光体の励起・発光過程による点では，すでに述べた蛍光灯（Hg：253.7 nm 励起）と似ている．しかし，真空紫外線である波長 147 nm の Xe 共鳴線による励起が主な過程であること，また，ディスプレイとして色純度が重要であることにより，蛍光灯用の蛍光体とは違った蛍光体が用いられている．

PDP 用蛍光体の励起スペクトルと発光スペクトルを図 4.7 に示す．

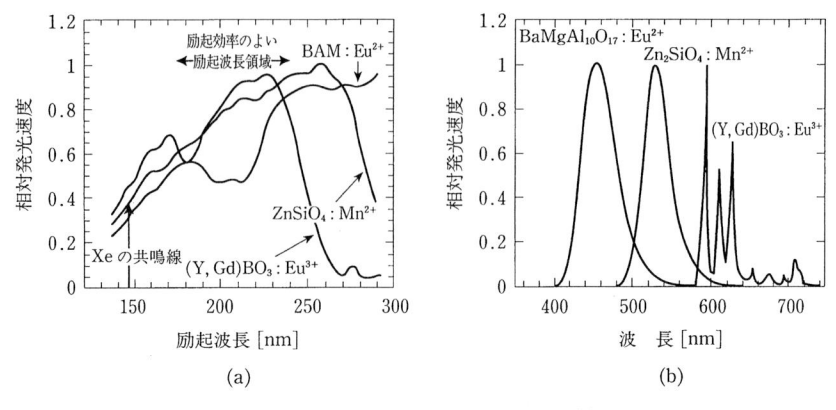

図 4.7 カラー PDP 用蛍光体の (a) 励起スペクトルと (b) 発光スペクトル

(1) 青色蛍光体： 3 波長蛍光灯にも使用されている $BaMgAl_{10}O_{17}:Eu^{2+}$ ($BAM:Eu^{2+}$) 蛍光体が使用されている．Ce^{3+} を発光中心とする蛍光体が検討されたこともあるが，色純度の点で，Eu^{2+} を発光中心とする蛍光体の方が優れており，$BaMgAl_{10}O_{17}:Eu^{2+}$ 蛍光体が使用されている．

(2) 緑色蛍光体： 緑色蛍光体としては $Zn_2SiO_4:Mn^{2+}$ や $(Ba,Sr)MgAl_{10}O_{17}:Mn^{2+}$ のような Mn^{2+} 発光中心をもつ蛍光体が用いられている．3 波長蛍光灯には $(Ce,Tb)MgAl_{11}O_{19}$ や $LaPO_4:Ce^{3+},Tb^{3+}$ のような Tb^{3+} 発光中心をもつ蛍光体が用いられているが，カラー PDP 用の蛍光体としては使用されない．これは Tb^{3+} 発光中心からの発光は，480 nm 付近にやや強い発光が生じること，また，545 nm 付近の主発光がやや長波長であるため，色純度がよくないことによる．3 波長型蛍光灯では，他の蛍光体からの発光と重ねて白色発光とすればよく，このことは問題にならないが，カラー画像を再現する PDP では，大きな問題となる．このため，色純度のよい Mn^{2+} を発光中心とする緑色蛍光体が使用されている．Mn^{2+} 発光中心の発光は，3.2.1 b 項で説明した $3d^5$-$3d^5$ 遷移によるものであり，3d 電子の軌道が結晶場の影響を受けるのでブロードな発光となっている．

(3) 赤色蛍光体： 赤色蛍光体には $(Y,Gd)BO_3:Eu^{3+}$ が用いられている．発光中心は，3 波長型蛍光灯の赤色蛍光体 $Y_2O_3:Eu^{3+}$ と同じ Eu^{3+} が用いられている．蛍光灯では $Y_2O_3:Eu^{3+}$ が用いられ，PDP では $(Y,Gd)BO_3:Eu^{3+}$ が用い

られる理由は，253.7 nm 励起では $Y_2O_3：Eu^{3+}$ が，一方，147 nm 励起では $(Y, Gd)BO_3：Eu^{3+}$ のほうが高い効率で発光することによる．これは母体酸化物のバンドギャップとバンド構造による．

PDP 蛍光体は，PDP の構造と動作原理から，イオン衝撃や，高い密度の真空紫外線に曝されているといえる．したがって，一般の蛍光灯用の蛍光体よりも劣化の問題が生じやすい．PDP 用の蛍光体を選定・開発する場合には，これらの問題も十分に考慮する必要がある．

4.2.4 エレクトロルミネッセンスディスプレイ

エレクトロルミネッセンス (electroluminescence：EL) とは，物質に電圧 (正確には電界) を加えると発光する現象である．この現象は 1936 年にフランスの G. Destriau により発見された．最近では，この EL 現象を利用したディスプレイが電子機器に用いられている．4.2.1 で説明した蛍光灯や，4.2.3 で説明したプラズマディスプレイでは，放電により発生した紫外線で蛍光体を励起したさいの発光，すなわち，フォトルミネッセンス (photoluminescence：PL) 現象を利用している．また，4.2.2 で説明した陰極線管では，電子線によって蛍光体を励起したさいの発光，すなわち，カソードルミネッセンス (cathodeluminescence：CL) 現象を利用している．これに対し EL 現象は，物質中で電気エネルギーを直接，光エネルギーに変換することが特徴である．

EL 現象には電界励起型 EL と電流注入型 EL がある．発光ダイオードやレーザダイオードなどは電流注入型 EL であり，動作原理も異なる．これらについては，次の 4.3 で説明する．ここでは，電子ディスプレイのひとつとして実用化されている電界励起型 EL について説明する．

a. EL ディスプレイの構造と動作原理

標準的なモノクローム薄膜 EL ディスプレイの構造を図 4.8 に示す．ガラス基板の上に，ITO (indium tin oxide) 透明電極，第 1 絶縁層，ZnS：Mn 薄膜 EL 発光層，第 2 絶縁層，背面金属電極を積層した，2 重絶縁構造を有している．各層の膜厚は，絶縁層が $0.2 \sim 0.3 \mu m$，発光層が $0.5 \sim 1 \mu m$ 程度である．絶縁層は素子の絶縁破壊を防ぎ，発光層に高電界を安定に印加することを可能にする．絶縁層の材料としては，SiO_2, Si_3N_4, Al_2O_3, TiO_2, Y_2O_3, $BaTiO_3$ などや，これらの

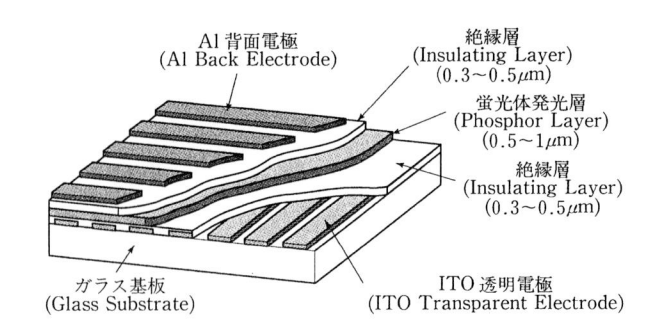

図4.8 モノクローム薄膜ELディスプレイパネルの構造

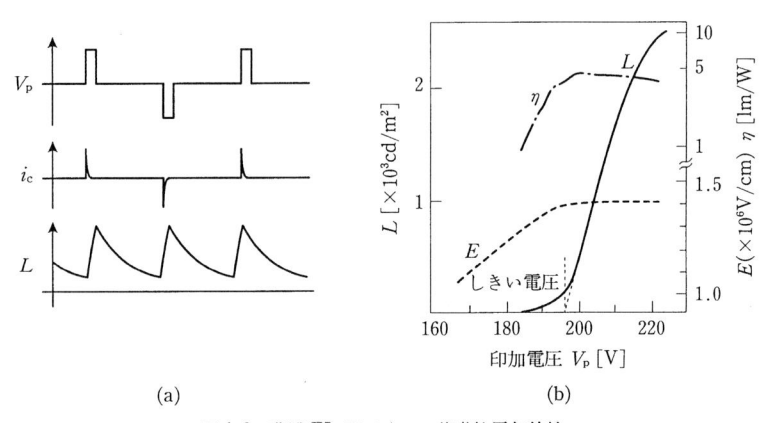

図4.9 薄膜ELデバイスの基礎的電気特性
(a) パルス電圧 V_p, 伝導電流 i_c, EL発光 L の時間的変化,
(b) 輝度 L, 電界 E, 効率 η の印加電圧 V_p 依存性.

積層膜，また混合膜が用いられる．厚さ $0.5\,\mu m$ 程度の発光層に $100\,V$ 程度の電圧を印加することにより，すなわち $2\times10^6 V/cm$ 程度の高電界を印加することにより，EL発光が得られる．

図に示すように，ELディスプレイパネルは，直交する2組の電極(x, y電極)で構成されており，電圧が印加された x, y 電極の交点で発光が生じる．したがって，1つの x 電極に電圧を印加し，同時にすべての y 電極に並列にデータ電圧を印加することにより，線状に発光させることができる．さらに電圧を印加する x 電極を順に切り替えることにより文字，画像を表示することができる（線順次走査）．EL素子は絶縁層を有するため，交流電圧（通常はパルス電圧）によ

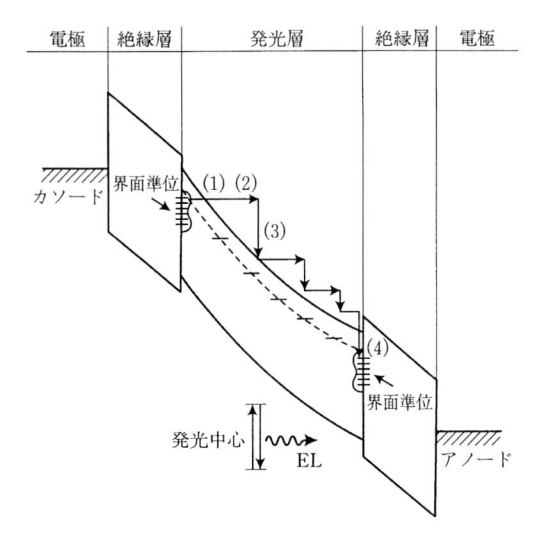

図 4.10 薄膜 EL デバイスの動作を表すエネルギーバンドモデル

り駆動される．図 4.9(a)に，印加パルス電圧 V_p，素子に流れる伝導電流 i_c，EL 発光強度 L の時間変化を示す．V_p のピーク電圧は 200〜250 V 程度である．図 4.9(b)には，輝度 L，発光効率 η，発光層の電界 E の印加電圧 V_p 依存性を示す．印加電圧を高くしていき，しきい電圧(200 V 程度)に達すると EL 発光が生じる．すなわち，電界が強くなり，1.4×10^6 V/cm に達すると EL 発光が生じる．代表的な EL 材料である ZnS:Mn 発光層を用いた EL 素子の発光効率 η は 4〜6 lm/W 程度である．

次に，EL 動作機構についての物理的なメカニズムを考える．EL の励起，発光が生じている状態のエネルギーバンド図を図 4.10 に示す．EL 発光の主な過程として，(1) カソード側の絶縁層と発光層との界面準位からの電子放出，(2) 発光層内の高電界による電子の加速(ホットエレクトロンの生成)，(3) ホットエレクトロンによる発光中心の励起，発光，(4) アノード側の発光層/絶縁層界面準位による電子捕獲，の 4 つの過程に基づいている．

（1） 発光層への電子の注入 界面準位からの電子の注入は，主としてトンネル注入(電界放出)によると考えられている．10^6 V/cm 以上の非常に高い電界が界面に印加されると，バリア幅は非常に薄くなり〜100 Å 程度となる．このと

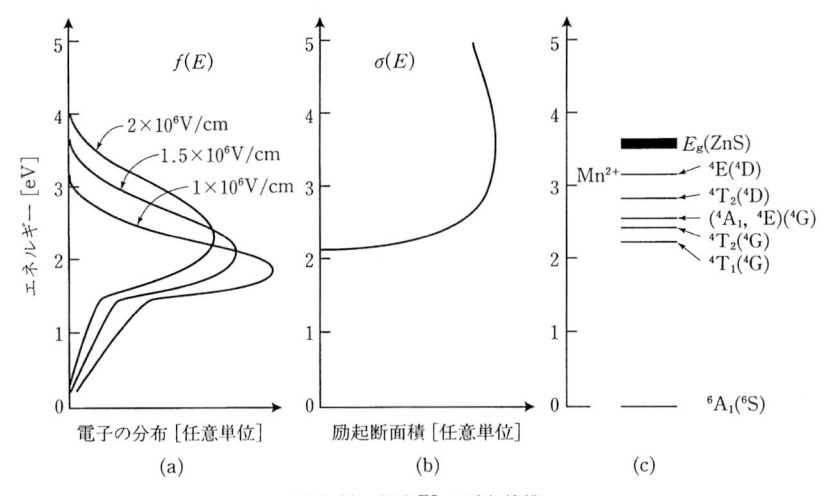

図 4.11 薄膜 EL の励起機構
(a) 電子のエネルギー分布関数 $f(E)$, (b) Mn^{2+} の励起断面積 $\sigma(E)$,
(c) Mn^{2+} のエネルギー準位.

き,電子はトンネル効果によって,直接伝導帯に注入される.

(2) **発光層内の高電界による電子の加速**　まず,熱平衡状態を考える.電子系と格子系が熱平衡状態にあるとき,電子はフォノンを放出したり吸収したりしているが,電子系と格子系の間の全エネルギーの交換は 0 である.電界が印加されると,電子は電界による加速の結果,エネルギーを獲得し,そのエネルギーを格子系に放出するため,より多くのフォノンを放出するようになる.同時に電子は電界の方向に電界に比例したドリフト速度で移動するようになる.さらに,10^3 V/cm 程度の比較的高い電界が印加されるようになると,電子の散乱過程は光学フォノンの放出過程が支配的となる.このとき電子は,電界により獲得するエネルギーが,フォノン放出により失うエネルギーより大きくなり,熱平衡状態のときよりも平均して大きなエネルギーをもつようになる.このときの電子系の温度は格子系の温度より高くなり,それゆえホットエレクトロンと呼ばれる.電界が 10^6 V/cm 以上になると,電子は伝導帯の高いエネルギー状態に分布するようになり,発光中心を励起することが可能なエネルギーを得るようになる.このような高い電界が印加された場合の電子のエネルギー分布がモンテカルロシミュレーションにより求められている.図 4.11 (a) に ZnS の場合の電子のエネ

ギー分布を示す.

(3) 電子(ホットエレクトロン)による発光中心の衝突励起と発光 十分なエネルギーをもつ電子(ホットエレクトロン)が発光中心に衝突すると,発光中心の基底状態にある電子が励起状態に励起され,その後基底状態に緩和する際に発光が生じる.このような励起過程は直接衝突励起と呼ばれている.直接衝突励起に対して,発光中心の励起割合 P は次式で表される.

$$P \propto \int_{E_0}^{\infty} \sigma(E, \gamma) f(E) dE \tag{4.4}$$

ここで,$\sigma(E, \gamma)$ は発光中心の γ 励起状態への衝突励起に対する断面積であり,$f(E)$ はホットエレクトロンのエネルギー分布関数,E_0 は励起に対するしきいエネルギーである.図4.11(b), (c)に Mn^{2+} 発光中心の衝突断面積 $\sigma(E, \gamma)$ とエネルギー準位を示す.真空中での自由原子やイオンに対する衝突励起や衝突イオン化断面積の理論的な計算は非常に複雑ではあるが,精密な計算が行われ,実験結果をよく説明する正確な結果が得られている.しかし,固体(半導体)中での発光中心の衝突断面積の理論的計算には取扱いの困難な問題が多く,いまだ十分な理解は得られていない.

(4) アノード側の発光層/絶縁層界面準位による電子捕獲 発光層へ注入された電子は,最終的にはアノード側の絶縁層と発光層との界面準位に捕獲される.

この電子は負電荷のために逆方向の電界を生じ,発光層の電界を弱める.その結果,カソード側の界面からの電子の注入が妨げられ,最終的には停止する.その後,逆極性の外部パルス電圧が印加されると,アノードとカソードが逆転し,逆方向ではあるが,同じ EL の励起・発光過程が繰り返される.

ここで電界励起型 EL における電界強度について少し考えてみる.電子デバイスにおいては電界強度が重要な意味をもつことが多い.電界励起型 EL は,高い電界強度を用いるという点でその代表的なものである.まず,電界の小さい例として,金属(銅)線に電圧を加え,電流を通したときを考えよう.直径 0.1 cm (断面積 $S=0.008 \text{ cm}^2$)の銅線に 1 A の電流を流したとしても,その電界は 10^{-4} V/cm と非常に小さい.次に,電界強度の大きいほうとして,水素原子の中の電界を考えると,その値は 10^9 V/cm である.すなわち,両者の電界には 13 桁程度

の差がある．電界励起型 EL の動作電界強度は 10^6V/cm (1 MV/cm) 程度である．この値は，蛍光灯内部の電界強度，すなわち真空放電で水銀(Hg)のイオン化に必要な電界強度 10 V/cm や，雷すなわち空気の絶縁破壊を起こす電界強度 10^3V/cm に比較しても桁違いに大きい．半導体に高い電界強度を印加したときに生じる物理現象のひとつであるガン効果を利用したデバイス，いわゆる GaAs ガンダイオードがあるが，その電界強度は 10^3V/cm 程度である．また，Si のアバランシュ絶縁破壊は 10^5V/cm 程度の電界で生じ，定電圧ダイオードや，マイクロ波素子(IMPAT ダイオードなど)に利用されている．電界励起型 EL の動作電界(10^6V/cm)は，この値よりさらに1桁大きい．集積回路のゲート絶縁膜である SiO_2 には $2.5×10^7$V/cm (200 Å の絶縁膜に 5 V の電圧を印加したとする)の電界が印加されるが，この場合は絶縁膜として使用されており，電流は流れない．これらのことから，電界励起型 EL は，半導体素子のなかで最も高い電界強度で生じる現象といえる．このように電界励起型 EL は，非常に高い電界強度で動作するので，物理現象として興味深い問題を生じるし，また EL デバイスの素子構造を考える際にも重要になる．基礎的な問題としては，このような電界強度のもとでは，電子は伝導帯内で 3〜4 eV 程度のエネルギーまで励起されるが，このときの電子伝導機構が重要な問題になる．しかし，この基本的な問題にしてもいまだよく理解されていない．EL 現象を電子デバイスの立場で考えると，問題はこのような高電界をいかに安定に利用できる素子構造をつくるかということになる．この点に関しては，蛍光体粉末を用いた分散型 EL のように，平均電界を 10^5V/cm 程度に抑え，局所電界としての 10^6V/cm の電界を利用する方法と，ここで説明した AC 薄膜 EL 素子のように，平均電界を 10^6V/cm とする代わりに，絶縁破壊を防ぐために絶縁層と組み合わせる考え方がある．いずれの場合も，いかにして 10^6V/cm の高電界を安定して印加するかが重要である．

b. EL ディスプレイ用の発光(蛍光体)材料

(1) 母体材料と発光中心　すでに述べたように，電界励起型 EL では，EL 発光は電界により加速された高エネルギーをもつ電子(ホットエレクトロン)による発光中心の衝突励起により生じる．このような EL 発光の動作機構から，発光層材料として次のようなことが要求される．

(a) 10^6V/cm 程度の電界を印加できる半絶縁性の半導体であること．

(b) 電界によるイオン化のため,通常の半導体光デバイス(電流励起型)のような電子-正孔対の再結合による発光の利用は期待できない.このため,多くの蛍光体で発光中心として用いられている遷移金属イオンあるいは希土類イオン(局在型発光中心)の内殻電子の遷移による発光を利用する必要がある.また,発光中心の添加のため,母体材料の陽イオン(カチオン)の種類を考慮する必要がある.

(c) 10^6 V/cm 程度の電界による界面準位,バルクトラップからのキャリアの発生・注入を利用するため,少数キャリアの注入は必要ではない.すなわち,通常の発光ダイオードやレーザダイオード用の半導体材料で課題となる電気伝導型の制御や p-n 接合の作製は必要ではない.したがって,EL 素子は,多数キャリアデバイスと考えることができる.

(d) EL 発光層には多結晶薄膜を使用し,特に単結晶である必要はない.これは p-n 接合の形成や,電子-正孔対の再結合による発光を利用しないことによる.多結晶薄膜を使用するため,素子面積については本質的な制限はなく,大型(大面積)のディスプレイパネルの製作が可能になる.

このような条件を満たす薄膜 EL の発光層の母体材料として,IIb-VIb 化合物である ZnS 薄膜が使用されている.また,CaS,SrS などの IIa-VIb 化合物が研究されている.さらに,$(CaSr)Ga_2S_4$(IIa-IIIb$_2$-VIb$_4$)などのチオガレート系の化合物も研究されている.

(2) **モノクローム EL ディスプレイ用の発光材料**　　$ZnS:Mn^{2+}$ 薄膜は黄橙色の高輝度,高効率(4~6 lm/W)の EL 発光を示す.この $ZnS:Mn^{2+}$ 薄膜 EL 材料を用いて,モノクローム EL ディスプレイが実用化されている.発光中心として用いられている Mn^{2+} イオン(遷移金属イオン)の発光は,3.2.1 b 項で説明した $(3d)^5$ 内殻遷移(禁制遷移)による発光であり,図 3.3 に示したように 580 nm 近くにピークをもち,ブロードな発光スペクトルをもつ黄橙色の発光を示す.

(3) **カラー EL ディスプレイ用の発光材料**　　実用化されている EL ディスプレイはモノクローム(黄橙色)EL ディスプレイに限られており,カラー EL ディスプレイの実現を目指して,カラー EL ディスプレイ用の発光材料の研究が進められている.

ZnS 母体に発光中心として希土類イオンを添加するといろいろな発光色の EL

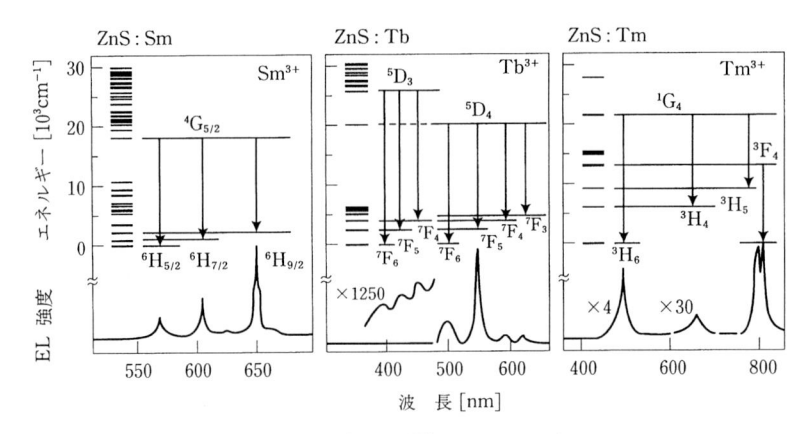

(a) ZnS:RE^{3+} 薄膜 EL の発光スペクトル

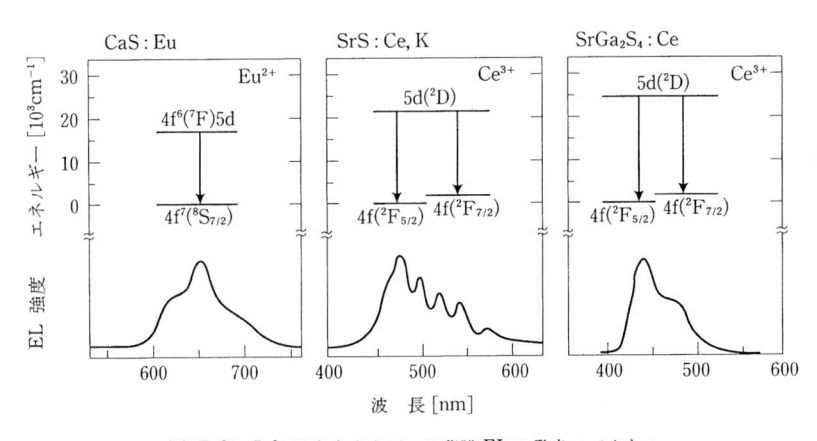

(b) Eu^{2+}, Ce^{3+} 発光中心を用いた薄膜 EL の発光スペクトル

図 4.12

が得られる．図 4.12 (a) に EL 発光スペクトルを示す．発光は，3.2.2 c 項で説明した 3 価希土類イオンの $(4f)^n$ 内殻遷移 (禁制遷移) による発光である．ディスプレイとして関心があるのは，赤色 Sm^{3+}:$(4f)^5$，緑色 Tb^{3+}:$(4f)^8$，青色 Tm^{3+}:$(4f)^{12}$ 発光中心である．緑色に発光する ZnS:Tb^{3+} は実用に近い輝度・効率の EL 発光を示すが，赤色 (ZnS:Sm^{3+})，青色 (ZnS:Tm^{3+}) の輝度・効率は不十分である．特に，Tm^{3+} による発光は赤外域に強く現れ，青色の EL 発光の効率を改善するのが困難である．

CaS, SrS 母体に Eu^{2+} や Ce^{3+} を添加した材料からもさまざまな色の EL 発光が得られる．発光は，3.2.2 d 項で説明した $(4f)^n$-$(4f)^{n-1}5d$ 内殻遷移 (許容遷移) による発光である．赤色に発光する $CaS:Eu^{2+}$ や青緑色に発光する $SrS:Ce^{3+}$ が比較的高い EL 発光効率を示し，実用化を目指して研究されている．3.2.2 d 項で説明したように，Ce^{3+} の励起状態が 5d 準位であるため，添加する母体材料により発光色が変化する．Ce^{3+} を $(CaSr)Ga_2S_4$ 母体に添加した材料は，青色 EL を示し，期待されている．これらの材料の発光スペクトルを図 4.12 (b) に示す．

これらの EL 発光材料を用いて，カラー EL ディスプレイが試作されているが，十分な輝度・効率が得られておらず，いまだ研究段階である．カラー EL ディスプレイの実現には，これらの EL 材料の特性 (輝度・効率) の大幅な改善，あるいは，新規な EL 材料の開拓が望まれている．

[4.2 まとめ]

- さまざまな照明デバイスやディスプレイデバイスが利用されているが，それぞれに特徴ある動作原理が用いられている．また，発光材料 (蛍光体材料) も，それぞれのデバイスに固有のものが用いられている．特にディスプレイデバイスでは，カラー表示のために，光の 3 原色である青，緑，赤色の蛍光体材料が重要である．

- 蛍光灯

  放電による Hg 原子からの紫外線 (253.7 nm) で蛍光体を励起し，可視光を得ている．すなわちフォトルミネッセンス (photoluminescence：PL) 現象を利用している．次のような蛍光体が用いられている．

  （通常の蛍光灯）　　$Ca_5(PO_3)_3(F, Cl):Sb^{3+}, Mn^{2+}$
  （3 波長型蛍光体）　青：$BaMgAl_{10}O_{17}:Eu^{2+}$
  　　　　　　　　　　緑：$(Ce, Tb)MgAl_{11}O_{19}, LaPO_4:Ce^{3+}, Tb^{3+}$
  　　　　　　　　　　赤：$Y_2O_2S:Eu^{3+}$

- 陰極線管 (cathode ray tube：CRT，ブラウン管)

  $20〜30\,kV$ の電圧で加速した電子線 (陰極線) で蛍光体を励起し，可視光を得ている．すなわちカソードルミネッセンス (cathodoluminescence：CL) 現象を利用している．カラー CRT には，次のような蛍光体が用いられている．

  　　　　　　　　青：$ZnS:Ag$
  　　　　　　　　緑：$ZnS:Cu, Au, Al$
  　　　　　　　　赤：$Y_2O_2S:Eu^{3+}$

- プラズマディスプレイパネル (plasma display panel：PDP)

放電によるXe原子からの紫外線(147 nm)で蛍光体を励起し,可視光を得ている.すなわちフォトルミネッセンス現象を利用している.カラーPDPには,次のような蛍光体が用いられている.

$$\text{青}:BaMgAl_{10}O_{17}:Eu^{2+}$$
$$\text{緑}:Zn_2SiO_4:Mn^{2+}$$
$$\text{赤}:(Y, Gd)BO_3:Eu^{3+}$$

- エレクトロルミネッセンスディスプレイ (electroluminescent display : ELD)

  固体(半導体)中で電界によって加速された電子により,発光中心を衝突励起することにより可視光を得ている.すなわちエレクトロルミネッセンス (electro-luminescence : EL) 現象を利用している.$ZnS:Mn^{2+}$を用いた黄橙色のモノクロームELDは実用化されているが,カラーELDは研究段階である.

4.3 発光ダイオードと半導体レーザダイオード

"発光ダイオード(自然光)と半導体レーザダイオード(コヒーレント光)"

発光ダイオードと半導体レーザは,p-n接合に順バイアスを印加したさいに注入された少数キャリアの再結合による発光を利用したデバイスとの見方をすれば,本質的に同じものといえる.また,これとは逆にまったく別のものともいえる.すなわち,発生する光が,発光ダイオードでは自然光(インコヒーレント光),半導体レーザではレーザ光(コヒーレント光)という意味ではまったく異なる.すなわち,p-n接合による少数キャリアの注入という点では共通する問題も多く,また,キャリアの反転分布やレーザ共振器の問題は,半導体レーザに固有の問題である.

半導体からの発光の実用化という意味では,まず発光ダイオードが開発された.それに引き続いて,発光ダイオードの開発で蓄積した技術を基にして,半導体レーザダイオードが開発された.半導体レーザを発振させるためには多くの困難が伴った.電子や正孔の閉じ込め,光の閉じ込め,高い電流密度を得るための問題,熱の拡散,劣化,欠陥の少ない結晶成長の開発などであった.今日では,逆に,半導体レーザを研究,開発するために開発された技術が,新しい発光ダイオードに適用されつつある.その代表的なものは,ダブルヘテロ構造である.この構造は,本来,半導体レーザのために開発されたものであるが,今日では,こ

の技術は高い輝度を有する発光ダイオードに応用されつつある.

これらの背景を踏まえて,この章では,まず発光ダイオードについて述べ,その後,半導体レーザダイオードについて説明する.

4.3.1 発光ダイオード

発光ダイオード (light emitting diode：LED) の基礎的な研究は 1960 年代に始まり,今日では,多種多様の発光ダイオードが開発されている.そしてこれらは,ホームエレクトロニクスとして,オーディオ・ビデオ装置などの各種の電子機器のインジケータとして,また,自動車のダッシュボードやブレーキ用のランプとして,さらに,公共用のメッセージディスプレイとしてわれわれの身近なところで使用されている.発光ダイオードの発光色からみると,可視域のものと赤外領域のものがある.可視域の赤色や黄色そしてまた緑色発光に関しては実用にも十分な輝度をもつ発光ダイオードが開発されている.これに対して,実用的な青色の発光ダイオードはなかったが,最近になり輝度が十分な青色発光ダイオードが開発された.今後の発展がおおいに期待されている.これで赤,緑,青色の光の3原色が出そろったこととなり,カラーディスプレイへの応用も可能になった.一方,赤外域での発光ダイオードは最も初期の段階から開発されており,赤外発光ダイオードとフォトダイオードと組み合わせたセンサーなどに使用されている.また小容量の通信用として,その発光源にも用いられている.ここでは,発光ダイオードの動作原理と,発光ダイオードに用いられる半導体材料について述べる.

a. 発光ダイオードの動作原理 ── 少数キャリア注入による発光 ──

発光ダイオードの構造の概念図と動作原理を表すエネルギーバンド図,輝度-電流特性を,図 4.13 (a),(b-1),(b-2),(c) に示す.(a) は p-n 接合をもつ発光ダイオードの構造の概念図,(b-1),(b-2) は,発光ダイオードのエネルギーバンド図で,(b-1) は印加電圧が 0 の場合,(b-2) は順方向に電圧が加えられている場合である.(c) は発光ダイオードの発光強度 L の電流 I 依存性である.

図 (b-1) に示すバイアス電圧が 0 の場合 (熱平衡の場合) には,少数キャリアの注入は起こらず発光も生じない.図 (b-2) に示すように,p-n 接合が順方向にバイアスされていると,空乏層を通して,電子は n 型領域から p 型領域へ,ま

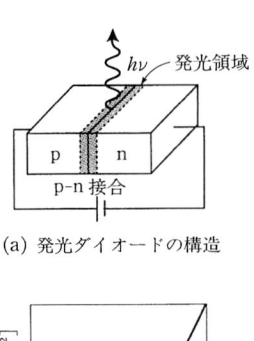

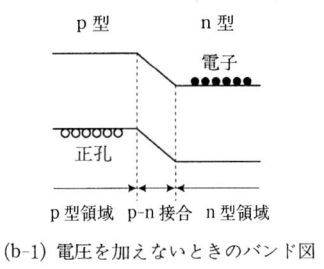

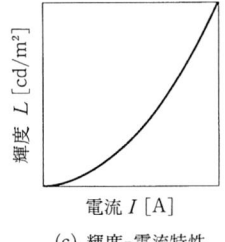

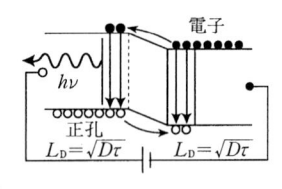

図 4.13 発光ダイオードの構造の概念図と動作原理を表すエネルギーバンド図

た正孔は p 型領域から n 型領域へ注入される．この過程は少数キャリアの注入と呼ばれる．いま，n 型領域から p 型に電子が注入される場合を考えてみる．n 型領域においては，電子は多数キャリアであり，p 型領域では少数キャリアである．p 型領域に流れ込んだ（注入された）電子，すなわち熱平衡状態より過剰な電子（過剰少数キャリア）は，多数キャリアである正孔と再結合して消滅する．この際に，ほぼバンドギャップエネルギーに等しいエネルギーをもつ光子を放出する．一方，正孔についてはこの逆を考えればよい．p-n 接合に順バイアスを印加した際に流れる電流は少数キャリアの注入によるので，発光ダイオードの光出力は，図 (c) に示すように，電流にほぼ比例する．

　発光ダイオードは，このように，電子と正孔が再結合するさいの発光を利用するが，半導体中での電子と正孔の再結合過程を考えるさいには，3.3 の「半導体発光材料」のところで説明したように，バンド構造や，発光中心の問題など，材料固有のさまざまな問題がある．この点については，次の節で，具体的な材料とともに説明する．

　p-n 接合から発光が生ずる場合には，少数キャリアに基づくことはすでに説明したとおりである．この少数キャリアは多数キャリアの中を拡散していくが，拡

散しながら多数キャリアと再結合して発光を生じ,消滅する.この少数キャリアが拡散できる距離を拡散距離 L_D といい,少数キャリアの拡散係数 D と寿命 τ を用いて,$L_D=\sqrt{D\tau}$ で与えられる.発光はキャリアの拡散距離 L_D 内で起こる.L_D は発光ダイオードの材料によるが,1〜数 μm 程度である.

ここでは,発光ダイオードやレーザダイオードを考えるさいに重要な,ホモ接合とヘテロ接合,また,ダブルヘテロ接合について説明する.

(1) ホモ接合とヘテロ接合 発光ダイオードからの発光,すなわち半導体からの発光は,p-n 接合から生ずるものである.この p-n 接合は,p 型の半導体と n 型の半導体の接合面でできる.この場合に 2 種類の接合,すなわち,ホモ接合とヘテロ接合がある.ホモ接合は,図 4.14(a) に示すように同種の半導体,例えば p 型の Si と n 型の Si どうし,また,p 型の GaAs と n 型の GaAs どうしの p-n 接合などであり,p, n 両領域のバンドギャップエネルギーは等しい.これに対して,図 4.14(b) に示すように,ヘテロ接合では,例えば p-GaAs と n-GaAlAs 接合では,p, n 領域のバンドギャップエネルギー E_g が異なる.GaAs の E_g は GaAlAs の E_g より小さい.その結果,図 4.14(b) に示すように伝導帯と価電子帯のエネルギー障壁に差を生ずる.電子に対する障壁を ΔE_c とし,正孔に対するものを ΔE_v としてある.図からわかるように,この場合には n-GaAlAs から p-GaAs へのキャリア(電子)の注入は容易に起こる.これに対して,p-GaAs から n-GaAlAs へのキャリア(正孔)の注入は,その高い障壁のた

(a) ホモ接合 (b) ヘテロ接合

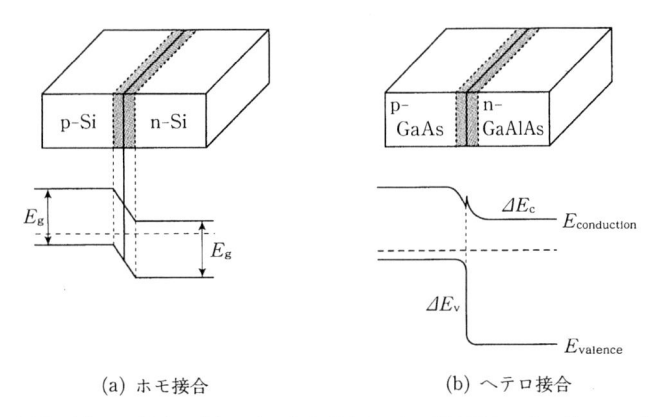

図 4.14 (a) ホモ接合と (b) ヘテロ接合ダイオードの概念図とエネルギーバンド図

め，ほとんど起こらない．すなわち，ヘテロ接合を用いることにより，注入するキャリアを制御することができる．GaAsとGaAlAsの組合せでは，格子定数がほぼ等しく，良好なヘテロ接合を作製できる．バンドギャップの違い，格子定数の違いは，興味ある物理的現象をもたらすだけではなく，今日では，発光ダイオードや半導体レーザをつくる際に，最も重要な問題となっている．

（2） ダブルヘテロ構造　　最近では，発光ダイオードの輝度や効率を上げるために，ダブルヘテロ接合発光ダイオードと呼ばれるものが開発され，重要なものとなっている．ここでは，実際に実用化されているGaAs系発光ダイオードを例にして説明する．図4.15に，n-GaAlAs/GaAs/p-GaAlAsダブルヘテロ構造の概念図と，そのエネルギーバンド図を示す．図に示すように，ヘテロ接合が2個組み合わせて用いられている．図(b-1)は，電圧が印加されていない場合のダブルヘテロ構造のエネルギーバンド図を示す．左側がn-$Ga_{1-x}Al_xAs$であり，そのE_gは，混晶比xによるが2 eV程度である．中間はGaAsでありE_gは1.4 eVである．右側はp-$Ga_{1-x}Al_xAs$であり，E_gは2 eV程度である．すなわち，中間のGaAsはE_gが小さいので，エネルギーバンドで見ると井戸になっているので，井戸層と呼ばれている．また，発光は主としてこのGaAs層で生じるので活性層とも呼ばれる．これに対して，両側の$Ga_{1-x}Al_xAs$層は，エネルギーバンドギャップが大きいので，中間の井戸層から見ると障壁となる．そこで，これらは障壁層と呼ばれる．この井戸層と障壁層の意味は，外部から電圧を加え，キャリアの注入を行ったときにその意味がはっきりとしてくる．図(b-2)には，ダブルヘテロ構造に外部から電圧(順バイアス電圧)を加えた状態を示す．中間

(a) ダブルヘテロ接合　　(b-1) 電圧が印加されていない場合

(b-2) 電圧が印加されている場合

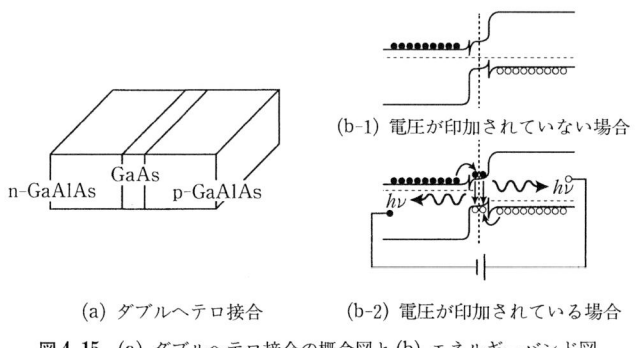

図4.15　(a) ダブルヘテロ接合の概念図と(b) エネルギーバンド図

の井戸層には，左側のn-GaAlAsから電子が移動し，ここにたまる．一方，右側のp-GaAlAsからは，正孔が移動し，ここにたまる．すなわち，井戸層には電子と正孔がたまることになる．このようにしてたまった電子と正孔は再結合が起こりやすくなる．その結果，発光効率が上がり，輝度が高くなる．今日，実用化されている高輝度の発光ダイオードや半導体レーザダイオードは，このダブルヘテロ構造の原理に基づいている．

b. 発光ダイオードの材料，発光色（発光波長）と応用分野

発光ダイオードの材料としては，種々の発光色を得るために，多くの半導体が利用されている．表4.1に，実用化されている発光ダイオードの材料，基板材料，構造，特性，代表的な応用分野などをまとめてある．ここでは，これらの項目に関する課題と関係する物理について述べる．

（1） **発光ダイオードの材料**—バンドギャップエネルギーと発光波長— 発光ダイオードの発光は電子-正孔対のバンド間再結合によるので，その発光波長は基本的にはバンドギャップエネルギー E_g で決まる．発光波長 λ_{em} とバンドギャップエネルギー E_g との関係は，次式で与えられる．

$$\lambda_{em}[\mu m] = \frac{1.24[\mu m \cdot eV]}{E_g[eV]} \tag{4.5}$$

この式からもわかるように，バンドギャップエネルギー E_g が大きくなれば，発光波長 λ_{em} は短くなる．例えば $E_g=1\,eV$ であれば，λ_{em} は $\lambda_{em}=1.24\,\mu m$ であり赤外領域である．$E_g=2.5\,eV$ であれば，$\lambda_{em}\sim 0.5\,\mu m$ で緑色発光である．$E_g=3.5\,eV$ であれば，$\lambda_{em}=0.35\,\mu m$ であり紫外発光である．したがって，発光ダイオードを作製する場合に最もたいせつとなる物理定数は，バンドギャップエネルギーであり，1～3 eV のバンドギャップエネルギーをもつ半導体とその混晶が使用されている．発光ダイオードには，主にIII-V族化合物半導体が用いられている．これらの半導体の格子定数 a と，バンドギャップエネルギー E_g の関係は図3.30(b)に示した．図には，研究開発段階にあるII-VI族化合物半導体についても示してある．

（2） **発光材料の格子定数と基板** 高輝度の発光ダイオードを得るためには，表4.1にも示すように，混晶を利用したダブルヘテロ構造が広く用いられている．また，必要とする発光波長を得るためにも，すなわち，バンドギャップエ

表 4.1 実用化されている発光ダイオードの材料，構造，特性と主な用途

波長域		結晶材料		発光			p-n接合構造[*1]	視感度 (lm/W)	外部量子効率(%)		発光効率 (lm/W)		主な用途
		発光層(活性層)	基板	中心波長 (nm)	遷移型	製法[*1]			市販品	最高値	市販品	最高値	
赤外光	$1\mu m$帯	$In_{0.65}Ga_{0.35}As_{0.79}P_{0.21}$	InP	1550	直接	LPE	DH	—					光通信
		$In_{0.74}Ga_{0.26}As_{0.55}P_{0.45}$	InP	1300	直接	VPE	DH	—					
	$0.9\mu m$帯	$GaAs:Si$	GaAs	940	直接	LPE	HM	—	~5				リモートコントロール，フォトカプラ
	$0.8\mu m$帯	$Al_{0.03}Ga_{0.97}As$	GaAs	850	直接	LPE	DH	—	~10	~50			光通信
		$Al_{0.15}Ga_{0.85}As$	GaAs	780	直接	MOCVD	DH						
可視光	赤	$GaP:ZnO$	GaP	700	間接	LPE	HM	20	2~4	12.6	0.4~0.8	2.5	ランプ，ディスプレイ
		$Al_{0.35}Ga_{0.65}As$	GaAs	660	直接	LPE	DH,SH	40	5~8	18	2~3.2	7.2	ランプ，車載，屋外表示，光通信
		$GaAs_{0.6}P_{0.4}$	GaAs	650	直接	VPE	HM	70	0.2	0.5	0.14	0.35	ディスプレイ
	橙~黄	$GaAs_{0.35}P_{0.65}:N$	GaP	630(橙)	間接	VPE	HM	190	0.2~0.3	0.65	0.4~0.6	1.2	ランプ，ディスプレイ，プリンタ
		$In_{0.5}(Ga_{0.8}Al_{0.2})_{0.5}P$	GaAs	620(橙)	直接	MOCVD	DH	280	1.5		4.2		ランプ，車載，屋外表示
		$In_{0.5}(Ga_{0.7}Al_{0.3})_{0.5}P$	GaAs	590(黄)	直接	MOCVD	DH	450	1.0		4.5		
		$GaAs_{0.15}P_{0.85}$	GaP	590(黄)	間接	VPE	HM	450	0.15	0.3	0.66	1.35	ランプ，ディスプレイ，プリンタランプ
	緑	$GaP:NN$	GaP	590(黄)	間接	LPE	HM	450		0.1		0.45	
		$GaP:N$	GaP	565	間接	LPE	HM	610	0.3	0.7	1.8	4.3	ランプ，ディスプレイ
		GaP	GaP	555	間接	LPE	HM	680	0.1		0.68		ランプ
	青	SiC	SiC サファイア	480	間接	LPE	HM	80	0.024		0.019		ランプ
		$InGaN$		450	直接	MOCVD	DH	50	~10		~4		ランプ

*1 LPE：液相エピタキシャル成長，VPE：気相エピタキシャル成長法，MOCVD有機金属化学気相成長法．
DH：ダブルヘテロ接合，SH：シングルヘテロ接合，HM：ホモ接合．
*2（参考図書40），p.507より）

ネルギーを変化させるためにも混晶が用いられる．図3.30(b)に示したように，混晶を用いるとバンドギャップエネルギーを連続的に変えることができるが，同時に格子定数も変化する．このため，格子定数も，発光ダイオードをつくるさいに，たいせつ切な定数(物理量)となる．発光ダイオードをつくるさいには，通常，基板と呼ばれる単結晶半導体の上にバッファ層，n型層，p型層などの薄膜を次々に積み上げて結晶成長を行う．したがって，これらの半導体層の格子定数 a が同じであることが望まれる．これは格子整合と呼ばれている．基板となる半導体の格子定数 a を基とし，これに格子整合をさせながら結晶成長を行う方法をエピタキシャル成長と呼ぶ．もしも，お互いの半導体層間の格子定数 a が異なっていると，薄膜の成長時に多くの点欠陥，線欠陥，面欠陥などが生ずる．そのなかでも最も問題となる欠陥は線欠陥である．これは転位(ディスロケーション)と呼ばれている．格子の不一致，これは格子不整合と呼ばれるが，特に不整合が大きいと多数の転位が発生する．さらにこの転位は，発光ダイオードの動作中に増大する．転位は非発光中心として働くので，発光ダイオードの特性や効率を著しく低下させる．また，動作中に増大する転位は，発光ダイオードの寿命を著しく低下させる．このため，表4.1に示すように，発光ダイオードの材料と近い格子定数をもつ半導体結晶が基板材料として使用されている．今日では，GaP，GaAsやInPは非常に良質の欠陥の少ない大きい単結晶が得られており，基板材料として使用されている．青色発光材料であるGaNについては，適当な基板がなく，サファイア(Al_2O_3)基板にバッファ層を介してGaNを成長させている．

(3) **遷移型** ── 直接遷移と間接遷移 ── 　半導体には，3.3.3で説明したように，直接遷移型のものと間接遷移型のものがある．直接遷移型の半導体のほうが，光放出にさいして運動量保存則の問題がなく，高い効率で，電子-正孔対のバンド間再結合が生じる．したがって，高い発光効率をもつ発光ダイオードをつくるには直接遷移型の半導体を用いるほうがよい．混晶化合物半導体の場合，直接遷移型の半導体どうしであれば混晶半導体も直接遷移型になるが，間接遷移型の半導体と直接遷移型の半導体との組合せでは，混晶半導体がいずれの遷移型になるかは両者の混合比 x で決まる．たとえば，直接遷移型の半導体GaAsと間接遷移型の半導体GaPの混晶 $GaAs_{1-x}P_x$ を考えてみる．図4.16(a)に示すよ

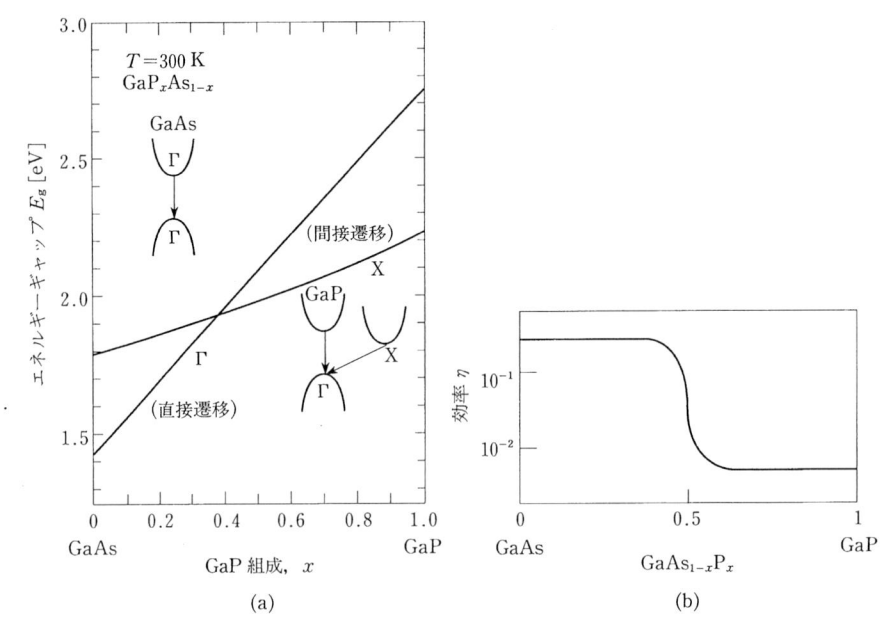

図 4.16 (a) $GaAs_{1-x}P_x$ 混晶のバンドギャップエネルギー．
$x<0.4$ では直接遷移，$x>0.4$ では間接遷移となる．
(b) 発光効率 η の組成 x 依存性．

うに，混晶比 x を増加していくと，まず，直接遷移型のバンドギャップエネルギーが増大し，$x=0.4$ のところで間接遷移型に変わる．これに応じて，図(b)に示すように発光効率も大きく低下する．発光効率が低下する直前では，赤色の発光を示すので，赤色発光ダイオードの材料として利用されている．

同様なことは，直接遷移型半導体 GaAs, InP と間接遷移型半導体 AlP, AlAs との混晶半導体についても起こる．より短波長の発光を得るため混晶比を増加させると，直接遷移型から間接遷移型に変わる．このときの直接遷移を生じる伝導帯の Γ 谷への電子の分布割合を図 4.17 に示す．直接遷移に対する E_g と，間接遷移に対する E_g が等しくなるところで，分布が大幅に低下することがわかる．発光強度も，ほぼこの電子分布に比例して低下することが知られている．

（4）間接遷移型の発光材料と発光中心 直接遷移型の半導体では，電子と正孔は主にバンド間の直接再結合で光を放出するので，その発光波長はバンドギャップエネルギーで決まり，また，発光中心は特に必要ではない．しかし，間

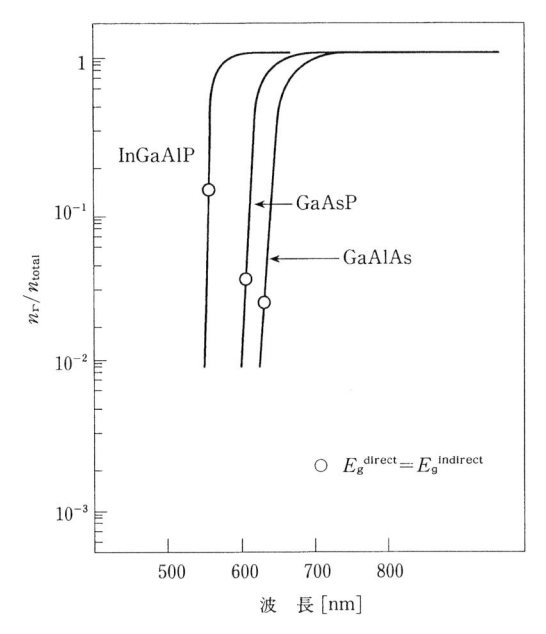

図 4.17 直接遷移から間接遷移に変化する混晶での直接遷移
バンド (Γ 谷) への電子分布の割合 $n_\mathrm{r}/n_\mathrm{total}$
(石川による．日本学術振興会光電相互変換第 125 委員会第 148 回研究会資料 p.7 (1994) より)

接遷移型の半導体を用いるさいには，電子と正孔を効率よく再結合させるために，発光中心が必要になる．この例として，3.3.4a 項で説明した等電子トラップの利用がある．すでに説明したように，GaP は間接遷移型の半導体であるが，等電子トラップを発光中心として用いることにより，トラップに捕獲された束縛励起子からの比較的明るい発光を示す．この場合，発光波長はバンドギャップエネルギーだけでは決まらず，束縛エネルギーを考慮する必要がある．表 4.1 に示すように，GaP を用い N を等電子トラップとして用いると緑色，NN (窒素対)では黄色，Zn-O では赤色の発光が得られる．また，間接遷移型の $GaAs_{0.35}P_{0.65}$ に N を等電子トラップとして添加したものでは橙色の発光ダイオードが得られる．

(5) 発光波長(発光色)と材料，応用分野 表 4.1 は，発光波長(発光色)ごとに分類して示してある．それぞれの材料について簡単に説明する．

(1) 赤外領域発光ダイオード： 赤外発光ダイオードは，近距離の小容量光通信や，リモートコントロールの信号源，フォトカプラの光源として広く用いら

れている．

　光通信に用いるには光ファイバーの低損失帯である 1.3 μm 帯，1.55 μm 帯の発光波長をもつ赤外発光ダイオードが必要である．この目的には，InP 基板上に成長させた (In, Ga)(As, P) 系の発光ダイオードが用いられている．また，プラスチックファイバーを用いた近距離用には近赤外 (0.8 μm 帯) で発光する (Al, Ga)As/(GaAs 基板) 発光ダイオードが用いられている．これらの発光ダイオードは，高い発光効率を得るためダブルヘテロ構造が用いられている．一方，リモートコントロールやフォトカプラ用には構造の簡単な GaAs 基板上に成長させた GaAs：Si ホモ接合発光ダイオードが用いられている．

(2) 可視域発光ダイオード

(a) 赤色発光ダイオード

赤色発光ダイオードはランプや屋外表示器に広く用いられている．一般の赤色発光ダイオードは GaP：ZnO ホモ接合ダイオードであるが，高輝度赤色ダイオードにはダブルヘテロ構造をもつダイオードが用いられている．

・GaP：ZnO/(GaP 基板)：すでに説明したように，これは間接遷移型である GaP に ZnO を添加し，その等電子トラップから赤色発光を得る．

・Ga(As, P) 系/(GaAs 基板)：GaAs 発光ダイオードは赤外域 (~900 nm) で発光するが，$Ga(As_{1-x}P_x)$ 混晶を用いることにより赤外から赤色の発光が得られる．組成比 x を大きくすると，発光波長は短くなるが，ある組成比以上では直接遷移型より間接遷移型に変わり，発光効率が急に低下する．実用的には直接遷移である赤色領域で用いられる．

・(Al, Ga)As 系/(GaAs 基板)：GaAs と AlAs の混晶である $(Al_xGa_{1-x})As$ から発光を生ずる．組成比 x を変化させることで波長を変化させる．x が大きくなるとバンドギャップエネルギーが大きくなり，発光波長は短くなる．最近では，半導体レーザと同様に，ダブルヘテロ構造を用いて高輝度赤色発光ダイオードが得られており，屋外用途にも広く用いられている．

(b) 黄/橙色発光ダイオード

・$In_{0.5}(Ga, Al)_{0.5}P$ 系/(GaAs 基板)：GaAs 基板と格子整合した材料のなかでは図 3.30 に示したように，最も短波長まで直接遷移型を保つ．このため，ダブルヘテロ構造を用いて，高輝度黄/橙色発光ダイオードとして使用されている．

・GaP：NN/(GaP 基板)：GaP：ZnO と同様に等電子トラップを利用した発光ダイオードである．同様な発光ダイオードに GaAsP：N がある．

(c) 緑色発光ダイオード

・GaP：N/(GaP 基板)：GaP 中の N 等電子トラップを利用した発光ダイオードである．間接遷移型の GaP における等電子トラップからの発光を利用しているため，輝度・効率の改善には限界がある．主にパイロットランプに使用されている．

・(In, Ga)N/(Al_2O_3 基板)：最近，GaN 系の材料を使用して青色発光ダイオードが開発された．単一量子井戸構造の発光層を用い In の添加量を増やすことにより，高輝度緑色発光ダイオードが開発されている．

(d) 青色発光ダイオード

・GaN系/(Al_2O_3 基板)：長い間 p 型の GaN が得られなかったが，最近になり p 型の GaN が得られるようになり，p-n 接合をつくることができるようになった．(In, Ga)N を井戸層とするダブルヘテロ構造や量子井戸構造を用いることにより，非常に輝度の高いものが得られている．

・SiC系/(SiC 基板)：SiC 系は p-n 接合をつくれる半導体としては，長らく最も大きなバンドギャップエネルギーをもつものであった．そのため青色発光ダイオードの材料として研究・開発がされてきた．しかし，間接遷移型の半導体であるため，輝度・効率の改善が困難であり，GaN 系の青色発光ダイオードにとってかわられつつある．

すでに述べたように，赤外領域の発光ダイオードは光通信，リモートコントロール，フォトカプラの光源として利用されてきた．また，可視領域のものである赤色や緑色の発光ダイオードはランプや屋外での簡単な表示器に使用されてきた．最近になって，高輝度の青色発光ダイオードが開発され，大型の屋外カラー表示への応用が進展しつつある．また，その高い信頼性を活かして，交通標識にも利用されつつある．可視域のすべての波長の発光ダイオードが開発されたことにより，よりいっそう，発光ダイオードの利用が進むと期待される．

[4.3.1 まとめ]

・発光ダイオードの動作原理は，p-n 接合を通して注入された少数キャリアが多数キャリアと発光再結合することに基づいている．したがって，動作電圧は 1~2

V 程度であり，発光強度は電流にほぼ比例する．
- 注入したキャリアを閉じ込め，高い効率で発光させるために，シングルヘテロ接合やダブルヘテロ接合が用いられている．
- 高い発光効率を得るために，直接遷移型の半導体が用いられる．発光波長はバンドギャップエネルギーで決まるので，混晶を用いてバンドギャップエネルギーを変えることにより，発光波長(発光色)を変える．代表的な発光ダイオード用の半導体材料と発光波長は次のようなものである．

  (In, Ga)(As, P), GaAs, (Al, Ga)As   赤外線
  (Al, Ga)As, Ga(As, P)   赤色
  (In, Ga, Al)P   橙色，黄色
  (In, Ga)N   緑色
  (In, Ga)N   青色

- 間接遷移型の半導体であっても，等電子トラップにおける束縛励起子の発光を利用することにより，次のような，比較的，高い効率の発光ダイオードをつくることができる．

  GaP : Zn, O   赤色
  Ga(As, P) : N   橙色
  GaP : N   緑色

4.3.2 半導体レーザダイオード

半導体レーザダイオード (laser diode : LD) は，今日では，すでにエレクトロニクスやオプトエレクトロニクスの多くの分野で広く使用されており，光デバイスとして不可欠のものである．代表的な応用分野としては，光通信，光情報処理，光制御などがある．半導体レーザは，1962 年にアメリカ General Electric 社研究所の Hall らによって開発された．それ以来，多くの研究が重ねられ今日に至っている．最初のレーザ発振は，GaAs ホモ p-n 接合で成功した．しかし，レーザ発振は極低温 (4.2 K, 77 K) でのパルス発振であり，今日のようなデバイスとして用いるには，程遠いものであった．その後，シングルヘテロ構造を導入するなど，しきい電流密度を下げるために多くの研究がなされた．1972 年になり，アメリカ Bell 研究所の林らにより，連続でしかも室温で発振する半導体レーザダイオードが開発された．この半導体レーザは，ダブルヘテロ構造と呼ばれる構造を有し，画期的なものであった．これが今日の半導体レーザダイオード

の足場を築いたといっても過言ではない．ダブルヘテロ構造半導体レーザダイオードの開発以来，半導体レーザダイオードの研究と開発には拍車がかかり，膨大な研究がなされ今日に至っている．

半導体レーザの研究が盛んになった理由として，その背景に光通信があったからであり，光ファイバーの存在を見逃すことができない．光ファイバーは，1970年代の同時期に，低損失で低分散型のものが開発されている．光通信用の半導体レーザダイオードには，波長 1.3 μm のものと 1.55 μm のものがある．この理由は，波長 1.3 μm は，ファイバー内の光速度の波長による分散が最も少ない波長であり，波長 1.55 μm は，レーリー散乱に基づく損失が最も少ないためである．

半導体レーザは，光通信ばかりでなく，光制御，光計測，光情報処理の分野で，すでに広く利用されており，今後もさらにその応用分野が広がるものと考えられる．その代表的なもののひとつは，オーディオ用のコンパクトディスク (compact disc：CD) の光ピックアップの光源であり，レーザプリンターの光源である．半導体レーザダイオードの研究は，今日でも，新しい材料，新しい構造，高い出力，また広い波長域での発振などを目指して盛んに行われている．そのなかでも，最も研究が盛んな分野は発振波長の短波長化である．これは，光記録媒体の記録密度を上げるには，短波長の半導体レーザダイオードが必要なためである．

ここでは，半導体レーザダイオードの動作と物理について説明する．

a. 半導体レーザダイオードの構造と光出力-電流特性

図 4.18 (a)，(b) には代表的な半導体レーザダイオードとして $Ga_xIn_{1-x}As_yP_{1-y}/InP$ レーザをとりあげ，その概観と動作特性である光出力-電流特性が示してある．半導体レーザダイオードは，本質的に p-n 接合ダイオードであり，図 (a) に示すように，発光ダイオードと同様に，p-n 接合に順バイアス電圧を印加し，電流を流すことによってレーザ発振を得る．通常，電流とレーザ光の方向は互いに垂直である．図 (b) には，半導体レーザダイオードの光出力-電流特性を示す．この光出力-電流特性は，レーザ発振に対するしきい電流値より，小さな電流を流している (1) 自然放出領域と，しきい電流以上の (2) 誘導放出領域 (レーザ発振領域) とに分けることができる．

（1） 自然放出領域　　半導体レーザダイオードに電流を流すと発光を生ずる

170 4. 発光デバイスの物理

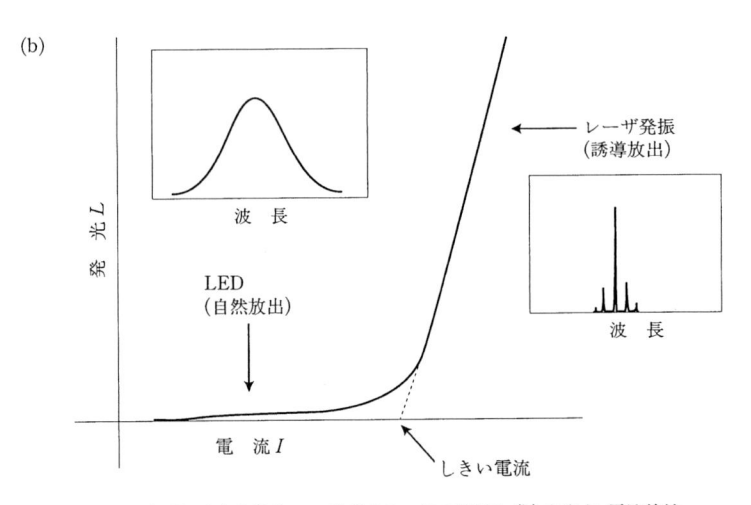

図 4.18 (a) 半導体レーザダイオードの概観と (b) 光出力-電流特性

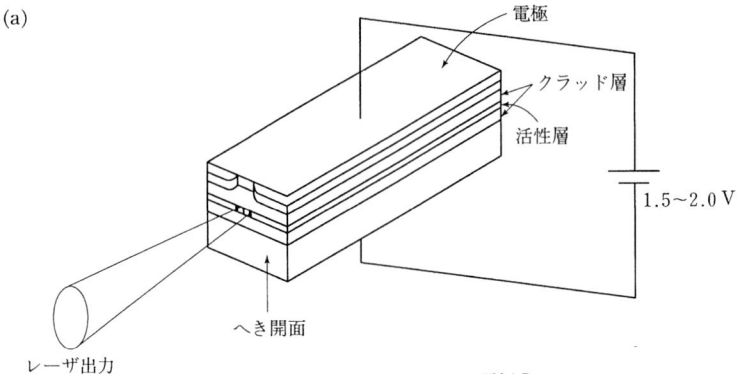

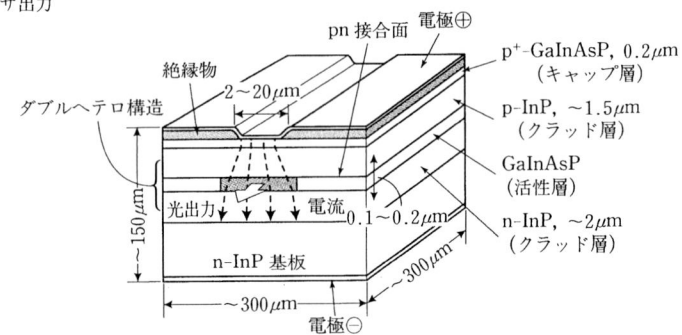

が，電流が小さい間は，すなわちしきい電流以下の電流領域では，発光は，発光ダイオードと同じである．そして，その発光は自然放出光であり，発光スペクトルは図中に示すように，自然放出光であるため幅広いスペクトルである．この領域では，キャリアの縮退による反転分布は生じていない．

（2） 誘導放出領域（レーザ発振領域） 電流を増加していくと，ある値以上になるとレーザ発振を始める．そのときの電流は，しきい電流値と呼ばれる．レーザ光の強度は電流とともに急速に増加する．発光は誘導放出光に基づくレーザ光であり，図中に示すように，発光スペクトル幅は狭くなる．あとで詳しく説明するが，この領域では，キャリアの縮退が生じ，光学利得が発生する．さらに，光共振器の損失よりも利得が大きくなった時点でレーザ発振に至る．

図 4.18 (a) に示すように，半導体レーザダイオードの基本的な構造は，(1) 電極，(2) クラッド層，(3) 活性層，(4) へき開面（光共振器）とからなる．

(1) 電極 ― 電子-正孔注入電極 ―

半導体レーザダイオードは，負電極から電子を，また正電極からは正孔を p-n 接合に流し込む（注入する）ことにより動作する．したがって，電極はきわめてたいせつな意味をもつ．電極である金属と半導体との界面に大きなエネルギー障壁があると，接触抵抗が大きくなるため電力が消費され，熱が発生し，半導体レーザが動作しなくなる．発光ダイオードより電流密度の大きな領域で動作する半導体レーザダイオードでは，重要な問題となる．

(2) 活性層 ― 電子-正孔再結合層 ―

活性層には，電子は n 型半導体側から，正孔は p 型半導体側から注入される．そしてこの電子と正孔が再結合する際に発光が生じる．後で述べるように，誘導放出（光利得）が生じるためにはキャリア（電子，正孔）が縮退した状態になる必要がある．キャリアの縮退はあるしきい値以上のキャリア濃度で生じるので，キャリアの閉じ込めが必要であり，ダブルヘテロ構造や量子井戸構造が用いられる．

(3) クラッド層 ― 光閉じ込め層 ―

クラッド層は，活性層で発光した光を閉じ込め，光導波路を形成する．レーザ発振に導くためには，共振器内での光損失を少なくする必要があり，クラッド層は重要な役割をもつ．

(4) へき開面 ― レーザ共振器 ―

へき開面は，半導体レーザダイオードの活性層内で発生した光の反射面となる．このへき開面が2つで1組となり光共振器を構成する．誘導放出からレーザ発振に至るには，誘導放出による光利得が損失を上回らなければならない．そのためには，光共振器により，光をある空間に閉じ込めなければならない．へき開面はこのためのものである．

半導体レーザダイオードはこのようにいくつかの層とへき開面からなっており，それぞれの層やへき開面がレーザ発振に必要な機能を分担している．ここで説明した半導体レーザダイオードの構造は，ごく基本的な部分を簡略化して説明したにすぎない．実用化されている半導体レーザダイオードの構造はもっと複雑である．しかし，基本的には，ここで説明した機能を高めるために複雑化したものである．

b. 半導体レーザダイオードの考え方

半導体レーザダイオードの動作原理を理解するため，図4.19にはその主要な部分が描いてある．半導体レーザダイオードでレーザ発振が起こるためには，(1) キャリアの閉じ込め，(2) 電流の閉じ込め，(3) 光の閉じ込めなどがたいせつである．

（1）キャリア（電子，正孔）の閉じ込め　半導体レーザダイオードは，本質的には，p-n接合への電子と正孔の注入による発光を利用している．図4.19(1)に示すように，正孔はp型領域から，電子はn型領域から活性層に注入される．これらが再結合してレーザ発振をするためには，電子と正孔からなる系でキャリアの縮退（反転分布）が生じなければならない．このためには，活性層内の電子と正孔の濃度を高くする必要があり，キャリアを閉じ込めなければならない．このキャリアの閉じ込めを実現するためには，すでに発光ダイオードのところで説明したダブルヘテロ構造が用いられる．

（2）電流の閉じ込め　図4.19(2)には電流の閉じ込めが示してある．レーザ発振を行わせるためには，多くの電子や正孔を注入しなければならない．そのためには，大きな電流を流さなければならない．電流密度を大きくし，ダイオードに流す電流値を低くするためには，電流の通路を閉じ込める必要がある．ここで半導体の活性層の長さを$l[m]$，その幅を$w[m]$とし，半導体レーザダイオー

4.3 発光ダイオードと半導体レーザダイオード

(1) キャリアの閉じ込め —— 誘導放出を得るため
　　　　　　　　　　　　　（反転分布）

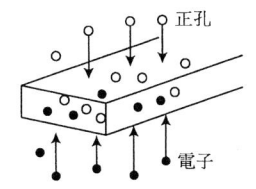

活性層に電子と正孔を同時に閉じ込める
（異なる E_g — ヘテロ接合）

(2) 電流の閉じ込め

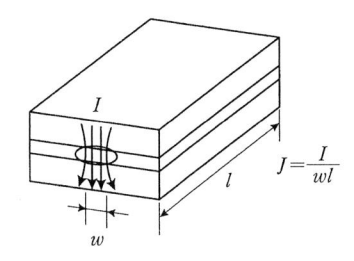

$$J = \frac{I}{wl}$$

高い電流密度（キャリア密度）を得るため

(3) 光の閉じ込め —— 活性層（媒質）中での光損失を
　　　　　　　　　　防ぐため

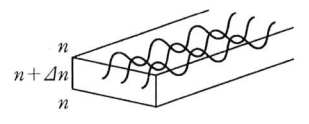

屈折率差 Δn を用いる導波路の考え方

(4) 光共振器（レーザ共振器）

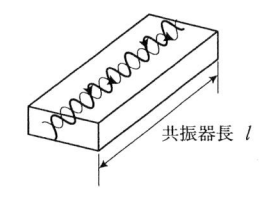

共振器長 l

光を帰還するため —→ レーザ発振縦モードが決まる

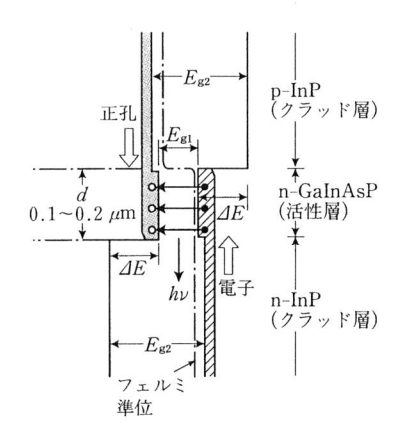

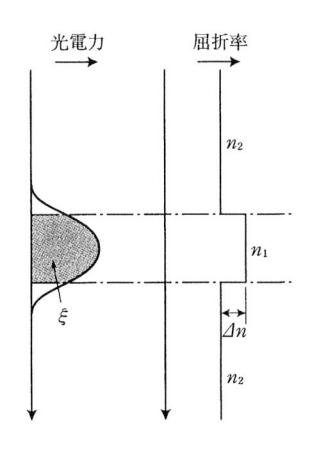

図 4.19　半導体レーザダイオードの考え方

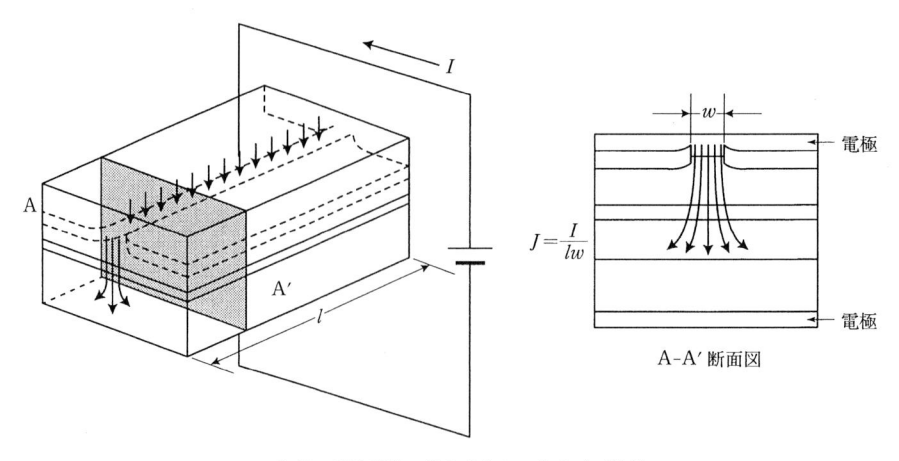

図 4.20 電流通路の狭さく化とストライプ構造

ドに流す電流を I [A] とする．このような場合，その電流密度 J は $J=I/(l\cdot w)$ [A/m²] となる．すなわち J を上げるためには l か w を小さくする必要がある．誘導放出光の増幅に関しては，利得を g とすると，l の方向に沿って光が進んださいに $\exp(gl)$ で増大するので，ある程度の長さ以下にはできない．このため，電流の通路幅 w を小さくする必要がある．これが電流閉じ込めと呼ばれ，さまざまな構造で実現されている．最も簡単な方法は，図 4.20 に示すように，電極とクラッド層の間に絶縁層を設け，ストライプ状のスリットから電流を流すことにより実現する．例をあげると $l=300\,\mu\text{m}$, $w=5\,\mu\text{m}$, $I=50\,\text{mA}$ とすると，$J=3.3\,\text{kA/cm}^2$ 程度の値である．

（3）光の閉じ込め　半導体レーザダイオードでレーザ発振を行わせるためには，図 4.19(3) に示すように活性層内に光を閉じ込める必要がある．これは光の閉じ込めといわれている．この光の閉じ込めには2種類ある．1つはレーザ発振を行う光の進行方向，すなわち縦方向での光の閉じ込めであり，もう1つはこれに垂直な方向，すなわち上下方向および横方向の閉じ込めである．縦方向の光の閉じ込めについては次の(4)光共振器で述べる．

　(a)　活性層の上下方向への光の閉じ込め：　活性層中のレーザ光は，発振方向である縦方向に進むが，活性層の上下方向に向かう成分もある．この成分は漏れとなり損失となる．光導波路を形成し，この損失をさけるために屈折率に工夫

がなされている.すなわち活性層の屈折率 n_1 を,その外側の障壁層の屈折率 n_2 より大きくする.すなわち $n_1>n_2$ となるようにすると光は屈折率 n の大きい内側の活性層を通ることとなり,その結果,上下方向について,光が閉じ込められることとなる.

(b) 活性層の横方向への光の閉じ込め: 活性層の横方向にも光はもれて損失となる.半導体の屈折率はキャリア濃度に依存し,キャリア濃度が高いほど大きくなる.このため,電流の通路を閉じ込めると,ある程度,自然に屈折率の差が生じ,光が閉じ込められる.このためにも,電流の通路を制限することがたいせつである.さらに積極的に,光を閉じ込めるために,活性層の横方向にも,屈折率の小さな半導体で囲む構造も開発されている.

(a),(b) いずれの場合にも,目安としていえることは,活性層には光の波長 λ の半波長が閉じ込められた形となっているということである.すなわち,屈折率を n とすると半導体中での波長 λ_{eff} は $\lambda_{\text{eff}}=\lambda/n$ となるので,この半波長 $\lambda_{\text{eff}}/2$ が定在波となるように閉じ込められている.

(4) **光共振器(レーザ共振器)** 図 4.19(4) には半導体レーザダイオードの光共振器が示してある.半導体中でレーザ発振が生ずるためには,いくつかの条件がそろわなければならない.すなわち,誘導放出による光の増幅と同時に,光の正帰還がかかわらなくてはならない.このため,平行なへき開面を利用して光共振器を構成する.

光共振器の別の重要な側面としてモードという概念が生じてくる.図 4.21 に,レーザ共振器の縦モードと横モードを示す.レーザ光は,光共振器を構成する,へき開面を反射面として何度も往復を行う.その結果その空間に光のエネルギーが蓄えられ,増幅される.この一部を取り出したものがレーザ発振である.その際に縦モードが生ずる.すなわち発振波長を中心とし,その波長の上下にサブバンドと呼ばれるスペクトルを生ずる.この縦モードの間隔は,レーザ共振器の長さ l,半導体中でのレーザ光の波長を $\lambda_{\text{eff}}(=\lambda/n)$ とすると定在波ができる条件 $2l=N\lambda_{\text{eff}}$ で決まる.ここで,N はモード数である.

この縦モードと同時に問題となるものに横モードと呼ばれるものがある.レーザ光は縦方向に指向性をもって放出される.このレーザ光はスポット状である.このスポットは遠くに離れれば離れるほど大きくなる.そのスポットの形状は,

(a)

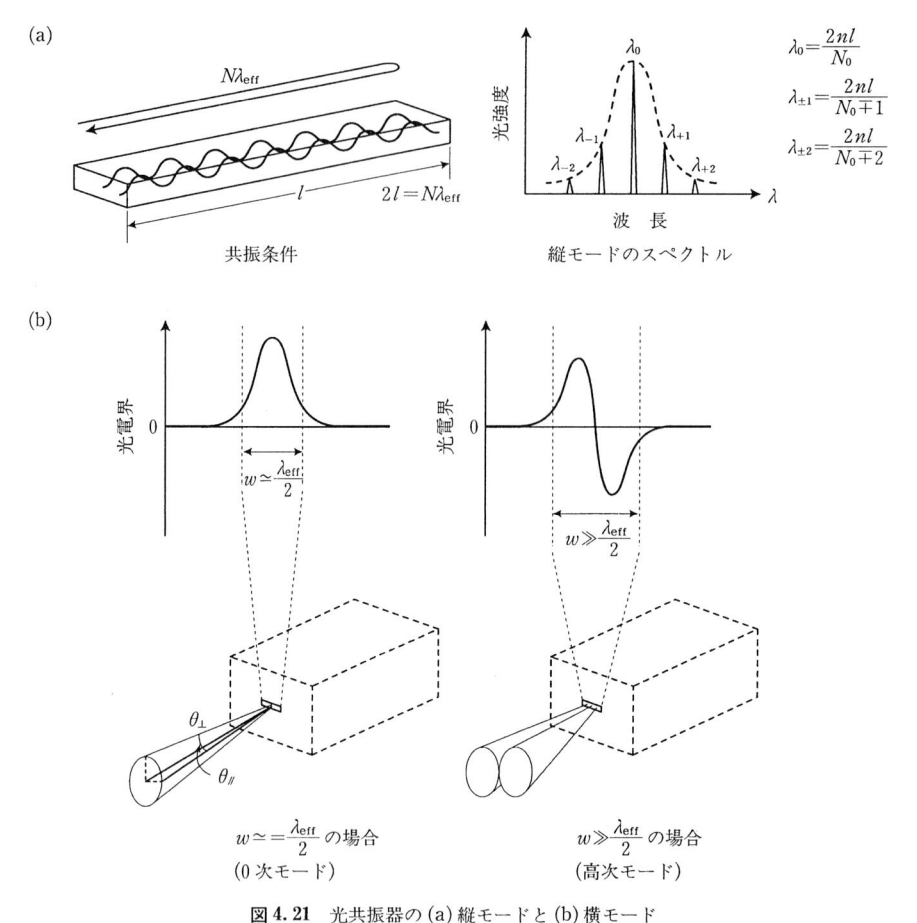

$\lambda_0 = \dfrac{2nl}{N_0}$

$\lambda_{\pm 1} = \dfrac{2nl}{N_0 \mp 1}$

$\lambda_{\pm 2} = \dfrac{2nl}{N_0 \mp 2}$

共振条件　　　　　　　縦モードのスペクトル

(b)

$w \simeq \dfrac{\lambda_{\text{eff}}}{2}$ の場合
(0次モード)

$w \gg \dfrac{\lambda_{\text{eff}}}{2}$ の場合
(高次モード)

図 4.21　光共振器の (a) 縦モードと (b) 横モード

一般には楕円形である．しかし，楕円形にならずに2つ以上に分かれることもある．このような違いの原因になるものが横モードと呼ばれる．これらの詳しい説明はここでは述べないが，活性層の上下，横方向の光の閉じ込めと導波路の大きさによって決まる．

c. 半導体レーザダイオードにおける光利得

　半導体レーザダイオードも他のレーザと同様に，2.4で述べた，反転分布状態での光の誘導放出による光増幅を利用している．He-Neレーザなどのガスレーザや YAG:Nd^{3+} レーザなどの固体レーザでは，3準位系，4準位系における反

転分布が考えられているが，このような考え方は半導体レーザダイオードを考えるさいには，このままでは用いにくい．半導体レーザを考えるときには，電子と正孔を考えることになるが，そのさいにはエネルギーバンド内の多くの連続準位が関与し，ある意味ではまったく異なった考え方をしなければならない．このようなことを念頭に，半導体における反転分布と光学利得について述べる．

（1）半導体中の光の吸収 図 4.22 (a) に半導体のエネルギーバンドと光吸収に対応する電子遷移を示す．半導体のバンドギャップエネルギー E_g よりも大きいエネルギーをもつ光が入射すると，電子は価電子帯から伝導帯に励起される．すなわち光吸収が起きる．この係数を光吸収係数 $\alpha(h\nu)[\mathrm{m}^{-1}]$ と呼ぶ．$h\nu < E_g$ では $\alpha(h\nu)=0$ であり，$h\nu > E_g$ のときには $\alpha(h\nu)>0$ となる．このとき $\alpha(h\nu)$ は価電子帯と伝導帯の状態密度を反映して，図 (b) に示すようになる．この $\alpha(h\nu)$ を表す式を考えるときには，3.3.2 で説明した運動量とエネルギーの保存則を考えなければならない．

価電子帯中の 1 つの準位 v と伝導帯中の 1 つの準位 c の間の遷移確率 W_{vc} を考えてみる．これは，量子力学を用いて詳しく計算されており，次式で与えられる．

$$W_{vc} = \frac{2\pi}{h}|H_{vc}'|^2 \delta(E_c - E_v - h\nu) \quad [\mathrm{s}^{-1}] \tag{4.6}$$

ここで，$\delta(E_c - E_v - h\nu)$ はデルタ関数で，$h\nu = E_c - E_v$ の場合だけ 1 となり，他の場合は 0 である．価電子帯と伝導帯の電子の波動関数をそれぞれ ϕ_v, ϕ_c とすると

$$\phi_v = U_{vk}(r)\exp(-ik\cdot r) \tag{4.7}$$

$$\phi_c = U_{ck'}(r)\exp(-ik'\cdot r) \tag{4.8}$$

であり，H_{vc}' は次のように与えられる．

$$H_{vc}' = \frac{eE_0}{2}\int U_{vk}(r)U_{ck'}(r)\exp[i(k'-k-k_{\mathrm{opt}})r]dV \tag{4.9}$$

ここで，E_0 は入射光のつくる電界の強度である．これは入射光に対する双極子遷移であり，量子力学の摂動論を用いて計算されるものである．電子の状態としては，価電子帯の 1 つの状態 v と伝導帯の 1 つの状態 c を考えてきた．しかし，これらの状態は，バンド内で連続であるから全遷移を求めるには状態全体にわたって積分しなければならない．電子の波数ベクトルを k，単位波数あたりの状

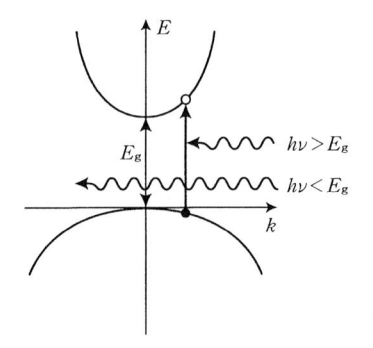

(a) 半導体のエネルギーバンド

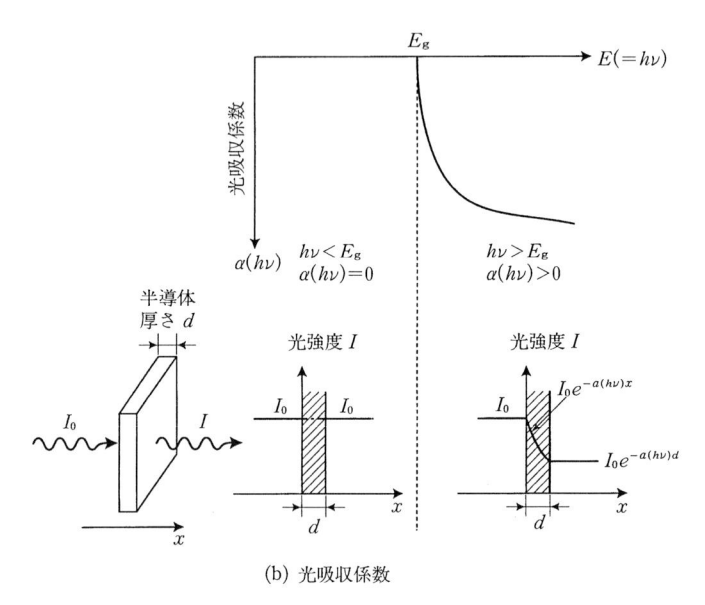

(b) 光吸収係数

図 4.22 半導体における光吸収
光利得を考えるために図では $\alpha(h\nu)$ は下向きを正にとった.

態数を $\rho(k)$ とすると,波数 $k \sim k+dk$ の間の状態数は次式で与えられる.

$$\rho(k)dk = \frac{k^2 V}{\pi^2}dk \quad [\text{個}] \tag{4.10}$$

ここで,V は結晶全体の体積である.したがって,遷移の単位時間あたりの割合は W_{vc} とこの状態数とを掛けたものを k 全体にわたって積分することにより

得られる.

$$N = \frac{2V}{\pi\hbar} \int_0^\infty |H_{vc}'(k)|^2 \delta(E_c - E_v - h\nu) k^2 dk \quad [\text{s}^{-1}] \tag{4.11}$$

これが図4.22(a)で示した価電子帯と伝導帯の間の遷移の総和の単位時間あたりの割合,すなわち遷移確率である.

次にNを具体的に計算してみる.kの積分はδ関数の中が0のときのみ残る.そこで,次のように考える.

$$E_c - E_v = \frac{\hbar^2 k^2}{2} \cdot \frac{1}{m_r} + E_g$$
$$\frac{1}{m_r} = \frac{1}{m_c} + \frac{1}{m_v} \tag{4.12}$$

ここで,m_rは還元質量と呼ばれる.すると,δ関数の変数をEとおけば,Eは次のようになる.

$$E = E_c - E_v - h\nu = \frac{\hbar^2 k^2}{2} \cdot \frac{1}{m_r} + E_g - h\nu \tag{4.13}$$

このEを用いてkの積分をEの積分に変えると,Nは次のようになる.

$$N = \frac{2V}{\pi\hbar} \int_0^\infty |H_{vc}'(k)|^2 \frac{m_r}{\hbar^2} \delta(E) \sqrt{\frac{2m_r}{\hbar^2}(E + h\nu - E_g)} \, dE$$
$$= \frac{V}{\pi} |H_{vc}'(k)|^2 \frac{(2m_r)^{3/2}}{\hbar^4} (h\nu - E_g)^{1/2} \quad [\text{s}^{-1}] \tag{4.14}$$

ここで吸収係数αを求めてみる.吸収係数αは次のように定義される.

$$\alpha = \frac{p}{I} \quad [\text{m}^{-1}]$$
$$p = \frac{Nh\nu}{V} \quad [\text{J}\cdot\text{m}^{-2}\cdot\text{s}^{-1}], \quad I = \left(\frac{1}{2}\varepsilon_0 E_0^2\right) nc \quad [\text{J}\cdot\text{m}^{-2}\cdot\text{s}^{-1}] \tag{4.15}$$

ここで,pは単位体積あたりに吸収されるパワーであり,Iは単位面積を通過する電磁波のパワーである.これらを用いると,吸収係数αは次式で与えられる.

$$\alpha(\nu) = K(h\nu - E_g)^{1/2} \quad [\text{m}^{-1}] \tag{4.16}$$
$$K = \frac{4\nu(2m_r)^{3/2}}{\hbar^3 nc\varepsilon_0 E_0^2} |H_{vc}'(k)|^2$$

したがって,吸収係数αは$(h\nu - E_g)^{1/2}$に比例することがわかる.また$h\nu = E_g$の近傍では,Kはほぼ一定と見なすことができる.

(2) **縮退した半導体と誘導放出**　前項で吸収係数αを求めた計算では,

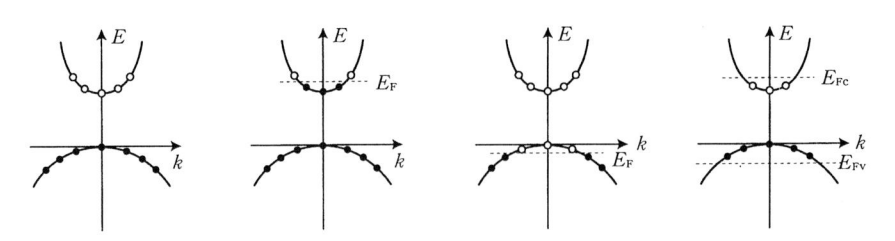

(i) 真性半導体 　(ii) 縮退した n 型半導体 　(iii) 縮退した p 型半導体 　(iv) 2 重に縮退した半導体

(a) 縮退半導体のエネルギーバンド

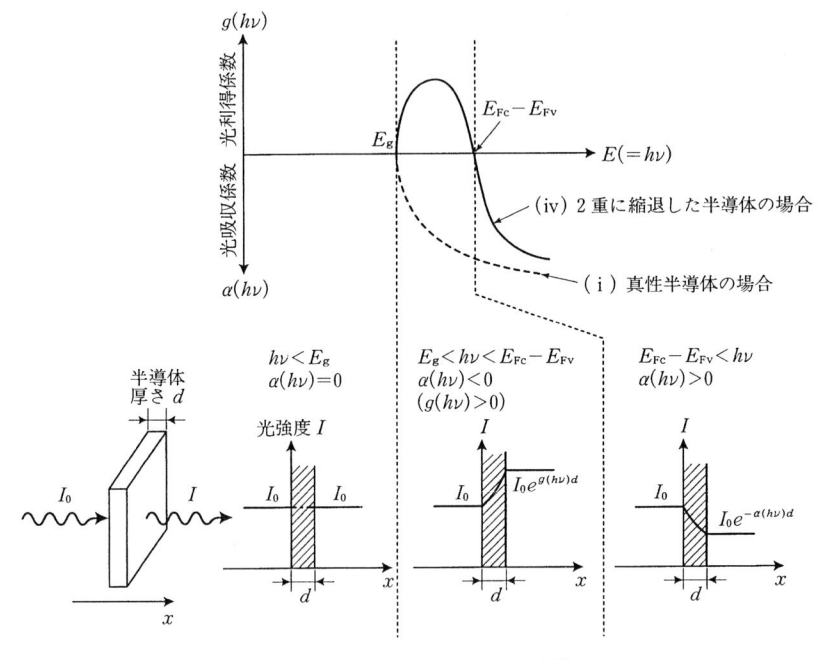

$h\nu < E_g$
$\alpha(h\nu) = 0$

$E_g < h\nu < E_{Fc} - E_{Fv}$
$\alpha(h\nu) < 0$
$(g(h\nu) > 0)$

$E_{Fc} - E_{Fv} < h\nu$
$\alpha(h\nu) > 0$

(b) 2 重に縮退した半導体における光利得

図 4.23　縮退した半導体と光利得

価電子帯は電子で完全に満たされており，伝導帯は完全に空で電子はまったく存在しないことを仮定していた．これは厳密には 0 K における真性半導体についてのみ成立する条件である．しかし，フェルミ準位が禁制帯中にあり，伝導帯，価電子帯からのエネルギー差が熱エネルギーよりも大きい場合には十分成立する近似である．この状態は図 4.23(a) の (i) に相当する．一方，図 4.23(a) の

(ⅱ)～(ⅳ)で示されるような状態では，このような近似は成立しない．以下，特に(ⅳ)の状態について考える．この状態はキャリアが2重に縮退した状態と呼ばれ，熱平衡状態から何らかの方法により励起された状態である．このとき，伝導帯と価電子帯それぞれにフェルミ準位を考える必要があり，これらは擬フェルミ準位 E_{Fc}, E_{Fv} と呼ばれるが，図のようにそれぞれがバンドの中に入り込んでいる．すなわち縮退している．この場合，$\alpha(h\nu)$ は負となる場合がある．いいかえれば，誘導放出が吸収（誘導吸収）に打ち勝ち，$g(h\nu)(=-\alpha(h\nu))$ が正となり，光学利得が生じる．すなわち，入射光子のエネルギーについて3つの領域に分かれる．

$$
\begin{aligned}
&(\text{ⅰ}) \quad \alpha(h\nu)=0 & & h\nu < E_g & & (\text{透過}) \\
&(\text{ⅱ}) \quad \alpha(h\nu)<0, \ g(h\nu)>0 & & E_g < h\nu < E_{Fc}-E_{Fv} & & (\text{増幅}) \\
&(\text{ⅲ}) \quad \alpha(h\nu)>0 & & E_{Fc}-E_{Fv} < h\nu & & (\text{吸収})
\end{aligned}
\tag{4.17}
$$

これらの状態を概念的に図4.23(b)に示す．以下これらを数式的に考える．E_{Fc}, E_{Fv} を用いると，ある準位における電子の存在確率はフェルミ－ディラック分布で表され，伝導帯のあるエネルギー準位 E_c，また価電子帯のあるエネルギー準位 E_v に電子が存在する確率 $f_c(E_c)$, $f_v(E_v)$ は，それぞれ次式で与えられる．

$$f_c(E_c)=\frac{1}{1+\exp\left(\dfrac{E_c-E_{Fc}}{kT}\right)}, \quad f_v(E_v)=\frac{1}{1+\exp\left(\dfrac{E_v-E_{Fv}}{kT}\right)} \tag{4.18}$$

この電子分布を用いて光の吸収を考えてみる．光が吸収されるためには，まず価電子帯に電子が存在しなければならない．また行先の準位が空いていなければならない．それらは，それぞれ $f_v(E_v)$ と $(1-f_c(E_c))$ となる．そこで，吸収の確率は $f_v(E_v)(1-f_c(E_c))$ に比例する．これらは，前節で導出した吸収の式を変形することにより表すことができる．すなわち，価電子帯中のレベル E_v から伝導帯中のレベル E_c へ吸収遷移する電子の総数を $N_{v \to c}$ とし，その逆の放出の総数を $N_{c \to v}$ とすると，次式で与えられる．

$$N_{v \to c}=\frac{2V}{\pi\hbar}\int_0^\infty |H_{vc}'(k)|^2 f_v(E_v)(1-f_c(E_c))\delta(E_c-E_v-h\nu)k^2 dk \tag{4.19}$$

$$N_{c \to v}=\frac{2V}{\pi\hbar}\int_0^\infty |H_{vc}(k)|^2 f_c(E_c)(1-f_v(E_v))\delta(E_c-E_v-h\nu)k^2 dk \tag{4.20}$$

正味の吸収は，この $N_{v \to c}$ から $N_{c \to v}$ を引いたものになり，次式となる．

$$N_{v \to c} - N_{c \to v} = \frac{2V}{\pi \hbar} \int_0^\infty |H_{vc}'(k)|^2 [\{f_v(E_v)(1-f_c(E_c))\}$$
$$- \{f_c(E_c)(1-f_v(E_v))\}] \delta(E_c - E_v - h\nu) k^2 dk$$
$$= \frac{2V}{\pi \hbar} \int_0^\infty |H_{vc}'(k)|^2 \{f_v(E_v) - f_c(E_c)\} \left(\frac{m_r}{\hbar^2}\right) \delta(E)$$
$$\times \sqrt{\left(\frac{2m_r}{\hbar^2}\right)(E + h\nu - E_g)} \, dE$$
$$= \frac{V}{\pi} |H_{vc}'(k)|^2 \frac{(2m_r)^{3/2}}{\hbar^4} (f_v(E_v) - f_c(E_c))(h\nu - E_g)^{1/2} \quad [\text{s}^{-1}]$$
(4.21)

したがって，吸収係数の表式は次のようになる．

$$\alpha(h\nu) = K(f_v(E_v) - f_c(E_c))(h\nu - E_g)^{1/2} \quad [\text{m}^{-1}] \tag{4.22}$$

$$K = \frac{4\nu(2m_r)^{3/2}}{\hbar^3 nc\varepsilon_0 E_0^2} |H_{vc}'(k)|^2$$

この式より，$f_v(E_v) < f_c(E_c)$ なる場合，つまり，考えている価電子帯と伝導帯のエネルギー準位において，伝導帯の準位での電子の存在確率のほうが価電子帯の準位での電子の存在確率より大きければ，$\alpha(h\nu) < 0$ となることがわかる．これは，吸収が負ということであるから，光が増幅されることを示す．上記のような条件は，擬フェルミ準位を用いると，次式で表される．

$$h\nu < E_{Fc} - E_{Fv} \tag{4.23}$$

また，光子エネルギー $h\nu$ がバンドギャップ E_g よりも小さい場合は，吸収も増幅も起こらないので，結局，次の条件を満たす光が増幅されることになる．

$$E_g < h\nu < E_{Fc} - E_{Fv} \tag{4.24}$$

つまり，伝導帯と価電子帯の擬フェルミ準位の差がバンドギャップ E_g よりも大きくなるとき（$E_g < (E_{Fc} - E_{Fv})$），上式を満たすエネルギーをもつ光が増幅される．なお，吸収係数 α の符号を変えたものを利得係数 g と呼ぶ．すなわち $g = -\alpha$ である．このようにして，吸収係数 α と利得係数 g の光エネルギーに対する依存性が得られるが，これはすでに図 4.23 (b) に示したようになる．

d. 光利得とレーザ発振

半導体レーザでは活性層に流れ込む電流（電子と正孔の注入）により，2重縮退した状態，すなわち，反転分布が生じる．活性層に注入されたキャリアはある寿命をもって再結合して失われる．活性層中へのキャリアの注入と再結合とのバ

ランスでキャリア密度が決まる．注入電流が大きくなればキャリア密度が大きくなる．キャリア密度(電子密度，正孔密度)が大きくなるにつれ，伝導体の擬フェルミ準位 E_{Fc} は上昇し，価電子帯の擬フェルミ準位 E_{Fv} は低下する．そして，その差 $(E_{Fc}-E_{Fv})$ がバンドギャップ E_g よりも大きくなると，前節で示したように利得が生じる．さらに注入電流を増加し，キャリア密度が増大すると利得の最大値 g_{max} が大きくなる．この g_{max} は β を定数として，ほぼ次式で表されることがわかっている．

$$g_{max}=\beta(J_{nom}-J_0) \tag{4.25}$$

ここで，J_{nom} は電流密度を活性層の体積で割ったもので，いわば活性層の単位体積あたりの電流であり，規格化電流密度とよばれる．すなわち，電流を I，活性層の面積と厚さをそれぞれ A, d として次式で表される．

$$J_{nom}=\frac{I}{Ad} \tag{4.26}$$

式(4.25)は，利得の最大値 g_{max} は，活性層の単位体積あたりの注入電流のうち，反転分布に達するまでに必要な分 J_0 を差し引いたものに比例することを示している．

レーザ発振をするためには，図4.24に示すように，反転分布の状態の活性層中で増幅された光が，共振器の光損失を上回らなければならない．このときの光利得は，これまでに述べてきた反転分布による誘導放出に起因するものである．光の損失には大きく分けて2種類ある．まず第1に光が活性層中を進むさいに吸収や散乱を受ける．これらは半導体固有のものや，構造の乱れなどによるものであり，ここでは α_L で表す．第2は光が進行方向の結晶の端面から出ていくことによる透過損失である．これは，端面での光の反射率 R と関係する．

次にこれらの関係を求めてみる．図4.24(b)に示すように，強さ I の光が x 方向に進むとき，その場所による変化は次のように表される．

$$I=I_0\exp((g-\alpha_L)\cdot x) \tag{4.27}$$

半導体レーザでは，光を閉じ込めるために共振器として結晶のへき開面による鏡面を用いるが，そこでの反射により強度は $R(<1)$ 倍になる．半導体レーザにおいて，レーザ発振が継続するためには，1往復して元の位置に戻ってきた光の強度が，元の強度以上でなければならない．すなわち，レーザ発振のしきい条件

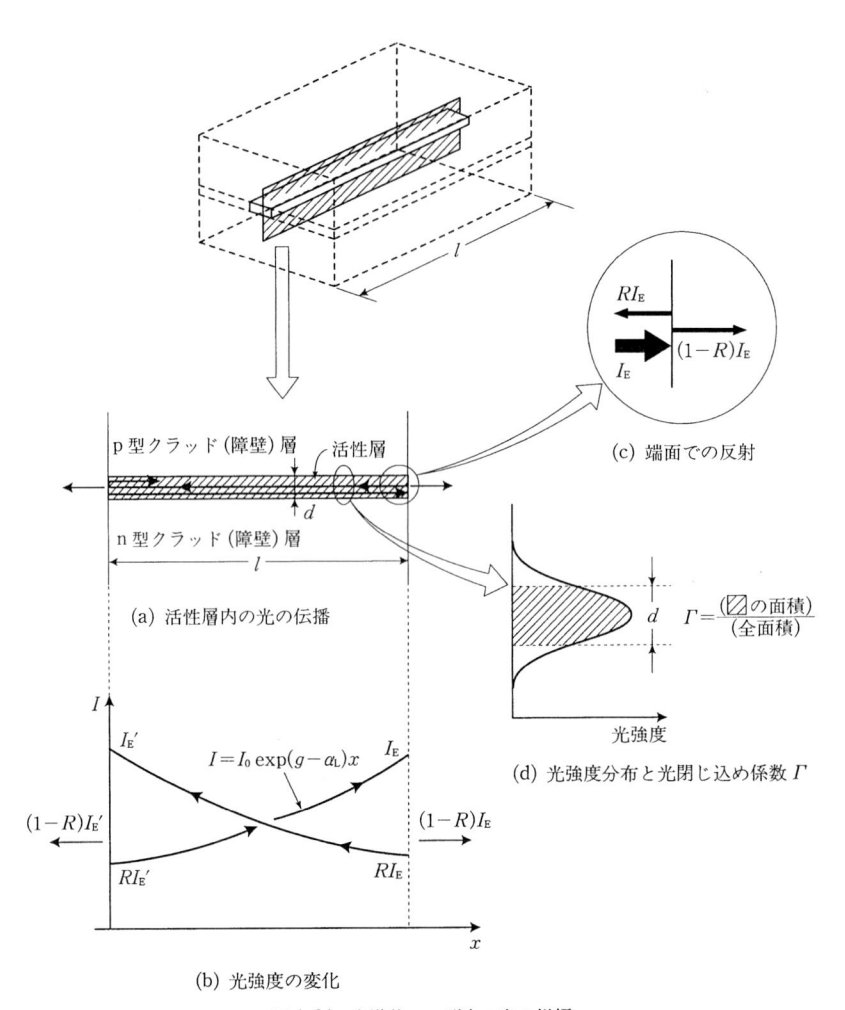

図 4.24 半導体レーザ内の光の増幅

(a) 活性層内の光の伝播
(b) 光強度の変化
(c) 端面での反射
(d) 光強度分布と光閉じ込め係数 Γ

は，共振器の長さを l として次式で表される．

$$I_0 = R^2 I_0 \exp((g-\alpha_L)\cdot 2l) \tag{4.28}$$

これを満足する光利得を g_{th} とおくと，g_{th} は次式で表される．

$$g_{th} = \alpha_L + \frac{1}{2l}\ln\left(\frac{1}{R^2}\right) \tag{4.29}$$

実際の半導体レーザダイオードでは，図 4.24(d) に示すように，光は活性層

の外部にも分布して伝わっている．そこで，光閉じ込め係数 Γ を次のように定義する．

$$\Gamma = (活性層内部の光強度)/(全光強度) \tag{4.30}$$

この係数 Γ を用いると，活性層以外を伝わる光は増幅されないことから，実効的な利得 g_{eff} は理想的な利得 g より小さくなり，次の関係式で結ばれる．

$$g_{\text{eff}} = \Gamma g \tag{4.31}$$

以上を総合すると，レーザ発振のためのしきい電流密度 J_{th} は，次式となる．

$$J_{\text{th}} = \frac{I_{\text{th}}}{A} = J_0 d + \frac{d}{\beta \Gamma}\left(\alpha_{\text{L}} + \frac{1}{2l}\ln\left(\frac{1}{R^2}\right)\right) \tag{4.32}$$

しきい電流値を下げる，すなわちレーザ発振を起こしやすくするためには，損失 α_{L} を小さく，また端面の反射率 R を大きく，さらに活性層の厚さ d を薄くする必要がある．ところが，光閉じ込め率 Γ は，活性層の厚さ d に関係し，d がある程度以下になると急激に減少し，しきい値の増大を招く．そこで実際には，活性層の厚さにはある最適値がある．GaAs/AlGaAs ダブルヘテロ構造レーザの場合には，最適な活性層厚さは 100 nm 程度である．

e. 半導体レーザダイオードの研究開発の進展と今後の課題

すでに述べたように，半導体レーザダイオードは，光通信と光情報処理に使用することを目的として研究開発と実用化が進められてきた．代表的な半導体レーザダイオードの特性を表 4.2 に示す．諸特性として問題となるのは，発振波長，動作電圧，しきい電流，レーザ出力などである．用途別にみると，コンパクトディスク，レーザプリンター，バーコードリーダーなどの情報処理用には，可視（赤色）から近赤外領域の波長の半導体レーザダイオードが使用されている．当

表 4.2 代表的な半導体レーザダイオードの特性

用途	波長 λ	特性				材料
		動作電圧 V_{op}	しきい電流 I_{th}	動作電流 I_{op}	レーザ出力 W_{op}	
情報処理用（バーコード）	670 nm	2.1 V	50 mA	60 mA	5 mW	AlGaInP
光通信用（1.3 μm 帯）	1.310 μm	1.1 V	12 mA	32 mA	5 mW	InGaAsP
光通信用（1.5 μm 帯）	1.550 μm	1.3 V	20 mA	70 mA	2 mW	InGaAsP

初，GaAs/GaAlAs 系のダブルヘテロ構造半導体レーザダイオードが主に使用されてきたが，最近では AlGaInP 系の多重量子井戸 (MQW) 構造半導体レーザも使用されるようになってきた．光通信用には，光ファイバーの低損失帯である波長 1.3 μm 帯と 1.5 μm 帯での発振波長をもつ半導体レーザダイオードが必要で

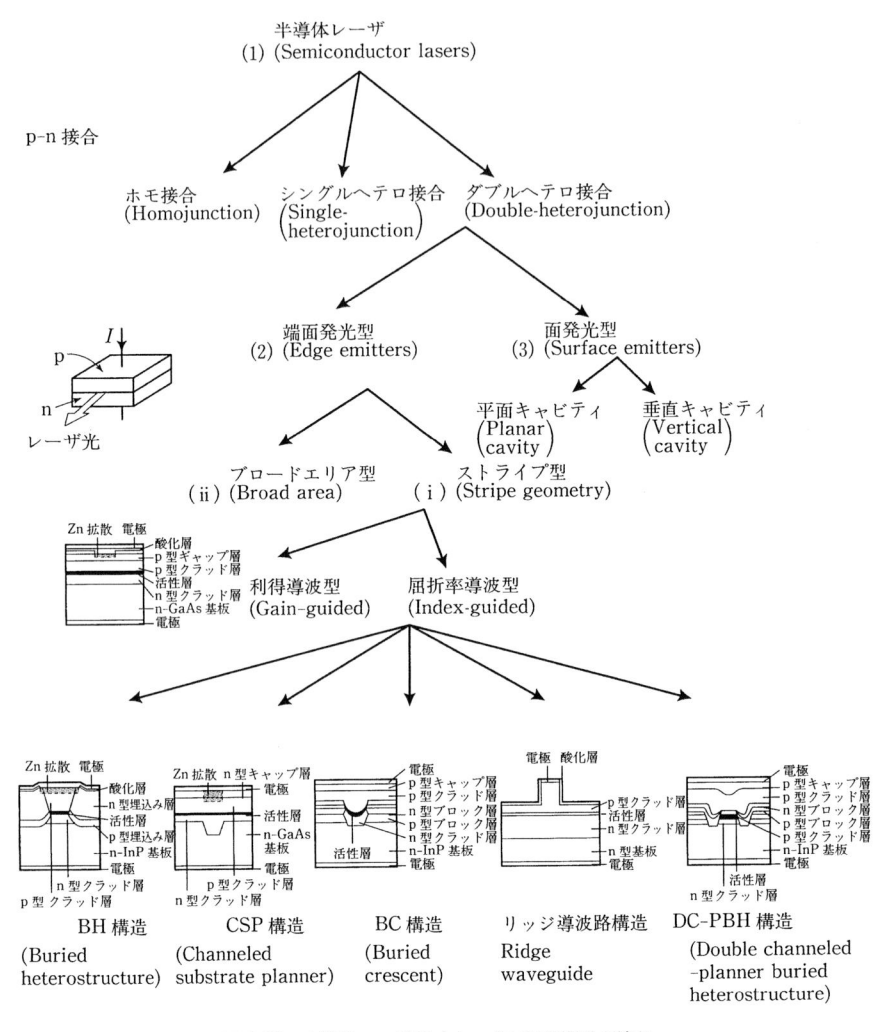

図 4.25 半導体レーザダイオードの研究開発の流れ
(参考図書 38) より)

ある.いずれの波長帯に対しても,InGaAsP系の半導体レーザダイオードが使用されている.

半導体レーザダイオードは,その発振しきい値を下げることを目指して多くの研究・開発が進められてきた.その研究開発の流れの概略を図4.25に示す.半導体レーザダイオードのp-n接合の構造には,(1)に示すようにホモ接合,シングルヘテロ接合,ダブルヘテロ接合があるが,今日実用化されているものはすべてダブルヘテロ接合である.さらに,ダブルヘテロ接合半導体レーザはレーザ光出力の方向から端面発光型と面発光型に分類される.(2)に示すように,端面発光型レーザはキャリア閉じ込めや光閉じ込めを改善するために多くの構造が開発さ

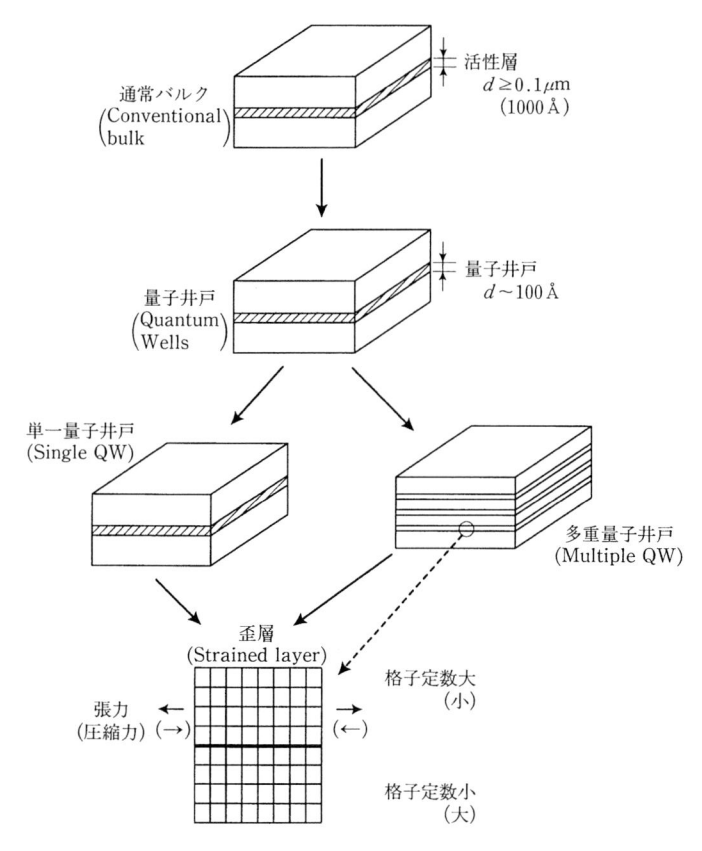

図4.26 半導体レーザの活性層の構造の進歩

れている．また，(3) に示すように面発光型レーザも共振器の構成により種々のものに分類される．ここでは詳しく説明しないが，複雑な構造をもつ半導体レーザダイオードが開発されており，現在も特性向上を目指して開発が進められている．

　半導体レーザダイオードの光利得を向上させるために，活性層そのものにも新しい構造が使用されるようになっている．図 4.26 には，活性層の構造の進歩が図示してある．大きくは，(1) 通常のバルク型，(2) 量子井戸型 (quantum well：QW)，(3) 歪層 (strained layer) 量子井戸型，などがある．

　(1) 通常のバルク型： いわゆるダブルヘテロ接合型 p-n 接合である．活性層の厚さは約 100 nm であるが，量子効果などが現れる厚さではなく，性質としてはバルクと同じである．

　(2) 量子井戸型： 活性層の厚さ d を量子効果が現れるまで薄くする．d ~100 Å 程度である．この 量子井戸型のものには，1 つの井戸層からなる単一量子井戸型 (single QW) のものと，多数の井戸層からなる多重量子井戸層型 (multiple QW) のものがある．

　(3) 歪層量子井戸型： この構造のものでは，量子井戸を形成するヘテロ接合部で，異なる結晶間に生じる歪を積極的に利用し，特性を向上することを目的としている．

　半導体レーザダイオードの，最近の大きな研究課題のひとつが，発振波長 λ の短波長化である．これは，光情報記録への応用を考えた場合，1 bit の記録に必要な最小面積が λ^2 程度であり，短波長レーザを使用することにより，記録密度，ひいては記録容量を増大させることが可能になるからである．

　III-V 族化合物のうち，バンドギャップエネルギーの大きい GaN の p 型化が成功し，GaN の p-n 接合の作製が可能となった．AlGaN/InGaN 系の量子井戸構造半導体レーザで，発振波長 410 nm のものが得られている．連続動作寿命も 2000 時間以上であり，近い将来に実用化されると期待されている．

　青～青緑領域でのレーザ発振が可能な半導体レーザ材料としては，II-VI 族化合物半導体混晶である (ZnCd)(SSe) 系の材料も検討されている．室温連続レーザ発振が達成されているが，動作寿命が短く，その改善が望まれている．

[4.3.2 まとめ]

- 半導体レーザダイオードの光利得は，縮退した電子・正孔からの誘導放出で生じる．バンドギャップエネルギーを E_g，電子と正孔のフェルミ準位を E_{Fc}, E_{Fv} とすると，次の条件を満たす光が増幅される．

$$E_g < h\nu < E_{Fc} - E_{Fv}$$

- 電子・正孔(キャリア)の縮退は，ある値以上の高いキャリア密度で生じる．キャリア密度を高くするため，ダブルヘテロ接合を用いてキャリアを閉じ込める．また，誘導放出は光利得とともに光強度にも比例するので，光の閉じ込めも必要である．

- レーザ発振のしきい電流密度 J_{th} は次式で与えられる．ここで d は活性層の厚さ，Γ は活性層内の光強度と全光強度の比，α_L は光損失，l は共振器長，R は端面での反射係数である．

$$J_{th} = J_0 d + \frac{d}{\beta\Gamma}\left(\alpha_L + \frac{1}{2l}\ln\left(\frac{1}{R^2}\right)\right)$$

したがって，しきい値電流を下げるには，損失を小さくし，端面の反射率を大きくし，さらに活性層の厚さを薄くする必要がある．

- 半導体レーザダイオードの用途は光通信用と情報処理用に大別できる．光通信用の $1.3\,\mu m$ 帯，$1.5\,\mu m$ 帯では InGaAsP 半導体レーザダイオードが用いられている．一方，情報処理用には 650～700 nm で発振する AlGaInP 半導体レーザダイオードが用いられている．

あとがき — さらなる発展をめざして

　本書ですでに述べたように，発光現象が，われわれ人類の歴史においても，生活面においても，また，科学の面においても，いかに重要であったかを学んできた．ここではもう一度，いままで学んだことをふり返ると同時に，今後これらの分野がどのようになっていくのかについて，ごく簡単に考えてみる．

　発光といわれたときに，すぐに頭に浮かぶのは，「それは，何色であるか？」ということである．これは，専門的には光の波長を問うていることになる．光は，紫外域(近紫外，真空紫外)，可視域(赤，緑，青)，赤外域(近赤外，遠赤外)からなる．これらの発光は可視域は照明(蛍光灯など)また電子ディスプレイ(ブラウン管(CRT)など)，また，赤外域は情報通信(半導体レーザなど)として利用されている．これらの分野はすでに広く利用されており，今後，大きな発見や，まったく新しい原理に基づく発明は難しいと思える．しかし，技術的な側面や経済的な側面において，さらに進歩を続けると考えられる．今後とも，特に日本の産業の大きな分野を担っていくものと考えられる．

　可視光の分野，赤外光の分野は上記のとおりであるが，紫外光の分野は，まだ十分に開発されたとはいえない．たとえば，紫外域での半導体レーザは，研究的なレベルにおいても，初期的な段階である．

　照明の分野をもう少し詳しく見てみる．照明には，室外用(街灯，道路照明など)，室内用(室内照明)などがあり，その研究の歴史も長く，また商品としても多種多様である．この分野での研究は，今後は新しい発見や発明を求めるというよりは，環境問題を念頭においた研究や開発に向かうと考えられる．たとえば，使用済みの蛍光灯の廃棄物処理の問題，すなわち蛍光灯中にわずかに含まれる水銀の問題，また，蛍光灯に使用されている材料のリサイクルの問題などであろう．

　少し別の観点から照明をみると，照明するためには電力が必要である．電力を得るには，石油・石炭火力，水力，原子力などが必要である．近年，特に環境問

題として，二酸化炭素ガスの排出，放射性廃棄物の問題が社会的に大きな問題となりつつある．これに対して，現在の家庭での照明や工場での照明の効率を数％向上することができれば，全世界では原子力発電所いくつか分かが不要となるような議論がある．照明としての分野は，このように電子デバイスとしての明るさや効率などの改良の問題もあるが，それ以上に環境問題やエネルギー問題，さらに，われわれの生活パターンの問題のなかで考えていく分野が多くなると思える．

発光のもう1つの分野は情報エレクトロニクスである．その1つは電子ディスプレイであり，光情報通信である．電子ディスプレイの代表は，テレビジョンやコンピュータのCRT（ブラウン管）ディスプレイである．1980年代から，これに代わるものとして，液晶ディスプレイ（LCD）が急速な進歩を遂げ，LCDはCRTの一部を置き換えつつある．しかし，LCD自身は自ら発光せず，バックライトとして蛍光灯が使われている．さらに，最近ではプラズマディスプレイパネル（PDP）やエレクトロルミネッセンスディスプレイ（ELD），発光ダイオードなどの研究開発が盛んに進められている．

(1) PDPはテレビジョンのブラウン管に代わるディスプレイデバイスとして期待され，量産されつつある．しかし，基礎研究，開発，商品化のいずれの段階においてもまだ多くの問題が残されている．

(2) ELDは，他のフラットパネルディスプレイであるLCD，PDPに比較すると，その開発は思うように進んでいない．ELDには無機ELDと有機ELDがある．

(a) 黄橙色発光するELDは，すでにファクトリーオートメーションや医療機器のディスプレイとして，また最近では車載用のディスプレイとして商品化されている．無機ELDの最大の問題点は十分な発光効率をもつ青色EL材料が開発できないことである．しかし，完全固体デバイスである自発光型ディスプレイとしての捨てがたい魅力，また，そのポテンシャルのために今後とも研究は進められていくと考えられる．

(b) 近年，有機EL材料の開発，改良が急速に進み，有機ELDが商品化され始めた．有機EL材料およびディスプレイの研究は，その基礎ならびに応用の両面において目を見張るものがあり，今後の発展が大いに期待される．

応用という観点で見たとき，今後，大きな問題になると思われるもののひとつに，インテリジェント交通システムがある．その中心は自動車である．自動車には照明装置としてのヘッドライト，ダッシュボードには発光ダイオード，また最近では EL ディスプレイが用いられている．また，交通システムそのものでは交通標識や信号に，高輝度発光ダイオードがすでに多く使用されている．さらに，ナビゲーションシステムが道路に設置されるときには，光情報伝送路が活用されると思われる．

現在は，このように可視から赤外域までの発光は，すでに多くのものが実用化されているが，紫外域のデバイスには課題が多く残されており，今後の問題となっていくだろう．現状では，紫外光を得るには，水銀灯（Hg からの 253.7 nm）や Xe (147 nm) などの希ガス放電を使用するしかない．

基礎的研究の見地からは次のような問題がある．まず，紫外発振の半導体レーザはまだ開発されていない．理論的にみれば，ひとつにはアインシュタインの関係，すなわち，自然放出係数と誘導放出係数の比にその困難さがうかがえる．比は周波数 ν の3乗に比例する．また，紫外光のエネルギーは 3 eV 以上であるために，たとえレーザ発振したとしても，半導体結晶を形づくっている sp^3 軌道による結合が切られ，格子欠陥を生じる．実験的にみれば，紫外光を発光する半導体はエネルギーギャップが大きくなければならない．そのような半導体には炭素 (C) ($E_g \sim 5.5$ eV) などが考えられるが，高いキャリア密度をもつ伝導型の制御が難しい．ZnS ($E_g \sim 3.7$ eV) の研究も続けられているが，この物質は，半導体というよりは絶縁物に近く，またイオン結晶的な性質をもつ．このため，多くの欠陥を含み，まだ，十分なキャリア濃度をもつ p 型のものは得られていない．

発光といえば，蛍光体材料が問題となる．これまでに蛍光ランプ用，またテレビジョンのブラウン管 (CRT) 用などに，数百に近い物質が研究されてきた．材料の作成には，まず結晶，粉末試料の作製，さらに，電子線蒸着法，スパッタ法，MOCVD 法，MBE 法を用いた薄膜試料の作製が行われてきた．実際にデバイスに使用するためには，生産技術や量産技術の研究も欠かせない．今後，これらの技術のさらなる改良，また地道な研究が求められる．

理論的な観点からみると，発光の物理，あるいは広くは発光の科学や技術は電気磁気学や量子力学にささえられて進歩した．その結果，今日のレーザが誕生し

た．今後の蛍光材料の研究のひとつの方向は量子材料としての可能性の検討ではないだろうか．2次元量子井戸は，半導体レーザではすでに実際に実現・使用されている．蛍光体としては，0次元量子ドットの中心に発光イオンをただ1個もつような材料が注目されている．また，発光効率という観点からみれば，本書では述べなかったが，生物の発光過程（化学反応による）は非常に優れた発光効率をもっている．このような過程が，発光デバイスとして使用できないかを検討することも，大きな可能性につながるかもしれない．

これらのことを考えると，次のような研究テーマが思い浮かぶ．
1) 紫外線半導体レーザの実現
2) 光通信，光情報処理を支える，より優れた発光デバイスの開発
3) 人間の視覚をよく考慮した，照明，またディスプレイ用の蛍光材料の開発
4) 社会システムにおける情報伝達用の発光デバイス（最も身近なものは各種の信号器）の質的向上を可能にするような発光デバイスの実現

これらの目標の実現を目指して，発光の物理や発光デバイス，さらに光システムの科学・技術が進歩することを望む．

付録1　本書でよく用いる略記号とその意味

CL (cathode-luminescence)：カソードルミネッセンス
　陰極線 (cathode ray) で物質を励起したさいに生じる発光 (luminescence)．陰極線と電子線は同義．

CRT (cathode ray tube)：陰極線管
　陰極線 (cathode ray) で励起したさいの発光を利用するディスプレイデバイス．陰極線は真空中でしか利用できないので，ガラス管 (tube) を用いる．Braun によって発明されたので，ブラウン管とも呼ばれている．

EL (electroluminescence)：エレクトロルミネッセンス
　電流 (electric current) あるいは電界 (electric field) で物質を励起したさいに生じる発光 (luminescence)．

ELD (electroluminescent display)：EL ディスプレイ
　EL (electroluminescence) 現象のうちでも，電界で物質を励起したさいの発光を利用したディスプレイ (display)．

LCD (liquid crystal display)：液晶ディスプレイ
　液晶 (liquid crystal) の電気光学効果，例えば，電界を加えることで旋光性が変化する現象 (カー効果) と偏向子，検光子を組み合わせて光シャッターをつくることができる．この現象を利用し，微小な光シャッターを配列して表示装置 (display) としたもの．

LD (laser diode)：レーザダイオード
　発光に至る原理は発光ダイオード (diode) と同じである．注入されたキャリアを閉じ込め，キャリア密度を高くすることにより，誘導放出による光利得が得られる．この光利得を用いて，共振器を構成することによりレーザ (laser) 発振が得られる．

LED (light emitting diode)：発光ダイオード
　p-n接合ダイオード (diode) に順方向電流を流したさいの，注入された少数キャリアと多数キャリア (電子と正孔) が再結合するさいの発光 (light emitting) を利用する発光デバイス．発光現象そのものはキャリア注入型 EL である．

PDP (plasma display panel)：プラズマディスプレイパネル
　希ガスを放電させてプラズマ (plasma) 状態をつくり，発生した真空紫外線で蛍光体を励起する原理に基づく表示装置 (ディスプレイ)．放電空間は2枚のガラス板で構成され，ディスプレイが平板状なのでプラズマディスプレイパネル (panel) と呼ばれている．

PL (photoluminescence)：フォトルミネッセンス
　光 (photo-)，普通には紫外線で物質を励起したさいに生じる発光 (luminescence)．

TV (television)：テレビジョン
　遠くの (tele-) ものを見る (vision) という意味でつくられた語．一般にはテレビと呼ばれるようになっている．

付録2 本書でよく取り扱う化合物の化学式と名称および特徴

・II-VI族化合物半導体

ZnS（硫化亜鉛）

　大きなバンドギャップエネルギーをもっており，可視域では透明．テレビ用蛍光体やEL発光層の母体材料として使用されている．低温では閃亜鉛鉱型，高温ではウルツ鉱型の結晶構造をもつ．

ZnSe（セレン化亜鉛）

　直接遷移型のバンド構造をもち青緑色領域のレーザ材料として期待されているが，研究開発段階にある．

・III-V族化合物半導体

GaN（窒化ガリウム）

　直接遷移型の大きなバンドギャップエネルギーをもっており，青色の発光ダイオード，レーザダイオード用の材料として使用されている．長らくp型を得ることが困難であったが，最近になってp型が得られるようになり，青色発光デバイスに不可欠な材料になった．結晶構造はウルツ鉱型である．

GaP（りん化ガリウム）

　間接遷移型のバンド構造をもつが，等電子トラップを用いると比較的高い効率の発光が得られる．緑色，赤色の発光ダイオードとして広く使用されている．

GaAs（ひ化ガリウム）

　直接遷移型のバンド構造をもち，初めての半導体レーザ発振は，この材料で達成された．AlAsとの混晶をつくり，その格子定数がGaAsとほとんど等しいので，良質のヘテロ接合をつくることができる．半導体レーザダイオードの基礎的な研究は，この材料系でなされた．発光は近赤外領域にある．電子の移動度が大きいことを利用して高周波用のトランジスタの材料としても利用されている．

・蛍光体の母体材料

$Ca_2(PO_4)_2 \cdot Ca(F, Cl)_2$（ハロりん酸カルシウム）

　Sbを添加すると，紫外線励起による3価のSbからの青緑色の発光が得られる．その励起帯がHg蒸気の放電で得られる253.7 nmに一致し，高い効率が得られる．この材料が見いだされたことにより，蛍光灯が実用化された．

Zn_2SiO_4（けい酸亜鉛）

　Zn格子位置の一部をMn^{2+}イオンで置換すると，Mn^{2+}発光中心を形成し，紫外線励起や陰極線（電子線）励起で高効率の緑色発光を示す．プラズマディスプレイパネルの緑色発光蛍光体や，計測用の陰極線管の蛍光体として利用されている．

Y_2O_3（イットリア），YBO_3（ほう酸イットリウム），YPO_4（りん酸イットリウム），YVO_4（バナジン酸イットリウム）

　イットリウム（Y）を3価の陽イオンとする酸化物，ほう酸塩，りん酸塩，バナジン酸塩は，希土類イオンを発光中心とする蛍光体の母体材料として用いられている．3価イットリウムのイオン半径は3価希土類のイオン半径と近く，また化学的な性質も似ているので，これらの母体には，容易に3価希土類イオンを添加することができる．Eu^{3+}が赤色，Tb^{3+}が緑色の発光中心として用いられている．

$BaMgAl_{10}O_{17}$（アルミン酸バリウム・マグネシウム）

　βアルミナ（$Al_2O_3:Na_2O$）と類似の結晶構造をもち，Ba格子位置を希土類イオンと置換することができる．Euイオンを添加するとEu^{2+}発光中心を形成し，紫外線励起で青色発光を示す．3波長型蛍光灯やプラズマディスプレイパネルの青色発光蛍光体として利用されている．

・蛍光体の発光中心

Sb^{3+}（3価アンチモンイオン）

　基底状態はs^2電子配置であり，s^2-sp遷移により青色から青緑色の発光を生じる．許容遷移のため，発光寿命は短い．ハロりん酸カルシウム（$Ca_2(PO_4)_2 \cdot Ca(F, Cl)_2:Sb^{3+}$）に添加して，蛍光灯用の蛍光体として利用されている．

Mn^{2+}（2価マンガンイオン）

基底状態は d^5 電子配置であり，d^5-d^5 遷移により，添加される母体によって緑色から橙色の発光を生じる．禁制遷移のため，発光寿命は長く数 ms 程度である．けい酸亜鉛 (Zn$_2$SiO$_4$: Mn^{2+}) に添加すると緑色の発光を生じ，プラズマディスプレイパネルの緑色蛍光体として利用されている．ハロりん酸カルシウム (Ca$_2$(PO$_4$)$_2$・Ca(F, Cl)$_2$: Sb^{3+}, Mn^{2+}) に Sb^{3+} と同時に添加して，蛍光灯用の蛍光体として利用されている．また，ZnS : Mn^{2+} (黄橙色) として薄膜 EL の発光層にも用いられている．

Tb^{3+}（3価テルビウムイオン）

基底状態は f^8 電子配置であり，f^8-f^8 遷移により，緑色の発光を生じる．f 電子による発光であるために発光色は母体によらない．また，禁制遷移のため，発光寿命は長く数 100 μs から 1 ms 程度である．りん酸ランタン (LaPO$_4$: Tb^{3+}) を母体として用いた蛍光体は，蛍光灯に用いられている．

Eu^{3+}（3価ユウロピウムイオン）

基底状態は f^6 電子配置であり，f^6-f^6 遷移により，赤色の発光を生じる．f 電子による発光であるために発光色は母体によらない．また，禁制遷移のため，発光寿命は長く数 ms 程度である．イットリア (Y$_2$O$_3$: Eu^{3+}) を母体として用いた蛍光体は蛍光灯に，ほう酸イットリウム (YBO$_3$: Eu^{3+}) はプラズマディスプレイパネルの赤色蛍光体として，酸硫化イットリウム (Y$_2$O$_2$S : Eu^{3+}) はカラーブラウン管の赤色蛍光体として用いられている．

Eu^{2+}（2価ユウロピウムイオン）

基底状態は f^7 電子配置であり，f^7-f^{6}d 遷移により紫外から青緑色の発光を生じる．許容遷移のため，発光寿命は短い．アルミン酸バリウム・マグネシウム (BaMgAl$_{10}$O$_{17}$: Eu^{2+}) に添加すると青色発光を生じ，蛍光灯やプラズマディスプレイパネルの青色蛍光体として用いられている．

参 考 図 書

本書を学ぶ場合の参考書，ならびに，さらに深く学ぶ場合の専門書，およびハンドブックとして適当と思われるものを次に示しておく．

・量子力学および熱力学に関する教科書および参考書

1) 朝永振一郎：「量子力学〔Ⅰ〕，〔Ⅱ〕」（みすず書房，1952，1953）．
2) E.シュポルスキー著，玉木英彦，細谷資明，井田幸次郎，松平升訳：「原子物理学〔Ⅰ〕，〔Ⅱ〕，〔Ⅲ〕」（東京図書，1966，1956，1958）．
3) 望月和子：「量子物理」（オーム社，1974）．
4) 小谷正雄，梅沢博臣：「大学演習 量子力学」（裳華房，1959）．
5) C.キッテル著，山下次郎，福地充訳：「熱物理学」（丸善，1971）．
6) 久保亮五：「大学演習 熱学・統計力学」（裳華房，1961）．
7) R. M. Eisberg：「Fundamentals of Modern Physics」(John Wiley & Sons, 1961).
8) J. B. Marion：「Physics in the Modern World」(Academic Press, 1976).
9) 小野山伝六，三谷健次：「物理学史と現代物理学」（朝倉書店，1975）．

・固体物性論に関する教科書および参考書

10) C.キッテル著，宇野良清，津屋昇，森田章，山下次郎訳：「固体物理学入門（第5版）」（丸善，1978，1979）．
11) 浜口智尋：「固体物性（上），（下）」（丸善，1975）．
12) 笹倉博，内池平樹，田中省作，橋本文雄，楠田哲三，本田茂男，小林洋志，古谷洋一郎：「固体物性論」（朝倉書店，1984）．
13) W. A.ハリソン著，小島忠宣，小島和子訳：「固体の電子構造と物性 — 化学結合の物理 —（上），（下）」（現代工学社，1983，1984）．

対称性や群論，結晶構造に関しては
14) 中崎昌雄：「分子の対称と群論」（東京化学同人，1973）．
15) 中平光興：「結晶化学」（講談社，1973）．

16) H. D. Megaw：「Crystal Structures: A Working Approach」(W. B. Sanders Co., 1973).

・レーザおよび量子光学に関する参考書
17) 霜田光一：「レーザー物理入門」(岩波書店, 1983).
18) 日本物理学会編：「量子エレクトロニクス」(朝倉書店, 1965).
19) 櫛田孝司：「量子光学」(朝倉書店, 1981).
20) 桜庭一郎：「量子電子工学」(森北出版, 1976).

・光物性に関する参考書
21) 伊吹順章：「光物性」(三省堂, 1974).
22) 櫛田孝司：「光物性物理学」(朝倉書店, 1991).
23) 工藤恵栄：「光物性の基礎」(オーム社, 1977).
    光物性に関してよくまとまったハンドブックとしては
24) 塩谷繁雄, 豊沢豊, 国府田隆夫, 柊元宏編：「光物性ハンドブック」(朝倉書店, 1984).

・原子からの発光スペクトルやイオンからの発光スペクトルに関する参考書
25) G. Herzberg 著, 堀健夫訳：「原子スペクトルと原子構造」(丸善, 1964).
26) D. サットン著, 伊藤翼, 広田文彦訳：「遷移金属錯体の電子スペクトル」(培風館, 1971).
27) 星名輝彦：「希土類イオンのルミネッセンス」(ソニー中央研究所, 1983)..
    蛍光体に関してよくまとまったハンドブックとしては
28) 蛍光体同学会編：「蛍光体ハンドブック」(オーム社, 1987).
28') S. Shionoya, W. M. Yen eds.：「Phosphor Handbook」(CRC Press, 1999).

・半導体物性に関する教科書および参考書
29) 犬石嘉雄, 浜川圭弘, 白藤純嗣：「半導体物性〔I〕, 〔II〕」(朝倉書店, 1977, 1977).
30) 御子柴宣夫：「半導体の物理」(培風館, 1982).
31) S. M. Sze：「Physics of Semiconductor Devices, 2nd edition」(John Wiley & Sons, 1981).

    半導体中の量子効果に関しては
32) 日本物理学会編：「半導体超格子の物理と応用」(培風館, 1984).

・電子ディスプレイデバイスに関する参考書

33) 松本正一編:「電子ディスプレイデバイス」(オーム社, 1984).
34) 谷千束:「ディスプレイ先端技術」(共立出版, 1998).
35) Y. A. Ono:「Electroluminescent Displays」(World Scientific, 1995).
36) 赤碕勇:「青色発光デバイスの魅力」(工業調査会, 1997).

・半導体レーザダイオードに関する参考書

37) 末田正:「光エレクトロニクス」(昭晃堂, 1985).
38) 伊藤良一, 中村道治編:「半導体レーザ — 基礎と応用 —」(培風館, 1989).
39) S. Nakamura, G. Fasol:「The Blue Laser Diode-GaN Based Light Emitters and Lasers」(Springer, 1997)

・関係の深いデータブックおよびハンドブック

40) 応用物理学会編:「応用物理データブック」(丸善, 1994).
41) 先端電子材料事典編集委員会編:「先端電子材料事典」(シーエムシー, 1991).
42) 家田正之, 高橋清, 成田賢仁, 柳原光太郎編:「電気・電子材料ハンドブック」(朝倉書店, 1987).
43) 応用光エレクトロニクスハンドブック編集委員会編:「応用光エレクトロニクスハンドブック」(昭晃堂, 1985).

索　　　引

ア　行

アインシュタインの関係式　36
アクセプターに束縛された励起子　88
"浅い"ドナー–アクセプター対　100
熱い物体からの発光　12

ELディスプレイ用の発光(蛍光体)材料　152
イオンからの発光　39
陰極線管　138

ウィーンの変位則　20
運動量保存則　78, 79

s^2–sp 遷移　46
X線　14
f^n–f^n 遷移　55
f^n–f^{n-1}d 遷移　62
エネルギーギャップ　75
エネルギー状態　117
エネルギーバンド　70
エネルギー保存則　78
エレクトロルミネッセンス　10
エレクトロルミネッセンスディスプレイ　147

オージェ非放射再結合過程　94

カ　行

γ線　14
可視光線　14
可視光線領域　17
カソードルミネッセンス　10
活性層　171
価電子帯　75
カラー陰極線管用蛍光体　140
間接遷移　80, 81, 107

気体発光材料　44
希土類元素　55
キャリア(電子, 正孔)の閉じ込め　172
吸収遷移確率　27
許容遷移　28
禁制遷移　28
禁制帯　75

クラッド層　171

蛍光体　46
蛍光体発光材料　44
蛍光灯　134
結晶場　50
結晶場理論　50
原子からの発光　11, 39

高温物体からの発光　16
光学遷移　23
格子定数　107, 161
黒体放射（黒体輻射）　10, 18
混晶半導体　105
混成軌道　76

サ 行

3価セリウムイオン（Ce^{3+}）からの発光　65
3価ユウロピウムイオン（Eu^{3+}）からの発光　56
Ⅲ-Ⅴ族化合物半導体　106
3波長型蛍光体　137

CTS (change transfer state)　61
紫外線　14
紫外線領域　17
自然放出　33
自然放出係数　36
自然放出領域　169
4面体対称　51, 53
自由正孔　77
自由電子　77
自由電子近似　71
自由度の低下　117
自由励起子　84
縮退した半導体　179
少数キャリア注入　157
状態密度　117
衝突励起　151
照明デバイス　134
白黒陰極線管用蛍光体　140
振動子強度　28

ステファン・ボルツマンの式　21

ZnS : Ag, Cl青色蛍光体　67
正孔密度　110
赤外線　15
赤外線領域　18
摂動論　26
遷移型　107, 163
遷移金属イオン　50
選択則　30

タ 行

太陽からの発光　16
多重量子井戸　129
ダブルヘテロ構造　160

直接遷移　80, 107

強く束縛されている電子近似　75

d^n-d^n遷移　49
ディスプレイデバイス　134
電荷移動状態　61
電気双極子遷移　29
電子-正孔再結合層　171
電子，正孔注入電極　171
電子遷移　24
電子と光の相互作用　23
電子の運動の自由度　117
電子密度　110
伝導帯　75
電波　16
電波（電磁波）の発生　13
電流の閉じ込め　172

等電子トラップ　92
ドナー-アクセプター対発光　97

ドナーに束縛された励起子　88

ナ　行

2価ユウロピウムイオン(Eu^{2+})からの発光　63
II-VI族化合物半導体　106

熱発光　10
熱放射　10, 18

ハ　行

配位子　50
配位子場理論　50
8面体対称　51, 52
発光
　熱い物体からの——　12
　イオンからの——　39
　原子からの——　11, 39
　高温物体からの——　16
　3価セリウムイオン(Ce^{3+})からの——　64
　3価ユウロピウムイオン(Eu^{3+})からの——　56
　太陽からの——　16
　2価ユウロピウムイオン(Eu^{2+})からの——　63
　半導体(固体)からの——　42
　半導体からの——　83
　分子からの——　41
　マンガン(Mn^{2+})イオンからの——　49
　励起子による——　84
発光(吸収)強度　27
発光材料　38
　——の分類　38
発光寿命　27

発光遷移確率　27
発光ダイオード　156, 157
ハロりん酸カルシウム蛍光体　136
半導体(固体)からの発光　42
半導体からの発光　83
半導体発光材料　44, 69
半導体レーザダイオード　156, 168
バンドギャップ　107

光共振器　175
光閉じ込め層　171
光の増幅　36
光の閉じ込め　174
光利得　176, 182
歪量子井戸レーザ　130

フォトルミネッセンス　10
"深い"ドナー-アクセプター対　103
不純物に束縛された励起子　88
ブラウン管　138
プラズマディスプレイパネル　143
プラズマディスプレイパネル用の蛍光体　145
分子からの発光　41

へき開面　172
ヘテロ接合　159

ホットエレクトロン　151
ホモ接合　159

マ　行

マイクロ波　15
マンガン(Mn^{2+})イオンからの発光　49

有効質量　77
誘導吸収　33, 34
誘導吸収係数　36
誘導放出　33, 35, 179
誘導放出係数　36
誘導放出領域　171

　　　　ヤ　行

(4f)$^{n-1}$(5d)励起状態　61

　　　　ラ　行

ラッセル・サンダース結合　31

量子井戸　117

量子効果　116
量子細線　117, 123
量子材料　45
量子ドット　117
量子薄膜　117, 120
量子箱　117, 126

励起子による発光　84
励起子分子　88
レーザ　33
レーザ共振器　172, 175
レーザ発振　36, 182
レーザ発振領域　171
レーザ利得　128

著者略歴

小林洋志（こばやしひろし）

1937年　神奈川県に生まれる
1960年　大阪大学理学部物理学科卒業
1984年　鳥取大学工学部電気電子工学科教授
現　在　徳島文理大学工学部環境システム工学科教授
　　　　鳥取大学名誉教授
　　　　工学博士

現代人の物理 7

発光の物理

定価はカバーに表示

2000年 6月25日　初版第 1刷
2018年 9月25日　　　第13刷

著　者　小　林　洋　志
発行者　朝　倉　誠　造
発行所　株式会社 朝　倉　書　店
　　　　東京都新宿区新小川町 6-29
　　　　郵便番号　162-8707
　　　　電　話　03（3260）0141
　　　　Ｆ Ａ Ｘ　03（3260）0180
　　　　http://www.asakura.co.jp

〈検印省略〉

© 2000〈無断複写・転載を禁ず〉　　平河工業社・渡辺製本

ISBN 978-4-254-13627-2　C 3342　　Printed in Japan

JCOPY 〈(社)出版者著作権管理機構 委託出版物〉

本書の無断複写は著作権法上での例外を除き禁じられています。複写される場合は、そのつど事前に、(社)出版者著作権管理機構（電話 03-3513-6969、FAX 03-3513-6979、e-mail: info@jcopy.or.jp）の許諾を得てください。

好評の事典・辞典・ハンドブック

物理データ事典	日本物理学会 編　B5判 600頁
現代物理学ハンドブック	鈴木増雄ほか 訳　A5判 448頁
物理学大事典	鈴木増雄ほか 編　B5判 896頁
統計物理学ハンドブック	鈴木増雄ほか 訳　A5判 608頁
素粒子物理学ハンドブック	山田作衛ほか 編　A5判 688頁
超伝導ハンドブック	福山秀敏ほか 編　A5判 328頁
化学測定の事典	梅澤喜夫 編　A5判 352頁
炭素の事典	伊与田正彦ほか 編　A5判 660頁
元素大百科事典	渡辺 正 監訳　B5判 712頁
ガラスの百科事典	作花済夫ほか 編　A5判 696頁
セラミックスの事典	山村 博ほか 監修　A5判 496頁
高分子分析ハンドブック	高分子分析研究懇談会 編　B5判 1268頁
エネルギーの事典	日本エネルギー学会 編　B5判 768頁
モータの事典	曽根 悟ほか 編　B5判 520頁
電子物性・材料の事典	森泉豊栄ほか 編　A5判 696頁
電子材料ハンドブック	木村忠正ほか 編　B5判 1012頁
計算力学ハンドブック	矢川元基ほか 編　B5判 680頁
コンクリート工学ハンドブック	小柳 治ほか 編　B5判 1536頁
測量工学ハンドブック	村井俊治 編　B5判 544頁
建築設備ハンドブック	紀谷文樹ほか 編　B5判 948頁
建築大百科事典	長澤 泰ほか 編　B5判 720頁

価格・概要等は小社ホームページをご覧ください．